Visual Storytelling

Visual Storytelling
Visuelles Erzählen in PR und Marketing

Petra Sammer & Ulrike Heppel

Petra Sammer & Ulrike Heppel

Lektorat: Susanne Gerbert & Ariane Hesse
Korrektorat: Eike Nitz
Herstellung: Karin Driesen
Umschlaggestaltung: Michael Oreal
Satz: III-satz, www.drei-satz.de
Druck und Bindung: M.P. Media-Print Informationstechnologie GmbH, 33100 Paderborn

Bibliografische Information Der Deutschen Nationalbibliothek
Die Deutsche Nationalbibliothek verzeichnet diese Publikation in der
Deutschen Nationalbibliografie; detaillierte bibliografische Daten
sind im Internet über http://dnb.d-nb.de abrufbar.

ISBN:
Buch 978-3-96009-001-4
PDF 978-3-96010-006-5
ePub 978-3-96010-007-2

1. Auflage 2015

Dieses Buch erscheint in Kooperation mit O'Reilly Media, Inc. unter dem Imprint »O'REILLY«. O'REILLY ist ein Markenzeichen und eine eingetragene Marke von O'Reilly Media, Inc. und wird mit Einwilligung des Eigentümers verwendet.

Copyright © 2015 dpunkt.verlag GmbH
Wieblinger Weg 17 · 69123 Heidelberg

Die vorliegende Publikation ist urheberrechtlich geschützt. Alle Rechte vorbehalten. Die Verwendung der Texte und Abbildungen, auch auszugsweise, ist ohne die schriftliche Zustimmung des Verlags urheber-rechtswidrig und daher strafbar. Dies gilt insbesondere für die Vervielfältigung, Übersetzung oder die Verwendung in elektronischen Systemen.

Es wird darauf hingewiesen, dass die im Buch verwendeten Soft- und Hardware-Bezeichnungen sowie Markennamen und Produktbezeichnungen der jeweiligen Firmen im Allgemeinen warenzeichen-, marken- oder patentrechtlichem Schutz unterliegen.

Die Informationen in diesem Buch wurden mit größter Sorgfalt erarbeitet. Dennoch können Fehler nicht vollständig ausgeschlossen werden. Verlag, Autoren und Übersetzer übernehmen keine juristische Verantwortung oder irgendeine Haftung für eventuell verbliebene Fehler und deren Folgen.

5 4 3 2 1

Inhalt

	Vorwort	**VII**
1	**Die Flut der Bilder – Wie Bilder über Text triumphieren**	**1**
	Abtauchen in den visuellen Tsunami.	10
	Auftauchen aus dem Meer der Bilder	26
2	**Die Macht der Bilder – Wie Bilder wirken**	**35**
	Schau mir in die Augen: Der menschliche Sehsinn	40
	Der Blick hinter die Kulissen: Die Neurophysiologie des Auges	47
	Das lässt tief blicken: Psychologie der visuellen Wahrnehmung.	62
3	**Visuelles Storytelling – Mehr als Kino im Kopf**	**75**
	Definition von »Visual Storytelling«	81
	Bilder brauchen Geschichten: Über die Kunst des Storytelling.	87
	Geschichten brauchen Bilder: Über die Kunst, visuell zu triggern	98
	Visuelles Storytelling: Wechselwirkung aus Bild und Text	105
4	**Werkzeuge des visuellen Erzählens**	**113**
	Werkzeug 1: Mit Grafik Zeichen setzen	116
	Werkzeug 2: Mit Infografiken die Schönheit von Daten sichtbar machen	127
	Werkzeug 3: Mit Fotos die Wirklichkeit abbilden	139
	Werkzeug 4: Mit Videos Geschichten in Bewegung bringen.	153
	Werkzeug 5: Medienmix mit Multimedia	162
	Werkzeug 6: Spielerisch erzählen mit interaktiven Medienformaten	167
5	**Strategien des visuellen Storytelling**	**179**
	Im Trainingscamp: Werden Sie zum visuellen Storyteller.	183
	Auf ins Basislager: Grundstrategien des visuellen Storytelling	203
	Neue Seilschaften: Visuelles Storytelling als Knotenpunkt viraler Netzwerke	222
	Am Gipfelpunkt: »Über-Images« – Helden des visuellen Storytelling	229

6	**Sixpack des visuellen Storytelling – Sechs Erfolgskonzepte**	**233**
	Hingucker	237
	Schnellschüsse	245
	Augenschmaus	249
	Türöffner	255
	Zeitgeist	261
	Trittbrettfahrer	267
7	**Ausblick – Vom visuellen Storytelling zur Visual Culture**	**275**
	Die Farben der Spiele	277
	Visuelles Storytelling als Ordnungsaufgabe	280
	Visual Culture	285
	Visual Culture – Kraftfeld und Funke der Fantasie	289
	Bilder bestimmen unsere Welt	295
A	**Bildnachweis**	**299**
B	**Literaturübersicht**	**311**
	Index	**323**

Vorwort

New York 1996. Wir hatten einen Flug zum »Big Apple« gebucht und uns am West Broadway in ein Hotel einquartiert, das erst vor wenigen Wochen mit viel Glamour eröffnet worden war: das Soho Grand.

Den Protest unserer männlichen Reisebegleiter – wegen der doch sehr hohen Zimmerpreise – überhörten wir geflissentlich. Schließlich waren wir davon überzeugt, dass uns nach einem langen Arbeitsjahr ein paar Nächte in dem Luxustempel zustanden, in dem auch Madonna und George Clooney gelegentlich abstiegen.

◄ **Abbildung 1**
Das Soho Grand Hotel New York

Der Architekt David Helpern und Bill Sofield, der Innenarchitekt des Soho Grand, hatten dieses Hotels mit einem ungewöhnlichen

Stilmix gestaltet: Sie orientierten sich mit Farben, Materialien und Formen für Rezeption, Restaurant und Zimmer sowohl an der Gründer- und ersten Blütezeit der amerikanischen Wirtschaft rund um 1870, sowie an der luxuriösen Kunst der 1970er, als der Stadtteil SoHo von Künstlern und Designern neu entdeckt worden war.

Inmitten dieses eleganten Ambientes aus hellem Grün, Taupe- und Champagnerfarben wollten wir dem Agenturalltag entfliehen und für ein paar Tage die Stadt der unbegrenzten Möglichkeiten entdecken. Und selbstverständlich: Shoppen. Schließlich war es kurz vor Weihnachten.

Doch was als schlichter Städtetrip geplant war, entwickelte sich für uns beide, die Autorinnen dieses Buches, überraschenderweise zu etwas ganz anderem – zu einer Inspirationsreise und Quelle neuer Geschichten.

Denn eigentlich war die New York-Reise keine Vergnügungsreise. Es war eine Flucht. Die Flucht vor einem Kunden, dessen Auftrag schon eine ganze Weile in München auf unseren Schreibtischen schlummerte. Die Flucht vor einem Kunden, dessen Produkt 1,5 Zentimeter klein war, sich seit den letzten tausend Jahren so gut wie nicht verändert hatte und nun zum großen Star in Deutschland werden sollte. Und auch die Flucht vor einem Kunden, der bei seinem Besuch in Deutschland zum ersten Mal in einem Federbett geschlafen hatte und auch erstmals in seinem Leben mit einem Zug gefahren war.

Amerikanische Sonnenblumenfarmer schlafen nicht in Federbetten. Sie trotzen der Kälte von bis zu minus 40 Grad im Winter von North Dakota mit beheizbaren Wolldecken. Sie fahren auch nie mit Zügen, denn öffentliche Verkehrsmittel sind im Norden Amerikas Mangelware. Dazu ist das Land viel zu dünn besiedelt. Von Farm zu Farm sind es oft über sechzig Meilen. Der nächstgelegene Supermarkt ist vier Autostunden entfernt. Ein Sonnenblumenfeld erstreckt sich in der Regel über 25 Hektar und manche Farmer reiten zwei Tage lang, um ihre Farm zu umrunden. Sonnenblumen so weit das Auge reicht: Das ist Bismarck, die Hauptstadt von North Dakota und der Sitz unseres Kunden, der National Sunflower Association.

Archäologisch sind Sonnenblumen seit 2.500 v. Chr. in Nord- und Mittelamerika nachgewiesen. Die sonnengelbe Blume mit dem kleinen Kern schätzten schon die Inkas. 1552 brachten die Spanier die Blume erstmals als Zierpflanze nach Europa.

Bis heute sind die Amerikaner Marktführer im Sonnenblumenanbau und Deutschland ist einer ihrer wichtigsten Märkte. Der Absatz ist stabil – seit Jahrzehnten. Doch jetzt soll Bewegung in die Sache kommen. Einerseits muss die National Sunflower Association ihre Position gegenüber neuen Wettbewerbern aus China und Europa verteidigen, andererseits soll der Markt ausgeweitet werden. Die Deutschen kennen Sonnenblumenkerne zu wenig. Die meisten schätzen den Kern zwar im Brot, doch assoziieren sie eigentlich vor allem eines damit: Vogelfutter. Auch das soll sich ändern und langfristig die Nachfrage nach Sonnenblumenkernen ankurbeln.

◀ **Abbildung 2**
Storytelling für ein 2.500 Jahre altes Produkt: Die Kampagne »Be creative« für US-amerikanische Sonnenblumenkerne wird 1998 als beste Produkt-PR-Kampagne Deutschlands ausgezeichnet.

Und genau dieser Auftrag lag seit Wochen auf unseren Schreibtischen. Daher erst einmal ab in den Urlaub. Ins Soho Grand.

Und wie erfreulich: Dort lag die Antwort für uns. David Helpern erinnerte uns mit seiner architektonischen Hommage an die amerikanische Gründerzeit und an all die Geschichten, die seither in dem kleinen amerikanischen Kern steckten, denn auch die Agrarhauptstadt North Dakotas, Bismark, war genau zu jener Zeit gegründet worden. Bill Sofield präsentierte uns mit seinem Hoteldesign die Farben, die die visuelle Sprache definieren sollten, mit der wir die Aufmerksamkeit deutscher Verbraucher, Bäcker, Konditoren und Lebensmittelentwickler wecken würden. Und die zahlreichen Anspielungen des Hotels auf die Kreativszene der 70er in SoHo erinnerten uns daran, dass die Sonnenblume – neben dem Regenbogen – eines der positivsten Zeichen und Symbole jener Zeit war – alles Komponenten für ein wirksames visuelles Storytelling.

So kamen wir aus New York letztendlich nicht nur mit einem Haufen günstiger Klamotten zurück, sondern auch mit jeder Menge Ideen. »Be creative« – die Kreativkampagne für amerikanische Sonnenblumenkerne erhöhte das Ansehen des kleinen Kerns in Deutschland deutlich. 43 Prozent der Deutschen kannten laut einer GfK-Umfrage den Kern nun nicht mehr nur als Vogelfutter, sondern auch als Backzutat, Topping für Salate und Süßspeisen oder als Snack. Der Absatz stieg um 23 Prozent. 1998 wurde die Kampagne der National Sunflower Association mit dem Deutschen PR-Preis als beste Produktkampagne ausgezeichnet.

Die Reise ins Soho Grand in New York war für uns nicht nur der Start unserer Karriere als Visual Storyteller, sondern auch der Beginn einer Freundschaft, die seit über zwanzig Jahren anhält und der viele wunderbare Geschichten entsprungen sind.

Nicht für jeden unserer Kundenaufträge buchten wir ein Luxushotel – leider.

Und dies ist sicher auch nicht der wichtigste Tipp, den wir Ihnen mit diesem Buch ans Herz legen, wenn Sie visuelles Storytelling in der Unternehmenskommunikation oder im Marketing anwenden wollen.

Viel wichtiger ist dagegen ein Prinzip, dem wir – damals wie heute –, treu bleiben: neugierig hinzusehen. Schärfen Sie Ihre Wahrnehmung für Worte und Bilder. Denn genau darum geht es beim visuellen Storytelling. Geschichten zu erzählen, die mit packenden Worten und faszinierenden Bilder ein Publikum in ihren Bann ziehen können. Geschichten zu erzählen, die haften bleiben und vor allem Geschichten zu erzählen, die weitererzählt werden.

Alles Qualitäten, die heute, im digitalen Zeitalter mit seinen flüchtigen Medien, in denen wir immer härter um die Aufmerksamkeit von Zielgruppen kämpfen müssen, so entscheidend sind.

Daher Augen und Ohren auf, sehen Sie sich um – in diesem Buch, in dem wir für Sie Strategien, Instrumente und Beispiele guter visueller Storys zusammengetragen haben. All dies, um Sie zu animieren, nicht nur zum Geschichtenerzähler zu werden, sondern noch einen Schritt weiter zu gehen: zum visuellen Storytelling. Lassen Sie sich inspirieren, sich zukünftig nicht nur auf die Kraft Ihrer Worte zu verlassen, sondern vor allem auf starke Bilder zu vertrauen.

Die Flut der Bilder –
Wie Bilder über Text triumphieren

1

In der Nacht von Samstag auf Sonntag hatte es über 80 Zentimeter geschneit. Feinster Pulverschnee war auf die Berghänge des Cowboy Mountain niedergerieselt. Unwiderstehliche Bedingungen für die Skifahrer, die sich an diesem Wochenende in Stevens Pass aufhielten, einem kleinen Skigebiet, etwa 120 Kilometer östlich von Seattle. Der idyllische Skiort liegt mit seinen zehn Liften am 1.781 Meter hohen Cowboy Mountain etwas abseits vom Touristenrummel und ist vor allem bei Einheimischen sehr beliebt. An diesem Wochenende, im Februar 2012, war der Marketingdirektor des Skiresorts, Chris Rudolph, daher überaus erfreut, dass er einige der bekanntesten und besten amerikanischen Skifahrer und Freerider sowie einige Sportjournalisten vor Ort begrüßen durfte. Stevens Pass zeigte sich von seiner besten Seite und es würde herrliche Bilder in den Filmdokumentationen, Reportagen und Fotoblogs geben. Rudolph erhoffte sich von dieser Berichterstattung einen gehörigen Werbeeffekt für die Region. Und jetzt fiel auch noch der perfekte Schnee.

Abbildung 1-1 ▶
SnowFall – Pulitzerpreis für die Multimedia-Story der New York Times

»Der Schnee brach durch die Bäume ohne jegliche Vorwarnung. Es gab nur einen zischenden Ton in letzter Sekunde, eine weiße Wand, zwei Stockwerke hoch, und den durch Mark und Bein gehenden Schrei von Chris Rudolph: ›Lawine! Elyse!‹«

So beginnt die Reportage »Snowfall«, mit der Sportreporter John Branch 2013 nicht nur für seinen Auftraggeber New York Times den Pulitzerpreis in der Kategorie »Feature Writing« gewinnen, sondern auch eine weltweite Diskussion um die Bedeutung von Bild und Text im Journalismus entfachen sollte.

16 erfahrene Skifahrer im Alter zwischen 29 und 53 Jahren waren am Sonntag, den 19. Februar 2012, um 11.15 Uhr zum Tunnel Creek aufgebrochen, einer Skiroute abseits der offiziellen Pisten von Stevens Pass auf der rückwärtigen Flanke des Cowboy Mountain. Unter ihnen waren Elyse Saugstad, Skiprofi und vormalige Gewinnerin der Freeride World Tour, John Stifter und Keith Carlsen, Redakteure und Fotografen des Skimagazins Powder, Megan Michelson, Freeski-Expertin der Sportwebsite ESPN.com, und Jim Jack, Turnierleiter und ehemaliger Präsident der International Freeskiers Association. Angeführt wurde die Gruppe von einem Einheimischen, dem bereits erwähnten Marketingdirektor Chris Rudolph, der stolz darauf war, dieser außergewöhnlichen Gruppe von Sportlern und Skiprofis sein Gebiet von einer ganz besonderen Seite zeigen zu können.

Von Anfang an lässt John Branch in seiner Multimedia-Reportage, in der er ein halbes Jahr später die Vorfälle am Tunnel Creek rekonstruiert, keinen Zweifel darüber aufkommen, dass es sich hier um einen ungewöhnlichen Skiausflug handelt.

Die Katastrophe beginnt mittags: Um 12.02 Uhr geht der erste Anruf in der Notrufzentrale ein, sieben Minuten nachdem die Gruppe eine Lawine am Tunnel Creek ausgelöst hatte. 6.000 Kubikmeter Schnee kommen ins Rutschen, rasen mit einer Geschwindigkeit von bis zu 100 Stundenkilometern ins Tal. Auf ihrer Fahrt ins Tal reißt die Lawine weitere 7.000 Kubikmeter Schnee, Geröll und Bäume mit. Nur wenige Minuten später kommt sie mit einem Gewicht von über fünfzig Tonnen 762 Meter tiefer zum Stillstand. Sie kostet drei Menschen das Leben. Unter ihnen ist auch Chris Rudolph.

◄ **Abbildung 1-2**
John Branch erzählt in sechs Kapiteln die Geschichte eines Lawinenabgangs.

Die New York Times stellt die Story am 20. Dezember 2012 online (*http://www.nytimes.com/projects/2012/snow-fall/*) und schon in den ersten sechs Tagen wird sie von 2,9 Millionen Lesern über 3,5 Millionen Mal angeklickt. Etwa ein Drittel der Besucher sind ganz neue Nutzer der Website.

Lawinenunglücke sind eigentlich nichts Ungewöhnliches. Seit den 80ern häufen sich die Unglückszahlen aufgrund der Popularität des Skisports und des Booms von Risikosportarten. Heute kommen jährlich weltweit etwa 200 Menschen durch Lawinen ums Leben. Die meisten Unglücksopfer lösen die Lawinen selbst aus, und unter den Opfern befinden sich erstaunlich oft erfahrene Skitourengeher. So tragisch es klingt, aber aus journalistischer Sicht ist eine Reportage über ein Lawinenunglück keine aufsehenerregende Geschichte.

Was also weckte das Interesse so vieler Onlineleser? Warum wurde die Geschichte mit so viel Lob, Ehre und Preisen überschüttet, bis hin zur höchsten Auszeichnung, die die journalistische Branche zu vergeben hat, dem Pulitzerpreis? Und warum glauben Medienexperten, in dieser Story die Zukunft des Journalismus und der Onlinekommunikation zu sehen?

Teil des Erfolges von »Snowfall« ist sicher die akribische Recherche, mit der John Branch die Fakten und Details dieses Skitages im Februar 2012 zusammengetragen hat. Auch die einfühlsame Einbeziehung der Überlebenden des Lawinenunglücks, die in der Story zu Wort kommen, ist gut gelungen. Und schließlich zeigt die klare und bildhafte Sprache, in der die Geschichte verfasst wurde, dass John Branch sein Handwerk als Journalist meisterlich beherrscht.

Doch all dies sind Qualitäten, die auch andere gute Reportagen aufweisen. Was »Snowfall« letztendlich zu einer außergewöhnlichen und zukunftweisenden Onlinegeschichte macht, liegt nicht im Text begründet, sondern in seinem Umgang mit dem Element »Bild«.

Aufwertung der Komponente »Bild«

Branch ist es gelungen, zusammen mit einem Team von Grafikern und Multimediaexperten, die visuellen Elemente der Geschichte in einer Art und Weise mit dem Text zu verflechten, wie man es im Journalismus bisher noch nicht gesehen hatte. Während gewöhnliche Reportagen in der Regel Bilder und visuelle Elemente ergänzend und schmückend einsetzen und gleichsam den Text »bebildern«, erfahren die Bildkomponenten in »Snowfall« eine ganz neue Aufwertung.

Branch und sein Team stellen Bild und Text gleichwertig nebeneinander. Textinformationen werden durch visuelle Informationen ergänzt und umgekehrt. Und sie gehen sogar noch weiter, denn jedem Bildelement, sei es eine Fotostrecke, eine Filmsequenz oder eine Infografik, kommt die Aufgabe zu, den Leser mit zusätzlichen Informationen zu versorgen und somit die Geschichte entscheidend weiterzuerzählen.

Bereits lange vor »Snowfall« experimentierten Onlineredakteure mit der Kombination aus Text und Bild, um die neuen Lese- und Rezeptionsmöglichkeiten, die das Internet bietet, besser auszunutzen. Doch niemandem war bisher eine so gute Symbiose gelungen wie Branch und seinem Team.

Anders als in zahlreichen anderen Digitalprojekten wird der Leser in »Snowfall« nicht von den technischen Möglichkeiten der Onlinekommunikation erschlagen und von der Geschichte abgelenkt. Ganz im Gegenteil: Branchs Multimediareportage fällt durch eine ruhige, unaufgeregte Gestaltung und Leserführung auf, in der die multimedialen Elemente flankierend und harmonisch neben den Text gestellt werden.

Einige Kritiker und Fans der Story interpretieren sogar die Leserführung selbst als Teil der Geschichte, denn das Parallax-Scrolling, also die Art und Weise, auf die man sich als Leser langsam durch den Text abwärts scrollt, kann als Analogie zur Abfahrt der Skigruppe oder der Bewegung der Lawine verstanden werden.

Sechs Kapitel nehmen den Leser in »Snowfall« mit auf eine Fahrt durch die Ereignisse. Einem Skifahrer gleich bewegt man sich im Text von oben nach unten, schwingt links und rechts ein und macht Halt bei einer der Bildstrecken, die einem Fotoalbum ähnlich das Leben der Lawinenopfer im Zeitraffer nachzeichnen. In der Bilderstrecke zu Jim Jack sieht man zum Beispiel ein Foto mit dem 3-jährigen Jim und seinem Vater, Norman Jack, im Schnee auf dem Schlitten. Kindheitserinnerungen, die zeigen, dass die Leidenschaft für Schnee bei Jim Jack schon früh geweckt wurde – eine Leidenschaft, die ihn letztendlich das Leben kostete.

Weiter unten in der Geschichte stoppt man bei kurzen Videosequenzen, in denen Beteiligte und Angehörige zu Wort kommen und die den Leser einfühlsam und mit viel Emotionalität mit den Protagonisten der Story bekanntmachen. Dazu gehört auch das Interview mit der Freeriderin Elyse Saugstad, die zusammen mit Chris Rudolph die ersten Meter gefahren war, bis die Lawine sie erfasst hatte.

Und schließlich gelangt man zu einigen dynamisch animierten Infografiken, die detailreich und anschaulich Fakten und Daten über das ganze Ausmaß der Katastrophe wiedergeben. In unterschiedlichen Farben werden hier die verschiedenen Routen der Skifahrer nachgezeichnet, denn die Gruppe hatte sich während der Tour spontan in Zweier- und Dreierteams aufgeteilt. Während man den Text liest, kann man parallel die unterschiedlichen Routen der Teams nachverfolgen. Oder auch dem unaufhaltsamen Abgang der Lawine zusehen, der mithilfe einer Simulation des Schweizer Instituts für Schnee- und Lawinenforschung in einer Grafikanimation rekonstruiert wurde.

Erst den visuellen Elementen ist es zu verdanken, dass diese Geschichte ihre volle Kraft entfalten kann.

Und das war neu.

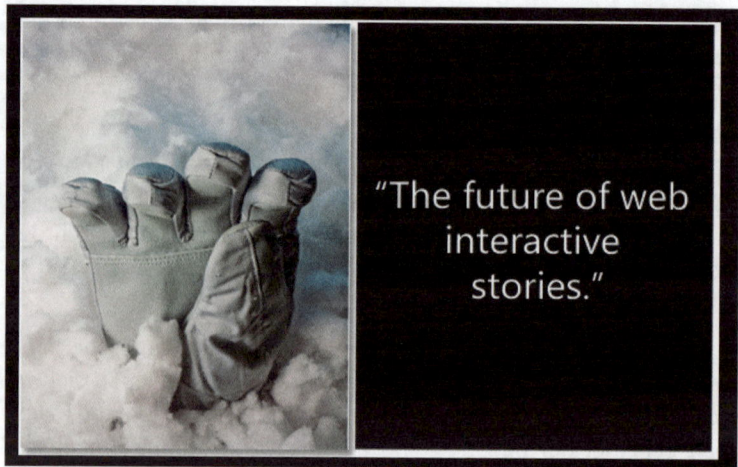

Abbildung 1-3 ▶
»Snowfall« – eine tragische Multimediageschichte zeigt die Zukunft des Onlinejournalismus.

Traditioneller Journalismus hatte sich bisher hauptsächlich auf die Kraft der Worte verlassen und die Informationsvermittlung dem Text anvertraut. Erstmals zeigte hier ein renommiertes Traditionshaus wie die New York Times, dass sich die Zeiten geändert hatten und Journalismus und Onlinekommunikation der Zukunft anders »aussehen« würden als bisher.

»All the news that's fit to print«

Ausgerechnet die renommierte New York Times, die wegen ihres hohen Alters und der bestimmenden Farbe ihrer Textseiten liebevoll »Gray Lady«, also »graue Dame« genannt wird, hatte John Branchs Multimediareportage unterstützt.

161 Jahre vor der Veröffentlichung von »Snowfall«, am 18. September 1851, erschien die erste Ausgabe dieser Zeitung. Henry J. Raymond und George Jones hatten das Blatt mit dem Titel »The New-York Daily Times« als seriöse Alternative zu den damals vorherrschenden reißerischen Boulevardzeitungen gegründet. Doch der hohe Anspruch zahlte sich nicht richtig aus: Jahr um Jahr verlor das Blatt Leser an Joseph Pulitzers »World« oder Randolph Hearsts »Journal«, die den typischen Klatsch und Tratsch der Regenbogenpresse verbreiteten und noch dazu wesentlich günstiger waren als die Times.

John Swinton, von 1860 bis 1870 Redaktionschef, gelangen zwar einige herausragende Storys, doch wurde der Times immer wieder prophezeit, dass es keinen Markt für anspruchsvollen Journalismus gäbe und dass das Geschäftsmodell mit seriösen Nachrichten niemals funktionieren würde.

1886 stand die New-York Daily Times dann tatsächlich fast vor dem finanziellen Ruin. Zum Glück für den Verleger Adolph Ochs, der mit geborgtem Geld die Mehrheit an dem Blatt günstig erwerben konnte und damit den Grundstein für eine Erfolgsgeschichte legte, die bis heute einmalig in der Medienlandschaft ist.

Ochs, dessen Eltern aus Fürth nach Amerika ausgewandert waren, änderte als erstes den Namen in »The New York Times« und definierte das Leitmotto der Zeitung, das noch heute auf jeder Ausgabe steht: »All the news that's fit to print« – »Alle Nachrichten, die geeignet sind, gedruckt zu werden«.

„All the news that's fit to print"

New York Times

Sieben Wörter, die ursprünglich als Marketinggag gedacht waren, die sich letztendlich jedoch zu den berühmtesten sieben Wörtern amerikanischer Mediengeschichte entwickeln sollten. In den folgenden 160 Jahren löste die New York Times ihr Versprechen von seriösem, anspruchsvollem und unabhängigem Journalismus ein und etablierte sich als Qualitätsmarke auf dem internationalen Medienmarkt wie keine andere Printzeitung weltweit.

Doch zu Beginn des 21. Jahrhunderts sah sich die Zeitung, wie die gesamte Zeitungsbranche, erneut heftiger Kritik ausgesetzt. Kritik an ihrem Geschäftsmodell, Kritik an ihrem Anspruch, Kritik an ihrer Arbeitsweise. Online-Angebote waren angetreten, um Printmedien wie der New York Times Konkurrenz zu machen und sie langfristig sogar abzulösen. Leser wechselten zu kostenlosen Informationsplattformen im Netz, Blogger und »Bürgerjournalisten« boten schnellere Informationen und passioniertere Geschichten, die Printabonnements gingen kontinuierlich zurück, Werbebudgets wurden zugunsten von Onlinewerbung, Suchmaschinenmarketing und Social-Media-Kampagnen ins Netz verlagert.

Ab dem Jahr 2000 gaben Medienexperten dem Printjournalismus, wie ihn die New York Times anbot, keine Chance mehr. Überall war vom Tod des klassischen Medienmodells zu hören, noch dazu wo erstmals eine junge Generation an Lesern herangewachsen war, die »Digital Natives«, die noch nie eine Zeitung in den Händen gehalten hatten.

Neue Konzepte mussten her, neue Geschäftsmodelle, neue Bezahlmodelle. Eine neue Art des journalistischen Arbeitens musste gefunden werden, um langfristig im Wettbewerb mit Blogs und Social Media bestehen zu können. Gleichzeitig galt es auch, die neuen Möglichkeiten des Internet selbst auszuprobieren, auszuschöpfen und geschickt zu nutzen.

Von Anfang an stand die New York Times als Leitmedium im Zentrum dieser Veränderungen und unter konstanter Beobachtung der Branche. Viele erhofften sich von der »Gray Lady« Antworten darauf, wie die Zukunft des Journalismus aussehen könnte.

So war es dann auch die New York Times, die als eines der ersten Printmedien kostenpflichtige Inhalte im Netz ausprobierte und technische Innovationen für höhere Clickraten und mehr Leserservice testete. 2008 zum Beispiel wurde eine API-Schnittstelle zur Verfügung gestellt, die gezielte Suchanfragen im Archiv der Zeitung erlaubten und die man auch in andere Webseiten einbinden konnte. Ein Jahr später wurde die Anwendung »Skimmer« eingeführt, was so viel wie Querleser bedeutet, die es Nutzern ermöglichte, die Website der New York Times effizienter zu lesen, bis zu 15 Seiten parallel anzusehen und schneller zwischen ihnen hin und her zu springen. Höhepunkt der technischen Innovationen, mit denen die New York Times heute ihren Lesern mehr Service bietet, ist sicher die App NYT Now, die dem Modell einer modernen Zeitung derzeit wohl am nächsten kommt.

Grundlegende Veränderungen

Doch all die Diskussionen rund um neue Geschäftsmodelle und technische Innovationen sollten Journalisten, Medienmachern und Kommunikationsexperten nicht den Blick verstellen auf die eigentlichen Ursachen dieses Medienwandels. Auslöser dafür ist die grundlegende Veränderung des Rezeptionsverhaltens, also der Art und Weise, wann, wo und vor allem wie wir heute Informationen wahr- und aufnehmen. Ein Wandel, auf den die New York Times mit »Snowfall« eine erste Antwort zu geben wusste.

Wann

Die festen Rituale, die unsere Eltern pflegten, zum Beispiel das Lesen der Tageszeitung am Frühstückstisch oder während der Pendelfahrt zur Arbeit und die abendliche Zusammenfassung des Tages um 21.45 Uhr in der »Tagesschau« oder später um 1 Uhr im »Heute-Journal« – all diese Rituale sind einem kontinuierlichen Strom an Nachrichtenhäppchen gewichen. »Always On« und »Echtzeitkommunikation« lauten die Schlagworte, die beschreiben, wie wir uns mithilfe von WhatsApp, Twitter, Facebook und Co. im Minuten- oder vielmehr Sekundentakt heute informieren.

Wo

Auch das Wo der Informationsaufnahme hat sich dramatisch gewandelt. Dem Leitmedium Print hatte das Fernsehen bereits in den 70ern den Rang abgelaufen, um heute von Tablet-Computer und Handy abgelöst zu werden. Die Zukunft der Kommunikation ist mobil und findet nach Meinung von Trendforschern bald auch mithilfe von Wearable Electronics wie Uhren, Accessoires oder gar Kleidungsstücken statt. Information löst sich von Zeit und Raum. Wir tragen heute das Wissen der Welt immer und überall bei uns.

◄ **Abbildung 1-4**
Als Fernsehen zum Leitmedium wurde: Vor dem Schaufenster von »Radio Hermann« in Neumünster ist der Andrang groß, als Deutschland 1954 Fußball-Weltmeister wird.

Wie

Noch viel grundlegender als das Wann und Wo sind jedoch die Veränderungen, die das Wie der Informationsaufnahme betreffen. Mit den Möglichkeiten der digitalen Kommunikation sehen wir einen radikalen Wandel des Rezeptionsverhaltens, also wie Menschen Informationen wahrnehmen, verarbeiten und weitergeben. Unübersehbar ist dabei die wachsende Bedeutung visueller Kommunikation.

Bild schlägt Text, in allen Bereichen: Bildern gelingt es im Netz besser, Aufmerksamkeit auf sich zu ziehen. Bildern gelingt es besser, Leser zu interessieren und zu binden. Bildern gelingt es besser, Informationen merkbar zu machen und zu verankern.

Mit »Snowfall« machte die New York Times bereits Ende 2012 ein Kommunikationsangebot, das dieser Tatsache Rechnung trägt. Der Text der Geschichte ist ideal gekoppelt an seine visuellen Komponenten wie Bild, Bewegtbild und Infografiken, die die Aufmerksamkeit und das Interesse moderner Rezipienten ansprechen.

Definitiv einen Pulitzerpreis wert

Erfolgreiche Kommunikation von morgen erfordert eine neue Qualität des Erzählens. Eine Qualität, die nicht nur in der Kunst inhaltlich guter Storys liegt, sondern die auch die Darstellung und Präsentation guter Geschichten betrifft.

»Snowfall« kommt daher die Ehre zu, Mitbegründer einer neuen, modernen Art der Kommunikation und Informationsvermittlung zu sein, die zukunftweisend nicht nur für den Journalismus von morgen ist, sondern auch für erfolgreiche Unternehmenskommunikation und Marketing: die Kunst des visuellen Storytelling.

Die Zukunft der Kommunikation liegt definitiv im Bild. Schon heute prägen Bilder schließlich massiv die Medien und unsere Rezeption.

Abtauchen in den visuellen Tsunami

Eine Frage an Sie, lieber Leser: Sind Sie Smartphone-Besitzer? Dann blicken Sie doch einmal auf Ihr Handy und überprüfen Sie, wie viele Fotos Sie derzeit dort gespeichert haben. Sehen Sie doch gleich einmal nach.

2014 haben Schätzungen zufolge 1,5 Milliarden Smartphone-Besitzer weltweit über eine Billion Fotos produziert, jede Minute werden 200.000 Fotos auf Facebook gepostet, alle 60 Sekunden kommen

42.000 Bilder auf Instagram dazu, und wenn Sie diese Zeilen lesen, sind diese Zahlen mit Sicherheit schon weiter angestiegen.

Laut einer Schätzung von Kodak wurden im Jahr 2011 mehr Bilder gemacht als in der gesamten Zeit seit Erfindung der Fotografie.

Joseph Nicéphore Niépce benötigte 1826 acht Stunden Belichtungszeit, sowie eine mit Naturasphalt bestrichene Zinnplatte in der Größe 20 x 25 cm und eine Mischung aus Lavendelöl und Petroleum, um das erste Foto der Welt mit einer Camera obscura zu fixieren. Das Bild zeigt den Blick aus seinem Arbeitszimmer im französischen Saint-Loup-de-Varennes. Man erkennt den Rahmen des Fensterflügels, ein Taubenhaus, einen Baum, in der Ferne ein kleines Gebäude mit Pultdach und schließlich den Kamin eines Backhauses des Gutshofs, auf dem Niépce lebte und arbeitete.

◀ **Abbildung 1-5**
Joseph Nicéphore Niépce gelang 1826 erstmals das Fixieren eines Bildes auf eine Zinnplatte – das erste Foto.

So unspektakulär das Motiv der Aufnahme ist, so bahnbrechend war die Technologie, die dieses Bild ermöglichte. Niépce gelang die erste dauerhafte und bis heute erhaltene Fotografie. Leider war es ihm nicht vergönnt, diesen Triumph voll auszukosten, denn er starb sieben Jahre später. Sein Partner Louis Daguerre stellte erst nach seinem Tod, am 19. August 1839, der Öffentlichkeit die neue Technik vor – dieses Datum markiert die Geburtsstunde der Fotografie.

160 Jahre später erreicht die Fotoindustrie ihren Höhepunkt. 1999 wurden laut einer GfK-Studie 70 Millionen Kameras verkauft. Laut Kodak wurden in diesem Jahr 80 Milliarden Fotos geschossen. Und das ist nicht das Ende des Fotobooms. Nur 15 Jahre später, 2014,

werden 10 Mal mehr Geräte verkauft, mit denen man Fotos machen kann. Doch dies sind keine Fotokameras mehr: Mit Einführung der Fotofunktion in Smartphones geht ab dem Jahr 2000 die Ära der Fotokamera stetig ihrem Ende entgegen.

2014 besaßen 41 Millionen Deutsche ein »intelligentes Telefon«. In nur wenigen Jahren war es dem Smartphone gelungen, zu unserem wichtigsten Gerät zu werden, einem Gerät, auf das wir nicht mehr verzichten können und wollen: »Smartphones und Tablet Computer verbreiten sich (...) nicht nur stetig, sondern werden auch zu unverzichtbaren Begleitern. So erklärten 2014 fast zwei Drittel der Smartphone-Besitzer (61 Prozent) ›gar nicht‹ auf das Gerät verzichten zu können. Bei Jüngeren unter 30 Jahre sind es sogar 74 Prozent. Eine ähnlich hohe Bedeutung haben nur noch Tablet Computer für ihre Nutzer. Hier wollen 58 Prozent ihr Gerät ›gar nicht‹ missen. Damit sind Smartphones und Tablet Computer weit wichtiger für ihre Nutzer als andere Hightech-Geräte wie herkömmliche Mobiltelefone, Laptops oder Desktop-PCs«, so eine Studie des Digitalverbandes Bitcom, der Deloitte 2014 mit einer Marktstudie zur »Zukunft der Consumer Electronics« beauftragte.

Zum Thema »Digitales Fotografieren« stellt die Studie weiter fest, »dass das Smartphone der dominierende Fotoapparat im Alltag geworden ist. Es dient allen Nutzern als Digitalkamera. Denn jeder Smartphone-Nutzer (100 Prozent) in Deutschland ab 14 Jahren macht mit seinem Gerät auch Fotos. Dieser Nutzungsgrad mag im ersten Moment unspektakulär anmuten, ist (...) aber bemerkenswert. Vor drei Jahren machte gerade einmal gut jeder dritte Smartphone und Handy-Nutzer (38) mit seinem Gerät auch Fotos. Wie sehr das Smartphone zum universellen Device geworden ist, zeigt sich nicht zuletzt an diesen Steigerungen.«

Und unter dem Titel »Das Smartphone – Der Deutschen liebster Fotoapparat« schreiben die Autoren: »Bereits 2013 hat sich gezeigt, dass das Smartphone im Vergleich zu digitalen Kompakt-, Spiegelreflex- sowie Systemkameras die beliebteste Kamera war. Sofern die entsprechenden Geräte im persönlichen Besitz des Befragten oder zumindest im Haushalt vorhanden waren, nutzten 62 Prozent ein Smartphone häufig oder sogar immer, um Fotos zu machen. (...) Diese Entwicklung erklärt sich neben der Tatsache, dass das Smartphone stets zur Hand ist, auch mit der immer besseren Kameraqualität. Einige Modelle schießen Fotos mit bis zu 38 Megapixeln Auflösung und verfügen über ein besonders helles Blitzlicht für dunklere Umgebungen. Entsprechend häufig werden Smartphones auch für Schnappschüsse im Alltag genutzt. Neun von zehn Smartphone-Nutzern (92 Prozent) machen spontane Schnappschüsse.«

Videotipp Photos Every Day (2013), Apple-Werbung für das iPhone 5, *http://bit.ly/1IbRXIS*.

2014 nahmen wir unser Handy im Durchschnitt 221 Mal am Tag in die Hand und 3,38 Mal, um zu fotografieren (Tecmark Smartphone-Studie 2014).

Die digitale Fotografie mit dem Handy erzeugt einen Strom von Bildern, einen Tsunami von Fotos. Mit dieser Masse an Bildern war noch keine Generation vorher konfrontiert.

Demokratisierung der Bildproduktion

Kommunikations- und Verhaltensforscher versuchen derzeit, unser neues Verhältnis zum Medium Bild zu analysieren und die Auswirkungen dieser Veränderungen einzuschätzen, doch noch ist das Phänomen des »visuellen Tsunami« relativ jung. Schon heute sind sich die Wissenschaftler jedoch darüber einig, dass sich unser Rezeptionsverhalten langfristig grundlegend ändern wird.

Einige Wissenschaftler ziehen Parallelen zu den Auswirkungen, die die Erfindung des Vinyls Ende des 19. Jahrhunderts und damit der Siegeszug der Schallplatte sowie die serielle Fertigung des Transistorradios Anfang der 50er Jahre auf den Umgang mit Musik hatten.

Alle diese technischen Errungenschaften halfen der Musik, »laufen zu lernen«, und das Medium Ton zu demokratisieren.

Jahrhundertelang war Musik eine Kunstform, die von Künstlern und professionellen Musikern »in Echtzeit« ausgeübt wurde. Musik auf hohem Niveau war einer Elite vorbehalten, die sich entweder eine Eintrittskarte für den Konzertsaal oder das Opernhaus leisten konnte oder die sich die Künstler selbst ins Haus holte.

Ende des 19. Jahrhunderts machten die Schellackplatte und später die Vinylplatte aus Polyvinylchlorid (PVC) dann das Unmögliche möglich: Musik wurde konservier- und reproduzierbar. Mit einer Schallplatte und einem Grammophon oder Plattenspieler konnte man sich seine Lieblingsmusik und Lieblingsmusiker einfach und bezahlbar nach Hause holen. Und schließlich brachte das tragbare Transistorradio Tonaufnahmen – Musik, Nachrichten oder auch

Veranstaltungen und Sportereignisse – überall hin, wo man zuhören wollte, zu Hause, aber auch unterwegs. Erstmals waren Menschen live dabei, obwohl sie nicht vor Ort waren.

Ähnlich wie die Musik waren auch visuelle Ausdrucksformen wie Grafik, Foto und Film einst Künstlern und professionellen Anwendern vorbehalten. Abgesehen von den künstlerischen Fähigkeiten, die die Berufe des Grafikers, Fotografen und Filmemachers ausmachen, arbeiten diese Profis meist mit aufwändigem, kompliziertem und teurem Equipment, dessen Bedienung eine Ausbildung und jahrlange Erfahrung erfordert.

Heute hingegen kann jeder zum Grafiker, Fotografen und sogar Filmemacher werden – in nur wenigen Minuten, mithilfe eines Computers und eines Smartphones. Softwareprogramme und Apps stehen zur Verfügung, die die Fertigkeiten der Profis – in gewissem Rahmen – für jeden zugänglich machen. Sie sind leicht zu bedienen sind und obendrein oft auch noch kostenlos.

Jedermann hat heute Zugang zu Grafikprogrammen wie »Canva«, mit denen man in nur wenigen Schritten und ohne Vorwissen eine individuelle Grußkarte, ein Facebook-Banner oder eine Infografik erstellen kann.

Wer Fotos bearbeiten möchte, muss sich heute nicht mehr mühevoll in ein Programm wie »Photoshop« einarbeiten, sondern kann schnell und bequem die unterschiedlichen Filter und Bearbeitungstools nutzen, die »Instagram« zu bieten hat.

Der amerikanische Hersteller GoPro vermarktet Action-Kameras, die einfach zu bedienen sind und in jeder Lebenslage funktionieren, ob auf der Skipiste oder unter Wasser. Die Aufnahme erfolgt in hochauflösender HD-Qualität, in der auch Kinofilme gedreht werden.

Für den anschließenden Filmschnitt muss man nicht mehr teuer einen Schnittplatz und den dazugehörigen Cutter in einem Studio anmieten. Apple liefert zum Beispiel in seiner Standardausstattung das Schnittprogramm »iMovie« gleich mit.

Und wer seinen Film als Trickfilm animieren möchte, dem stehen kostenlose Programme wie »PowToon« zur Verfügung. Mit Apps wie »Vine«, »Meerkat« oder »Periscope« kann man seine Bewegtbilder dann auch gleich direkt vom Smartphone aus veröffentlichen.

▲ Abbildung 1-6
Wer herausfinden will, was der Instagram-Filter über seinen Nutzer aussagt, der klicke auf
http://bit.ly/OfdExd.

Revolution von unten

Doch der Vergleich mit der Technisierung und Demokratisierung der Musik hinkt, denn Kommunikationswissenschaftler sehen in der Art, wie wir heute mit Bildern umgehen, einen entscheidenden Unterschied:

Vinyl und Radio befreien den Ton aus dem Konzertsaal und ermöglichen einem breiten Publikum Zugang zu professioneller Musik. Doch diese technischen Innovationen veränderten nur den Verbreitungsweg, nicht jedoch die Musikproduktion selbst. Schallplatte und Transistorradio brachten Musik in die Welt, damit sie überall und an jedem Ort zugänglich war und von jedem genossen werden konnte, doch die Musik selbst wird weiterhin von Künstlern und Musikern eingespielt. Zwar gibt es auch im Bereich Musik und Sound heute für Laien Computerprogramme und Apps, um einfach zu komponieren, aufzunehmen und abzumischen, doch der Großteil der Musikproduktion bleibt nach wie vor einem Kreis von Profis vorbehalten und wird – »top down« – an das Publikum weitergegeben.

Die Flut der Bilder funktioniert jedoch genau andersherum: »bottom up«. Nicht nur Profis, sondern wir alle kreieren heute visuelle Inhalte.

Wir gestalten Grafiken, nehmen Fotos auf und produzieren Filme. Computer, Smartphones und die neuen Möglichkeiten der digitalen Welt helfen uns, in den Wettbewerb mit professionellen Grafikern, Fotografen und Filmemachern und sogar an ihre Stelle zu treten.

Jeder Mensch ist ein Künstler

Joseph Beuys prophezeite, dass eines Tages jeder Mensch zum Künstler werden würde, und Andy Warhol versprach jedem von uns 15 Minuten Ruhm.

 Videotipp »Joseph Beuys – Jeder Mensch ist ein Künstler« von Werner Krüger, 1979, *http://bit.ly/1yoWyOu*.

 Videotipp »15 Minutes: Andy Warhol«, Podiumsdiskussion zu Werk und Bedeutung von Andy Warhol, insbesondere seiner Fotokunst, veranstaltet von der Columbia University und der Brand Foundation, Mai 2014, *http://bit.ly/1G4Iv6T*.

Beide Prophezeiungen gehen nun in Erfüllung und nirgends ist dies so deutlich sichtbar wie im Bereich der visuellen Kommunikation, die nicht nur kontinuierlich zunimmt, sondern die von jedem einzelnen von uns täglich mitgestaltet wird.

Dabei ist besonders interessant zu beobachten, wie sich die Inhalte und Motive von Bildern, insbesondere Fotos und Filmen, durch die Demokratisierung der Mittel verändern.

Als man noch einen teuren Fotofilm in die Kamera einlegen musste, war die Anzahl der Aufnahmen begrenzt und dementsprechend jedes einzelne Bild »kostbar«. Motive wurden sorgfältig ausgewählt. Fotografiert wurde nur zu besonderen Anlässen. Man ließ sich Zeit und arrangierte viele Aufnahmen. Visuell festgehalten wurde Herausragendes und Erinnerungswürdiges, fotowürdig waren die geplanten, besonderen Momente des Lebens.

Heute, da uns die Digitalfotografie ermöglicht, eine unbegrenzte Anzahl von Bildern zu machen, überwiegen hingegen Schnappschüsse, Spontanes, Beiläufiges, Alltägliches.

Alles gerät ungefiltert ins Fadenkreuz der Kameralinse unseres Smartphones: unsere direkte Umgebung, unsere Wohnungen, Häuser, Straßen, Landschaften. Wir halten fest, wie wir leben, was wir essen, wie wir arbeiten, was wir in unserer Freizeit tun. Wir bilden

Banalitäten ab. Wie wir aufstehen, frühstücken, aus dem Haus gehen, wieder heimkommen, zu Bett gehen. Wir dokumentieren, wo wir uns gerade befinden und mit wem wir zusammen sind.

Der Strom von Bildern ist Teil eines umfassenden Experiments: der Visualisierung und Dokumentation unseres Lebens in all seiner Alltäglichkeit und bis ins kleinste Detail.

Wir verlagern unsere Erinnerungen und unser Selbstverständnis nach außen – in die Bilder, die wir auf unseren Smartphones speichern. Und es hat fast den Anschein, dass wir uns durch diese Bilder auch selbst bestätigen und uns vergewissern, dass wir existieren – durch Bilder, die wir in der Tasche tragen und die wir mit unseren Freunden und der Öffentlichkeit teilen.

Es ist daher nicht erstaunlich, dass vor allem ein Motiv immer und immer häufiger zu sehen ist: wir selbst.

Ich, Ich, Ich

Am 11. Januar 2000 beschließt der Fotograf und Künstler Noah Kalina, sich täglich selbst zu fotografieren. Immer in der gleichen Pose und mit dem gleichen Gesichtsausdruck. Zwölfeinhalb Jahre lang produziert er jeden Tag ein »Selfie«.

Nach 4.545 Tagen montiert Kalina diese Bilder zu einem Film zusammen, den er auf Vimeo und YouTube veröffentlicht. »Everyday« zeigt die Wandlung eines jungen, glattrasierten 19-jährigen Teenagers zu einem reifen Mann im Alter von 32 mit Vollbart – in 4.545 Selbstportraits. Bis heute wurde Noah Kalinas Film auf YouTube über 26 Millionen Mal angesehen: ein Siegeszug des Selfies.

Seit Erfindung der Fotografie stand der Fotograf traditionell hinter der Kamera. Der Macher des Bildes war nie sichtbar, er blieb anonym.

Urlaubsfotos waren geprägt davon, dass man den Fotografen nie zu Gesicht bekam, als wäre er gar nicht vor Ort gewesen. Für eine gemeinsame Aufnahme musste man entweder einen Passanten um Hilfe bitten oder den Selbstauslöser bedienen und schnell ins Bild hechten.

Heute halten wir einfach unser Smartphone vor uns und die Sehenswürdigkeit. Wir müssen nicht mehr einen Fremden bitten und dar-

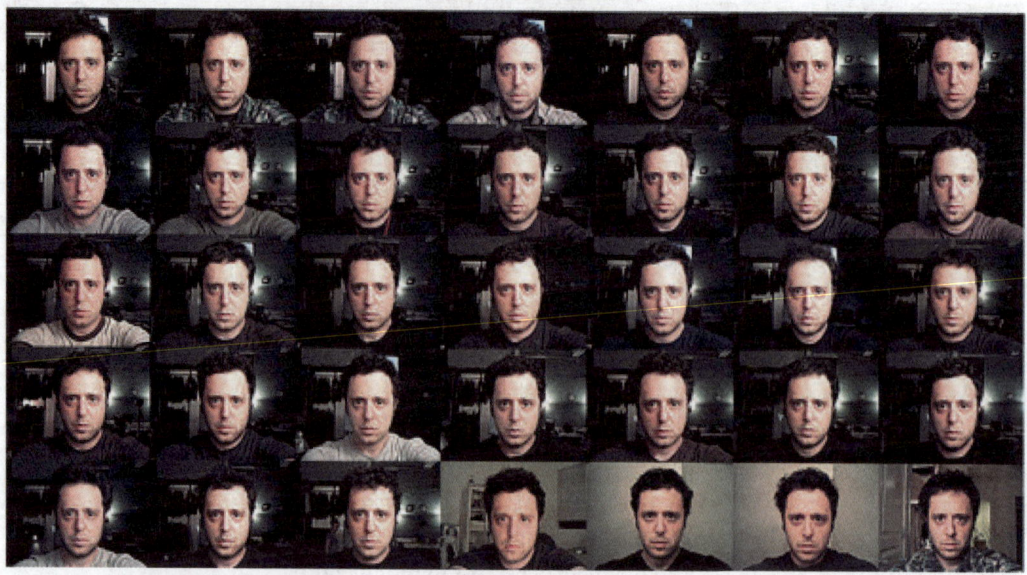

Abbildung 1-7 ▲
Eine Homage an das Selfie:
»Everyday« von Noah Kalina,
http://bit.ly/1h7xvLy

auf hoffen, dass dieser den richtigen Ausschnitt wählt, sondern sind selbst Macher unserer Eigenaufnahme. Dabei zücken wir unseren Selfie-Stick, eine Verlängerungsstange, die es ermöglicht, das Smartphone weiter weg zu halten, und vergrößern sogar unseren Blickwinkel. (Museen wie das Metropolitan Museum in New York verbieten mittlerweile die Anwendung dieser Stöcke, da sie die Beschädigung ihrer Kunstwerke fürchten.)

Wir sind von der Tatsache fasziniert, dass wir uns immer und jederzeit selbst fotografieren können, und es ist, als würden wir uns auf dem eigenen Bild besser erkennen.

 Tipp Überall Selfies im Netz, zum Beispiel: Naked Handstander (www.nakedhandstander.com): Seit fünf Jahren reist dieser anonyme Künstler um die Welt, um sich vor Sehenswürdigkeiten nackt, von hinten im Handstand, zu fotografieren. Das Fotoprojekt ist mehr als nur eine bebilderte Weltreise. Naked Handstander will mit seinem ungewöhnlichen Motiv auf die Wegwerfgesellschaft aufmerksam machen und die Tatsache, dass immer mehr Produkte für den schnellen Gebrauch gemacht werden und damit der Umwelt schaden. So vergänglich und überflüssig wie sein Handstand, sind auch viele Produkte, die wir täglich nutzen. Ungewöhnliche Selfies mit Tiefgang.

Follow me to (*www.instagram.com/muradosmann*): Der Fotograf Murad Osmann fotografiert seine Freundin Nataly Zakharova an den unterschiedlichsten Orten weltweit in der immer gleiche Pose. Sie zieht ihn an der Hand hinter sich her. In den herausragenden Bildern sieht man daher immer nur Osmanns Hand und den Rücken von Nataly. Die Instagram-Sammlung ist auch als Buch erschienen.

Das »Selfie« wird zum Spiegelersatz und zum erfolgreichsten Bildmotiv der Neuzeit: »Rund zwei Drittel (65 Prozent) der deutschen Smartphone-Nutzer ab 14 Jahren machen (...) sogenannte Selfies. Dies entspricht gut 25 Millionen Bundesbürgern. Jeder sechste Smartphone-Nutzer (16 Prozent) macht dies sogar häufig. Vor allem jüngere Smartphone-Nutzer machen gerne Schnappschüsse von sich selbst. 71 Prozent der 14- bis 29-jährigen nutzen ihr Smartphone für Selfies, bei den 30- bis 49-jährigen zwei Drittel (66 Prozent). Selbst von den Senioren über 65 Jahren nehmen 44 Prozent Selbstporträts mit der Handykamera auf. Mit 68 Prozent machen etwas mehr Männer als Frauen (62 Prozent) Fotos von sich selbst. Dabei werden Selfies nicht nur für eigene Erinnerungen aufgenommen. Drei von fünf Selfie-Machern (59 Prozent) teilen ihre Selbstporträts auch in sozialen Netzwerken. 16 Prozent verbreiten sie sogar häufig, ebenfalls 16 Prozent hin und wieder und 27 Prozent zumindest selten. Besonders stechen die jüngeren Altersgruppen zwischen 14 und 29 Jahren hervor. Bei ihnen versenden fast zwei Drittel (64 Prozent) ihre Selfies über Facebook, Google+ oder Instagram.« Wie die hier zitierte Bitcom-Studie »Die Zukunft der Consumer Electronics 2014« zeigt, nehmen wir Selfies nicht nur für uns selbst auf, sondern teilen einen Großteil dieser Aufnahmen mit Freunden und unserer digitalen Community.

Wir sind also nicht nur Produzenten unserer selbst, sondern zugleich auch Distributoren. Social Media und Co. befähigen uns, unsere Werke jederzeit zu veröffentlichen und sie weiter zu verbreiten.

Elf Prozent aller aufgenommenen Fotos werden geteilt, und dies innerhalb von nur 60 Sekunden nach der Aufnahme. Bildern kommt demnach eine andere Funktion und Bedeutung zu als zur Zeit von Fotokamera und Fotofilm. Heute dienen Fotos nicht mehr nur dem Einfrieren spezieller Momente und Festhalten erinnerungswerter Augenblicke, sondern sie werden mehr und mehr als universelle Form der Konversation genutzt.

Das Festhalten und anschließende Teilen banaler Alltagsaufnahmen, in denen wir dokumentieren, wo wir uns gerade befinden, mit wem wir zusammen sind, mit was wir uns beschäftigen oder gar was wir essen – all diese Foto-Posts und Shares ersetzen zunehmend Textkonversation. Fotos übernehmen die Funktion von Worten. Statt Buchstaben benutzen wir Bilder, um uns auszudrücken.

»Words are so Generation Y«

Die Journalistin Katherine Rosman widmete im Oktober 2014 einen New York Times-Artikel dem Hype um die Fotocommunity Instagram. Sie beschreibt darin eine neue Generation von Mediennutzern, die mit visueller Kommunikation im Netz groß geworden ist und die Bilder heute schon in ihrer neuen Bedeutung ganz selbstverständlich nutzt: die Generation Z.

»Words are so Generation Y« beschreibt den Zeitgeist und das Motto der nach 1995 Geborenen, einer Generation, deren Tagebücher »Tumblr« und »Instagram« heißen und die zur Beschreibung ihrer Gefühle, Erinnerungen und Gedanken kaum Worte verschwendet, sondern sich stattdessen lieber in Fotos ausdrückt.

Die heute 14- bis 19-Jährigen werden 2020 eine der größten und interessantesten Konsumentengruppe sein, die in Europa, den USA und den BRIC-Staaten bis zu 40 Prozent der Gesamtbevölkerung ausmachen wird. Jugendforscher und Marketingexperten beschäftigen sich schon heute ausführlich mit dieser Gruppe, insbesondere mit ihrem Kommunikations- und Kaufverhalten, das einen hohen Einfluss auf Medien und Marketing der Zukunft haben wird.

Doch was genau unterscheidet diese Jugendlichen von den Generationen vor ihnen, und was sind die damit verbundenen Auswirkungen auf unsere mediale Wirklichkeit? Vier Verhaltensweisen sind interessant:

1. Partiell aufmerksam: In der Generation Z scheint ADS, das Aufmerksamkeitsdefizitsyndrom, zum Dauerzustand geworden zu sein und sie macht das Beste daraus. Ständig online und eingeloggt, springen diese Jugendlichen heute nicht mehr wie Generation X und Y zwischen unterschiedlichen Devices hin und her, sondern switchen zwischen multiplen Plattformen und nutzen diese selbstverständlich und spielerisch parallel. Multitasking ist ihre Methode, um Informationen über die unterschiedlichsten Apps aus dem Netz zu ziehen. Nachrichten

werden aus Mosaiksteinen unterschiedlicher Quellen zusammengestellt, in Echtzeit konsumiert und weiterverarbeitet.

2. Digital sozial: Keine Generation ist so vernetzt und mit anderen Menschen verbunden wie Generation Z. Eigene, reale Freunde zählen zu diesem Kreis, aber auch virtuelle Communities und Gruppen, mit denen man Interessen und Neigungen teilt. Und diese Generation steht in ständigem Austausch mit diesen Kontakten: Freunde und Fremde werden kontinuierlich um »real-time feedback« gebeten und in alle Entscheidungen des Lebens einbezogen. Gleichzeitig verinnerlicht die »Gen Z« wie keine andere Generation das Grundprinzip des Networking: kein Nehmen ohne Geben. Teilen wird zum Grundprinzip der jungen Gesellschaft – im digitalen wie auch im realen Leben. Status definiert sich zukünftig nicht über Besitz, sondern über das digitale Sozialverhalten.

▲ Abbildung 1-8
Generation Z – mehr als nur Digital Natives.

3. Rigoros selektiv: Schon heute sind Jugendliche Meister im Filtern, Aussortieren und Blockieren von Informationen. Sie sind souverän im Umgang mit Medien und Marketing und wissen sehr genau, welche Informationen sie zulassen und welche nicht. Sie sind zynischer und ironischer als ihre Vorgängergeneration und vertrauen ausschließlich ihrer eigenen Altersklasse und »Peer-Gruppe«. Wer das Internet so beherrscht wie sie,

hat »alles« schon gesehen, und doch suchen auch sie, wie die Generationen vor ihnen, nach neuen Erfahrungen. Dabei ist die Generation Z es gewohnt, ständig nach der eigenen Meinung gefragt zu werden. Diese bringt sie gerne ein – idealerweise gegen eine Belohnung.

4. Visuell kommunikativ: Der Bildanteil in der Kommunikation ist so hoch wie in keiner Generation zuvor. Anstatt mit Worten tauscht sich Gen Z schnell und unkompliziert mit Emoticons, Schnappschüssen und visuellen Statements aus. Informationen, die sich diese Jugendlichen merken wollen, werden als Bild an die digitale Wand bei Pinterest »gepinnt« und maximal mit einem Hashtag markiert und katalogisiert. Auch Kaufentscheidungen sind von dieser visuellen Fixierung betroffen. So fand die Designagentur FITCH in einer internationalen Studie heraus, dass sich Jugendliche in Europa, Russland und China beim Auswahlprozess und der Entscheidung für ein Produkt zuerst an visuellen Kriterien wie Farbe und Kontrasten eines Produkts orientieren, ehe sie sich über die eigentlichen Produktvorzüge informieren.

Überlebensstrategie

Partiell aufmerksam, digital sozial, radikal selektiv, visuell kommunikativ: vier Verhaltensmuster und Antworten auf eine mediale Realität, mit der wir heute schon konfrontiert sind. Es sind Überlebensstrategien, um Herausforderungen und Probleme zu bewältigen, die uns die digitale Informationswelt stellt.

Zu wenig Zeit

585 Minuten am Tag – fast zehn Stunden – verbringen wir laut SevenOneMedia mit medialen Inhalten, die uns Fernseher, Radio, Computer, Smartphone und Co. bieten. Die Marktforscher analysierten zwar nur die sogenannte werberelevante Zielgruppe im Alter zwischen 14 und 49 Jahren, doch alle anderen Altersgruppen verbringen nicht viel weniger Zeit vor dem Bildschirm. Die Mediennutzung ist in den letzten zehn Jahren (seit 2002) um 16 Prozent gestiegen, Tendenz weiter steigend.

Insgesamt verwenden wir heute schon mehr Zeit mit Medien als mit allen anderen Hauptbeschäftigungen. Zu diesem Ergebnis kommen

ARD und ZDF in ihrer Langzeitstudie »Massenkommunikation«. Fast zehn Stunden täglicher Mediennutzung stehen zum Beispiel 82 Minuten für Essen, 35 Minuten für Körperhygiene oder auch durchschnittlich 40 Minuten für das Treffen mit Freunden und Bekannten gegenüber.

Zehn Stunden pro Tag, 585 Minuten ... und doch haben wir ständig das Gefühl, zu wenig Zeit zu haben, um uns ausreichend zu informieren. Zu wenig Zeit, um die 5,4 Onlinegeräte, die wir laut Wave8-Studie, einer Langzeitstudie von Universal McCan, durchschnittlich zu Hause haben, regelmäßig zu nutzen.

Der Blogger Klaus Eck bringt dieses Zeitparadoxon treffend auf den Punkt: »Die Zeit limitiert unsere Informationsaufnahme. Worauf wir achten, das sind Bilder, gefettete Texte, Videos und grafische Hervorhebungen jeder Art. Den Text dazwischen übersehen wir beim vielfältigen Klicken und beharren darauf, unsere Lektüre nur noch zu scannen. Beim Lesen verlieren wir viel zu viel Zeit, warum sich noch ein Buch vornehmen oder eine andere Art des Long Form Contents? Es ist alles einfach zu viel. Die Flüchtigkeit des Lesens steht im Einklang mit dem Information Overload und dem Bewusstsein, immer nur einen Bruchteil der vorhandenen Informationen aufnehmen zu können. Es gibt von allem immer mehr, so dass wir vor lauter fragmentierter Medienlandschaft und Blogosphäre nur noch auf die Zwischenüberschriften starren.«

Es ist einfach alles viel zu viel

Alle 60 Sekunden werden vier Millionen Suchanfragen auf Google gestellt, 204 Millionen E-Mails verschickt, 13,8 Millionen Nachrichten auf WhatsApp gepostet und 277.000 Tweets auf Twitter abgesetzt. Wir leben im Informationsüberfluss, und täglich kommen mehr Daten hinzu.

Es ist daher kein Zufall, dass derzeit zwei Schlagworte die Kommunikations- und Marketingwelt beherrschen: »Big Data« und »Storytelling«. Es hat sogar den Anschein, dass beide Begriffe Hand in Hand gehen, denn je besser wir in der Lage sind, Rohdaten zu ermitteln, desto mehr ringen wir um die Bedeutungshoheit über sie und versuchen, sie zu sinnstiftenden Geschichten zu verdichten.

Doch auch gut verpackte Studien und Analysen, spannend aufbereitete Reportagen und Storys scheitern mehr und mehr am Limit unserer Aufnahmefähigkeit. Immer schneller und kürzer muss daher die Informationsaufnahme möglich sein, um überhaupt noch zum Leser und User durchzudringen.

Daher begeistern wir uns für bunte, ansprechende Infografiken, die uns das Hinsehen leicht machen. So wecken Fotografen mit geschickt montierten Bildern unsere Aufmerksamkeit und gelingt es YouTubern, uns in drei Minuten komplexe Vorgänge mithilfe von »How-to-Videos« zu veranschaulichen.

Wir verlassen uns mehr und mehr auf Bilder und vertrauen ihnen.

Google zum Beispiel kündigte Anfang 2015 an, verstärkt auf die Visualisierung von Inhalten zu setzen. Zum Beispiel in der Gesundheitsinformation: Fünf Prozent der monatlich über 100 Milliarden Suchanfragen bei Google betreffen Krankheiten und Krankheitssymptome. In Zusammenarbeit mit Ärzten und Gesundheitsspezialisten hat Google daher für die 400 meistgesuchten Indikationen Kurzporträts und Erstinformationen erstellt, die einen Schnellüberblick zum Thema geben. Zusätzlich zum Text wurden alle 400 Beiträge erstmals von Grafikern illustriert, denn, so Google in einer Pressemitteilung: »Visuals get the message out a lot quicker, and consumers are more likely to share images than text.« (»Bilder vermitteln die Botschaft wesentlich schneller und Konsumenten sind eher gewillt, Bilder mit anderen zu teilen als Text.«).

Bereits vor einigen Jahren, 2011, führte Google »Search by Image« ein – eine Bildersuche. Wer auf *www.image.google.com* ein Bild hochlädt, bekommt sofort Informationen zu diesem Bild, weiterführende Links und ein Angebot an ähnlichen Bildern angezeigt.

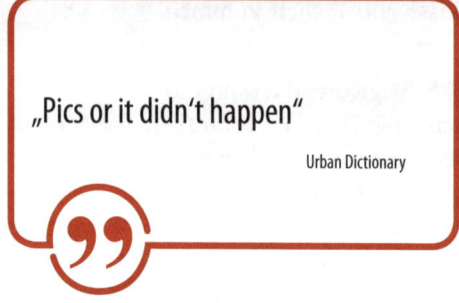

„Pics or it didn't happen"

Urban Dictionary

Die Generation der 14- bis 19-Jährigen geht sogar noch einen Schritt weiter. Für Gen Z ist YouTube heute schon die wichtigste Suchmaschine. Während Generation X noch auf Google vertraut und Generation Y auf Wikipedia, verlässt sich die Generation Z auf die 72 Stunden Videomaterial, die jede Minute auf YouTube hochgeladen werden, und auf die Bilder auf Pinterest. Statt Texte zu lesen, werden Bilder und Bewegtbild angesehen, und was auf YouTube und Pinterest nicht zu sehen ist, existiert in den Augen dieser Generation eigentlich nicht.

Der »Content-Schock« bleibt aus

Medienexperten warnen schon lange vor den Stressfaktoren der digitalen Kommunikation wie Zeitlimitierung und ständig steigender Reizüberflutung. Seit Jahren prophezeien sie den so genannten »Content-Schock«, der zu einer kommunikativen Schockstarre und Abkehr vom Internet führen werde.

Doch bisher ist der Schock ausgeblieben. Warum? Warum haben wir nicht schon lange vor der Lawine aus dem Netz kapituliert?

Ein Teil der Antwort ist: wegen der Bilder. Die Verlagerung weg von textbasierter Kommunikation hin zu visueller Kommunikation erleichtert uns die Verarbeitung der Informationsfülle. Ein Phänomen, das überall zu beobachten ist:

- Facebook-Beiträge, die Bilder und vor allem Videos enthalten, werden bis zu zehn Mal häufiger angeklickt und geteilt als textbasierte Postings.
- Nachrichten auf dem Microblogging-Dienst Twitter, der für Botschaften mit bis zu 140 Zeichen konzipiert ist, enthalten immer häufiger Bilder. Visuelle Tweets werden bis zu 35 Mal häufiger retweetet – sogar häufiger als Tweets mit Hashtags oder Zitaten.
- Bildplattformen wie Instagram und Pinterest, aber auch Livebild-Plattformen wie Meerkat verzeichnen kontinuierliche Zuwachsraten und zählen zu den interaktivsten Communities.
- Die Messenger-App WhatsApp, die auch in Konkurrenz zu SMS für kleine Textnachrichten geschaffen wurde, wird immer häufiger zum Versand von Bildern verwendet.

- In der »Attention Economy«, in der jeder um Aufmerksamkeit ringt, ob Privatperson oder Unternehmen, sind wir ständig auf der Suche nach Inhalten, mit denen wir uns ausdrücken können, die uns definieren und die uns von der Masse abheben. Eines der Erfolgskonzepte dafür heißt: Bilder, Bilder, Bilder.

Das Einzige, was wir also brauchen, ist – noch mehr Bilder.

Auftauchen aus dem Meer der Bilder

»Start the cameras, and our guardian angel will take care of you.« Mit diesem Zitat von Joe Kittinger, Fallschirmspringer und Mentor von Felix Baumgartner, ging am 14. Oktober 2012 auf Twitter ein Bild um die Welt.

Abbildung 1-9 ▶
Felix Baumgartner am 14. Oktober 2012 in 38.969 Meter Höhe. Ein Bild das per Twitter weltberühmt wurde: *http://bit.ly/1BJh6CF*.

(»Es sind diese Art von Geschichten, solche, die über das Unmittelbare und Oberflächliche hinausgehen, die die Macht des Fotojournalismus zeigen. Ich glaube, dass Fotografie eine echte Verbindung zu Menschen aufbauen und positiv genutzt werden kann, um die Herausforderungen und Möglichkeiten zu verstehen, denen wir in der heutigen Welt gegenüberstehen.«)

Videotipp David Griffin, Leiter der Fotoredaktion von National Geographic, im TED-Talk »How Photography connects us«, *http://bit.ly/1NC6Aof.*

Bilder haben die Kraft, hinter das Unmittelbare und Oberflächliche zu sehen und mehr zu zeigen als das Offensichtliche. Und genau diese Kraft gilt es, in der Unternehmenskommunikation und im Marketing heute durch »Visuelles Storytelling« zu nutzen. Die Informationsgesellschaft von morgen ist eine »visuell kommunizierende Gesellschaft«. Nutzen wir diese Chance.

Und wenn Sie jetzt – bevor wir beginnen – den Eindruck haben, dass dieses Thema nur etwas für Kreative und Kunstschaffende ist oder für Menschen, die sich schon in der Schulzeit im Kunstunterricht mächtig ins Zeug gelegt haben, keineswegs aber für jemanden, der BWL, Marketing oder gar Jura studiert hat, jemanden, der sich sein gesamtes Leben lang auf Text konzentriert hat und dessen höchste visuelle Ausdrucksform PowerPoint-Präsentation sind, wenn Sie weder Digital Native sind noch der Generation Z angehören und gar Sorge haben, ob Sie sich auf diese neue Medienwelt einstellen können oder wollen ... wenn Sie so denken, dann möchten wir Sie mit einem Zitat der Autorin Debbie Millman aufmuntern, die ihren Workshop-Teilnehmern zum Thema »Visual Storytelling« Folgendes sagt:

»All you need is a love for art and a love for language and a desire to put the two of this together in a meaningful way.« – Alles, was Sie brauchen, sind Interesse für Kunst und für Sprache und der Wunsch, beides auf sinnstiftende Weise zusammenzubringen.

Videotipp »The Art of the Story: Creating Visual Narratives« – ein Onlineworkshop mit Debbie Millman auf Skillshare, *http://skl.sh/1CGubAv.*

> **Tools der visuellen Kommunikation – im Text genannte Links**
>
> - Canva: »Amazingly Simple Graphic Design Software«, Grafikprogramm für Anfänger – *https://www.canva.com*
> - Photoshop: Bildbearbeitungsprogramm von Adobe – *http://www.adobe.com/de/products/photoshop.html*
> - Instagram: »Capture and Share the World's Moments«, Foto- und Video-Sharing-App – *https://instagram.com*
> - iMovie: Filmbearbeitungsprogramm von Apple – *https://www.apple.com/de/mac/imovie*
> - PowToon: Animated Videos, Software zur Animation von Videos – *http://www.powtoon.com*
> - Vine: Video-Sharing-Programm – *https://vine.co*
> - Meerkat: Live-Video-Sharing-Programm – *http://meerkatapp.co*
> - Periscope: Live-Video-Sharing-Programm von Twitter (für iOS) – *https://itunes.apple.com/us/app/id972909677*
> - Weaver: »Your words illustrated«, Illustrationsprogramm für SMS – *www.weaver.co*

Übrigens ...

Versinken auch Sie in der Flut Ihrer eigenen Bilder? Wie viele Bilder haben Sie auf Ihrem Smartphone gespeichert? Sehen Sie doch einmal nach!

Wenn Sie nur ein einziges Bilder behalten dürften, welches wäre Ihnen am wichtigsten?

Kodak befragte 2014 die Deutschen nach dem bedeutendsten Moment in der Geschichte der letzten 50 Jahre und dem dazu passenden Bild. Der Gewinner? Silvester 1989, als West- und Ostdeutsche nach dem Mauerfall zum ersten Mal den Jahreswechsel feierten.

Platz 2 belegte das Bild des ehemaligen Bundeskanzlers Willy Brand, der 1970 in Andacht vor dem Mahnmal des Warschauer Ghettoaufstandes auf die Knie fiel.

Auf Platz 3 kam das Bild der Ansprache von Hans-Dietrich Genscher, der auf dem Balkon der Prager Botschaft den DDR-Flüchtlingen verkündet, dass sie ausreisen können.

Platz 4: die Millenniumsfeier im Jahr 2000.

Platz 5: der Torjubel von Mario Götze nach dem entscheidenden Tor im Finale der Fußball-Weltmeisterschaft 2014.

Und was ist Ihr wichtigster Foto-Moment?

Die Macht der Bilder –
Wie Bilder wirken

2

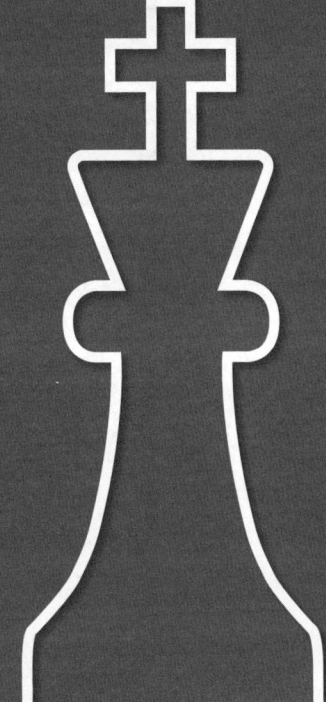

»Im Alter von elf wurde mir erstmals klar, dass ich die Welt anders sah als die meisten Menschen. Ein Schock. Ich war bis dahin fest davon überzeugt, dass Farben ausschließlich aus Schwarz, Weiß und Abstufungen von Grau bestehen würden. Schließlich sind dies die Farben, in denen ich die Welt seit meiner Geburt sehe.«

Neil Harbisson

1993 stellen die Ärzte bei Neil Harbisson fest, dass er an Achromatopsie leidet, einer seltenen Form von Farbenblindheit, die nur einmal unter 33.000 Menschen vorkommt.

Abbildung 2-1 ▶

Achromatopsie ist selten. Häufiger, bis zu 8 bis 10 % unter Männern und bis zu 0,5 % unter Frauen, kommt Rot-Grün-Blindheit vor. Farbenblindheit ist vor allem ein Männerproblem. Erklärung? Unbekannt. Das Problem sitzt auf dem X-Chromosom und das haben bekanntlich beide Geschlechter. Mehr Informationen zum Thema Farbenblindheit finden Sie auf www.wearecolorblind.com.

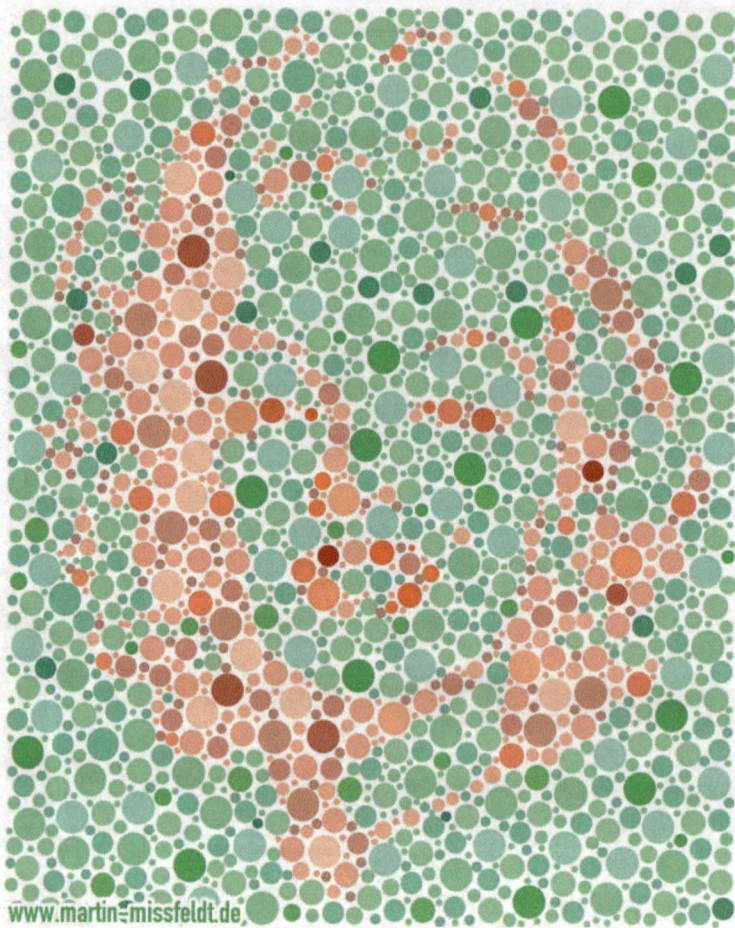

In der Netzhaut des menschlichen Auges sind Farbrezeptoren, die Zapfen, dafür verantwortlich, dass man Farben erkennen kann. Neils Zapfen sind jedoch aufgrund einer genetischen Störung defekt und so mussten die Ärzte dem katalanischen Jungen mitteilen, dass seine Krankheit unheilbar sei. Neil würde sein Leben lang keine Farben erkennen können.

Doch es sollte anders kommen.

Der Junge ließ sich von seiner Behinderung nicht unterkriegen und beschloss, Kunst zu studieren. Dabei interessierte sich Neil besonders für Musik. Das Klavier war sein Lieblingsinstrument, schon wegen der Farben der Tasten. Aber auch die Malerei faszinierte ihn, denn er wollte so viel wie möglich über Farben erfahren. Seine Bewerbung am Institut Alexander Satores in der Nähe von Barcelona wurde angenommen und er überzeugte seinen Lehrer, ihm zu gestatten, alle visuellen Arbeiten in Schwarz-Weiß zu erstellen.

»Ich war ein selbstbewusster junger Mann, der versuchte, mit seiner Behinderung aktiv umzugehen. Doch es ist nicht leicht, ein Leben ohne Farben zu meistern. Besonders die ganz einfachen, alltäglichen Dinge bereiteten mir Schwierigkeiten. Frühstücken zum Beispiel. Wenn Lebensmittel nicht in ihrer ursprünglichen Form auf den Teller kamen, konnte ich sie nicht erkennen. Und immer wieder verwechselte ich Orangensaft mit Apfelsaft oder auch Tomatensauce. Immer wieder musste ich fragen, um welches Lebensmittel es sich handle, oder versuchen, Essen anhand seines Geruchs zu erkennen. In der Schule hielten mich viele Mitschüler für faul, weil ich sie immer wieder nach dem roten oder blauen Stift fragte. Dabei konnte ich einfach nicht den Unterschied sehen. Und später an der Uni kleidete ich mich ausschließlich in schwarz. Einerseits, weil es als intellektuell galt, andererseits, weil ich einfach keinen Sinn darin sah, Klamotten in unterschiedlichen Grautönen zu tragen, denn das waren die einzigen ›Farben‹, die ich sehen konnte.«

2001 wechselte Harbisson an das Dartington College of Arts im Südwesten von England, wo er begann, experimentelle Komposition zu studieren. Und wo er demjenigen Menschen begegnen sollte, der sein Leben verändern würde – der Farbe in sein Leben bringen würde.

Adam Montandon, Absolvent der Universität von Plymouth, hielt am Dartington College eine Vorlesung über Kybernetik. Besonders seine Kenntnisse zur akustischen Regelsteuerung weckten Neil Harbissons Interesse: »Nach der Vorlesung ging ich auf Adam zu und fragte ihn, ob wir nicht etwas zusammen entwickeln könnten, damit ich Farben sehen könne. Er willigte ein und kam zurück mit einem simplen Gerät, bestehend aus einer Webcam, einem Kopfhörer, einem Computer, den ich mir auf den Rücken schnallte, und einer Software, die Farben in Töne umwandelte.«

Nach 21 Jahren, in denen Neil Harbisson ausschließlich Schwarz und Weiß hatte unterscheiden können, eröffnete sich für ihn plötzlich die Welt der Farben. Das Gerät, das Montandon und Harbisson »Eyeborg« nannten, ermöglichte Neil ab 2003, die Welt »bunt« in Tönen zu hören.

Dafür wandelt die Kamera, die Neil vor der Stirn trägt, Farben in Schallwellen um, die dann per Kopfhörer in Neils Ohr übertragen werden. Jede Farbe hat eine eigene Tonfrequenz: Die dunkelsten Farben des Farbspektrums wie Dunkelrot haben die tiefsten Frequenzen, die höchsten Farben wie etwa Violett haben die höchsten Frequenzen.

Es dauerte eine Weile, sich an diese neue Art des »Sehens« zu gewöhnen, aber da Neil den Eyeborg konstant trug, lernte er bereits nach fünf Wochen, sich auf die neue Sichtweise ein- und umzustellen.

»Am Anfang musste ich mir (...) die Namen merken, die ihr jeder Farbe gebt, d. h., ich musste mir die Töne einprägen. Aber schließlich wurden sämtliche Informationen zu einer Wahrnehmung. Ich dachte nicht über die Töne nach. Und nach einer Weile wurde diese Wahrnehmung zu einem Gefühl. Ich begann, Lieblingsfarben zu haben, und in Farben zu träumen.«

Neil Harbisson »sieht« heute 360 Farben, etwa so viele wie jeder Mensch: »Das Leben hat sich dramatisch verändert, seit ich Farben höre. Denn Farben gibt es fast überall. Die größte Veränderung ist zum Beispiel, dass ich einen Picasso hören kann, wenn ich ein Museum besuche. Es ist, als würde ich in ein Konzerthaus gehen, weil ich den Bildern zuhören kann. Und Supermärkte – das ist sehr schockierend –, es ist sehr reizvoll, durch einen Supermarkt zu gehen. Wie in einem Nachtclub: Er ist voller unterschiedlicher Melodien. Ja. Besonders der Gang mit den Reinigungsmitteln. Das ist einfach großartig. Auch die Art, wie ich mich kleide, hat sich verändert. Früher habe ich mich so angezogen, dass es gut aussah. Heute ziehe ich mich so an, dass es sich gut anhört.«

 Videotipp   Mercedes-Benz spielt in dem Spot »Hören Sie den Sommer« mit den beiden Sinnen Hören und Sehen, um Lust auf die Cabriolets der Marke zu machen. Hören und sehen Sie selbst: *http://ow.ly/LnB3e.*

Seine Fähigkeit, Sinneseindrücke von Sehen zu Hören und umgekehrt zu übersetzen, nutzt Harbisson heute in seiner künstlerischen Arbeit. Mit bizarren Tonfolgen macht er die Meisterwerke der Malerei für sein

Publikum hörbar. Umgekehrt malt er die Töne berühmter Reden wie etwa Martin Luther Kings Rede »I have a dream« als farbenfrohe Bilder.

◀ **Abbildung 2-2**
Martin Luther Kings Rede »I have a dream« – gemalt von dem Farbenblinden Neil Harbisson

So führt uns Neil Harbisson, der Farbenblinde, vor Augen, wie intensiv unsere Welt von Farben geprägt ist und, noch viel grundsätzlicher, wie entscheidend das Visuelle für uns Menschen ist. Denn wir sehen die Welt nicht einfach mit unseren Augen, sondern unser Sehsinn hilft uns in einem umfassenderen Sinn, die Welt zu erkennen und zu verstehen.

Wer sich auf die Kunst des visuellen Storytelling einlassen möchte, sollte sich daher mit der Mechanik des Sehens beschäftigen, mit der Art und Weise, wie unsere Augen funktionieren und wie unser Gehirn die pure visuelle Information sinnvoll umwandelt.

Dieser Meinung ist auch Uwe Stoklossa, der sich in seiner Dissertation mit dem Titel »Ich sehe nichts, was du nicht siehst« mit den Bildertricks der Werbung auseinandersetzt: »Man muss nicht wissen, welche chemischen Reaktionen sich auf den Stäbchen und Zapfen der Netzhaut abspielen, um ein gutes Plakat zu gestalten. Aber viele der Erkenntnisse, zum Beispiel aus dem Bereich der Wahrnehmungspsychologie, lassen sich im Grund eins zu eins auf die tägliche Arbeit eines Grafikers übertragen und sind sehr nützlich bei der immer wieder neuen alten Frage: ›Wie kann ich mein Thema oder Produkt mal aus einer anderen Perspektive oder einem anderen Blickwinkel präsentieren?‹«

Und weiter gefragt: Wie wirken Bilder und welche Bildeffekte machen aus einer Geschichte eine visuell gut erzählte Story? Blicken wir daher dem Auge mal genauer ins Auge.

Übrigens   Neil Harbisson erweiterte sein Farbspektrum auch auf Infrarot und Ultraviolett. Der einst Benachteiligte hat die Technik, die seine Behinderung ausgleichen sollte, optimiert und seine Fähigkeiten des »Sehens« über die eines normalen Menschen hinaus ausgeweitet.

Diese Optimierung und auch die Tatsache, dass sich Neil Harbisson seinen Eyeborg – den Computer, der Farben in Töne umwandelt – in den Hinterkopf implantieren ließ, sind die Gründe dafür, dass sich Harbisson heute als »Cyborg« bezeichnet und 2010 die Cyborg-Stiftung gründete.

Videotipp   Neil Harbissons TED-Talk 2012 mit dem Titel »Ich höre Farben«, *http://ow.ly/LniZ7.*

Schau mir in die Augen: Der menschliche Sehsinn

Der Mensch ist ein Augentier. Sagt man. Doch könnten Tiere sprechen, einige würden hier Protest einlegen.

Bienen, Vögel und viele Fische zum Beispiel sehen in Bereichen, von denen wir nicht einmal eine Vorstellung haben: Sie können ultraviolettes Licht wahrnehmen.

Fliegen und Libellen sehen mit ihren Komplex- und Facettenaugen wesentlich schneller als wir. Sie registrieren bis zu 300 Bilder pro Sekunde, fünf Mal mehr als Menschen, die gerade mal 50 bis 65 Bilder pro Sekunde schaffen. Fliegen kommt daher ein YouTube-Video ruckelnd wie eine veraltete Diashow vor. Kein Wunder, denn ihr Auge setzt sich aus bis zu 30.000 winzigen Einzelaugen zusammen.

Greifvögel sehen extrem scharf. Ihre Augen besitzen bis zu sieben Mal mehr lichtempfindliche Zellen als Menschen. Das »Adlerauge«

ist auch überproportional groß im Verhältnis zum Kopf, daher sehen Adler wesentlich weiter.

Katzen besitzen im Katzenauge eine besondere Schicht, das Tapetum. Diese wirft das Licht, das ins Auge fällt, wie ein Spiegel zurück. Daher leuchten Katzenaugen im Dunkeln. Und noch viel wichtiger: Katzen können bei Nacht sehen.

Das Auge ist ein Produkt der Evolution. Der schwedische Zoologe Dan-Erik Nilsson wies in den 90er Jahren nach, dass 2.000 Entwicklungsschritte notwendig sind, um aus einer einfachen Lichtsinneszelle das Linsenauge eines Wirbeltieres zu entwickeln. Etwa 360.000 Generationen sind für diese Entwicklung nötig.

Wir hatten vier Milliarden Jahre Zeit, um zu dem zu werden, was wir sind, denn seit dieser Zeit ist Leben auf unserem Planeten belegt. Anhand fossiler Funde wissen wir, dass innerhalb der letzten 100 Millionen Jahre alle bekannten Augentypen entstanden sind – vom Grubenauge über das Lochauge bis hin zu höher entwickelten Formen wie dem Linsen- oder Komplexauge.

Die ersten Mehrzeller hatten nur einfache Lichtsinneszellen, doch schon Quallen haben eine zusammenhängende Ansammlung von Photorezeptoren, sogenannte Flachaugen. Beim Nautilus, einem Verwandten des Tintenfisches, findet sich schon ein Vorläufer des Linsenauges. Sein Auge besteht aus einer Gewebegrube mit einem kleinen Loch in der Mitte, durch das Licht einfallen kann. Ähnlich wie bei einer Lochkamera können hier Bilder entstehen.

So geradlinig, wie es den Anschein hat, verlief die Entwicklung jedoch nicht. Der Evolutionsbiologe Ernst Mayr und der Wiener Zoologe Luitfried Salvini-Plawen verwiesen 1977 darauf, dass es wohl über 40 Überarbeitungen des Auges durch die Evolution gegeben hat, und entsprechend viele unterschiedliche Augentypen gibt es.

Der Grund für all diese Anstrengungen? Überleben. Sehen entscheidet über Leben und Tod, über Fressen oder Gefressen-Werden. Wer besser sehen kann, setzt sich durch. In punkto Sehen sind wir Menschen im Vergleich zu manchen Tieren vielleicht nicht die Besten, aber insgesamt doch ganz passabel.

Übrigens Der berühmte Satz »Schau mir in die Augen, Kleines«, auf den in der Überschrift angespielt wird und den Barbesitzer Rick Blaine, gespielt von Humphrey Bogart, im Film »Casablanca« (1942) zu seiner Geliebten Ilsa Lund sagt, gespielt von Ingrid Bergman, dieser Satz existiert nur in der deutschen Synchronfassung. Im englischen Original sagte Bogart: »Here's looking at you, kid« – ein Trinkspruch, den Bogart improvisiert hatte.

Augenscheinlich: Was ist Sehen?

In seiner Schrift »Über die Seele« beschreibt Aristoteles (384 – 322 v. Chr.) die menschlichen fünf Sinne: Sehen, Hören, Riechen, Schmecken und Tasten. Die Reihenfolge, in der Aristoteles diese fünf Sinne auflistet, sagt einiges über die Bedeutung des Sehens aus: 80 Prozent der Informationen, die wir aufnehmen, stammen aus visueller Wahrnehmung. Der Sehsinn ist der wichtigste Sinn, mit dem wir uns die Welt erschließen.

Sprachwissenschaftlich betrachtet, leitet sich das Wort »sehen« aus der indogermanische Wurzel »sekw« ab, was so viel wie »bemerken, sehen; mit den Augen verfolgen« hieß. Auch gibt es eine Verwandtschaft zu dem lateinischen Verb »sequi«, das »folgen« heißt. Wir »folgen« den Bildern, die wir wahrnehmen, und machen uns dadurch ein Bild von der Welt.

Allgemein definiert man Sehen als »die Fähigkeit, Lichtreize aufzunehmen und die in ihnen enthaltenen Informationen über die Umwelt zu erkennen und zu verstehen« (*www.wissen.de*).

Doch was genau passiert, wenn Lichtreize in unser Auge fallen?

Am Anfang war das Licht

Um ein gutes Auge zu bauen, benötigen Sie etwas Hornhaut, eine Iris, eine Pupille und eine Linse, einen Glaskörper sowie eine Netzhaut mit jeder Menge Photorezeptoren, bekannt als Zapfen und Stäbchen – genau genommen 125 Millionen. Darüber hinaus sind noch eine Million Nervenfortsätze für den Sehnerv erforderlich, der die Verbindung zum primären visuellen Cortex und den visuellen Assoziationscortices bildet, den Regionen im Gehirn, die Lichtinformationen weiterverarbeiten.

Der Bauplan eines Auges ist also schnell erstellt, doch lange Zeit war sich die Wissenschaft uneinig, wie der Mechanismus des Sehens tatsächlich funktioniert.

Die griechischen Philosophen Demokrit (460 bis 371 v. Chr.) und Epikur (341 bis 270 v. Chr.) glaubten zum Beispiel, dass jeder Gegenstand ein farbiges Abbild auslöse, ein sogenanntes Eidolon, das durch die Luft fliegt und dann ins Auge wandert, wo unsere Seele es erkennt. Platon (428 bis 348 v. Chr.) behauptete, dass das Auge Sehstrahlen und Licht aussende und die Welt absuche. Erst Aristoteles (394 bis 322 v. Chr.) kam dem Rätsel näher, denn er beschäftigte sich nicht nur mit dem Auge, sondern vor allem mit dem Phänomen Licht. Einige seiner Kernaussagen zum Licht haben bis heute Gültigkeit und begründeten die Wissenschaft der Optik:

- Licht ist immateriell.
- Licht wird von Gegenständen reflektiert, und wenn das reflektierte Licht das Auge trifft, findet Sehen statt.
- Das Medium, durch das Licht wandert, ist unsichtbar.

Es sollte jedoch weitere 1000 Jahre dauern, bis es einem arabischen Gelehrten gelang, das Wunder des Sehens zu entschlüsseln. Abu Ali al-Hasan Ibn al-Haitham, den europäische Historiker später »Alhazen« nannten (ca. 965 bis 1039 n. Chr.), interessierte sich für Naturwissenschaften, was ihm ein hohes Ansehen und eine Karriere als Beamter in Bagdad ermöglichte. Seine wissenschaftlichen und technischen Fähigkeiten sprachen sich schnell herum, und so wurde er vom Kalifen al-Hakim für eine ganz besondere Aufgabe an den Hof gerufen: die Regulierung des Nils. Alhazen beeindruckte den Kalifen mit seinem Wissen, der ihn bald darauf zum Wesir ernannte. Doch mit dem Aufstieg am Hofe wurde der Wissenschaftler leider auch immer häufiger mit den Machtspielen und politischen Komplotten des Kalifen konfrontiert. Alhazen, der weder an Macht noch an Karriere interessiert war, wollte sich daher aus der Position zurückziehen und sich stattdessen ganz dem Studium der Wissenschaften widmen.

Um seinen Dienstherrn nicht zu verärgern, wandte er eine List an: Er täuschte einen Nervenzusammenbruch vor und gab vor, geisteskrank zu sein – mit Erfolg, denn 1011 entband al-Hakim ihn von seinen Pflichten und stellte ihn unter Arrest. Als der Kalif zehn Jahre später verstarb, »gesundete« Alhazen unverzüglich. Die Zeit des Arrestes hatte er für das Studium des Sehens genutzt.

Alhazens »Buch der Optik« gilt bis heute als eines der bedeutendsten Werke der Physik und der Medizin, denn es beschreibt erstmals den anatomischen Aufbau des Auges, zeigt die Bedeutung der Linse und widerlegt damit die antike Sehstrahl-Theorie Platons.

Der Wissenschaftler aus Basra beschreibt die optischen Gesetze, erläutert die Grundprinzipien der Lichtreflexion und geht sogar auf die neuropsychologischen Aspekte der visuellen Wahrnehmung ein. Alhazen betont, dass Sehen weniger im Auge als vielmehr im Gehirn stattfindet und Sehen stark von den persönlichen Erfahrungen eines Menschen abhänge. Wie er Recht behalten sollte!

Mithilfe von Kerzen baute er in einem abgedunkelten Raum und mit einer durchlöcherten Zwischenwand erstmals eine »Camera obscura«, den Vorläufer der Fotokamera, führte zahlreiche Versuche mit Linsen durch und leistete entscheidende Vorarbeit für die Erfindung der Brille.

So umfangreich Alhazens Studien auch waren, es blieben einige wichtige Fragen offen: Wie zum Beispiel können Bilder durch ein Loch »wandern« (»Camera-obscura-Effekt«)? Und warum stehen diese projizierten Bilder auf dem Kopf?

Dieses Phänomen, mit dem auch unser Auge arbeitet, erklärte 600 Jahre später der Astronom Friedrich Johannes Kepler (1571 bis 1630 n. Chr.). Der religiöse Kepler wollte eigentlich beweisen, dass Gott über das Auge mit uns Menschen in Verbindung steht. Er entdeckte jedoch die Tatsache, dass Licht aus Wellen besteht, und dass diese Wellen auf die Augenlinse treffen, von der sie gebündelt und gebrochen werden, damit auf der Netzhaut ein kleines, umgekehrtes Abbild entsteht.

Seine Enttäuschung war jedoch groß, dass er weder einen Gottesbeweis finden, noch erklären konnte, wie das Gehirn mit dem auf dem Kopf stehenden Bild auf der Netzhaut weiter arbeitet: »Seine Ausrüstung hilft dem Optiker nicht über diese erste unüberwindliche Mauer hinweg, der er im Auge begegnet«, so Kepler ratlos in einem seiner Briefe.

Wie unser Gehirn mit den Lichtwellen, den daraus abgeleiteten unendlich vielen Informationen und den auf dem Kopf stehenden Abbildern umgeht, ist selbst heute noch nicht in aller Gänze ergründet. Doch eines wissen wir bereits seit der Mitte des 16. Jahrhunderts sicher: wie wir Farben sehen.

Sir Isaac Newton (1642 bis 1726) konnte in Experimenten mit Glasprismen nachweisen, dass Licht selbst keine eigene Farbe hat, sondern sich aus den Spektralfarben zusammensetzt. Allerdings nahm er daher auch an, dass Licht nicht aus Wellen, sondern aus kleinsten Teilchen bestehe, die auf das Auge treffen.

Thomas Young (1773 bis 1829) verfestigte wiederum die These, dass Licht aus Wellen besteht und jede Farbe einer bestimmte Wellenlänge zugeordnet werden kann: Rot hat 676 nm (Nanometer) und Violett 424 nm.

Hinweis   Letztendlich haben beide Recht, die Verfechter der Wellentheorie und die der Teilchentheorie. Bewiesen hat dies Albert Einstein (1879 – 1955). Er löste das Rätsel des photoelektrischen Effekts, des Phänomens, dass Bestrahlung aus einer Metallplatte Elektronen herauslösen kann. Einstein wies damit physikalische Teilchen im Licht nach, die er »Lichtquanten« nannte. Für diese Entdeckung erhielt er 1921 den Nobelpreis – nicht für die Relativitätstheorie.

Um Farbe erkennen zu können, haben sich die Rezeptoren unserer Netzhaut auf unterschiedliche Wellenlängen spezialisiert. So gibt es Zapfen, die auf Blau reagieren, Rezeptoren, die Grün wahrnehmen und weitere Zapfen, die Rot registrieren. Die Stäbchen auf unserer Retina sind schließlich für die Wahrnehmung der Helligkeit der Farben zuständig.

Rot, Grün, Blau: Die drei Primärfarben in der entsprechenden Helligkeit gemischt, ergeben zusammengenommen das Farbempfinden von Weiß. Ganz ohne Licht sehen wir die drei Farben als Schwarz. Die Summe aus nur zwei Primärfarben ergibt die Sekundärfarben Gelb, Cyan oder Magenta. Primär- und Sekundärfarben sowie Schwarz plus Weiß, und fertig ist das komplette Farbspektrum, denn damit lassen sich alle Farben durch Mischen herstellen. Dieses Verfahren nennt man additive Farbmischung, und Farbfernsehen funktioniert ebenso.

◀ **Abbildung 2-3**
Versuchen Sie, die Farbe der Wörter zu sagen, ohne die Wörter zu lesen. Gar nicht so einfach oder? John Ridley Stroop zeigte 1935 mit dieser Grafik, dass man antrainierte Handlungen automatisch durchführt, während ungewohnte Handlungen wie etwa das Benennen von Farben mehr Aufmerksamkeit erfordern.

Während das Erkennen von Farben hinreichend erforscht ist, gibt es darüber hinaus noch zahlreiche »blinde Flecken« in der Erklärung des Sehens.

Abbildung 2-4 ▶

Der »blinde Fleck« wurde 1666 vom französischen Physiker Edme de Mariotte gefunden. Unsere Netzhaut ist über den Sehnerv direkt mit dem Gehirn verbunden. Der Nerv muss an einer Stelle der Netzhaut andocken, daher können dort keine Rezeptoren sitzen. So entsteht der kleine blinde Fleck, den wir ansonsten nicht wahrnehmen, da unser Gehirn automatisch die Lücke auffüllt. De Mariotte präsentierte seine Entdeckung am französischen Hof mit einer ähnlichen Übung wie der hier abgebildeten. Probieren Sie es einmal aus: Halten Sie das rechte Auge zu und schauen Sie mit dem linken auf das Kreuz. Sie werden sehen, wenn Sie den richtigen Abstand gefunden haben, verschwindet plötzlich der Kreis.

O   X

Was wir »visuelle Wahrnehmung« nennen, wurde in den letzten fünf Jahrzehnten intensiv erforscht, doch selbst heute, mit den Mitteln der modernen Neurophysiologie, tappt die Wissenschaft teilweise noch im Dunkeln.

Zum Beispiel ist nicht hinlänglich erklärt, warum wir manchmal Farben oder Rotationen sehen, wo gar keine sind: Blicken Sie auf die folgende Illustration des Wahrnehmungsforschers Nick Wade.

Je länger Sie das Bild betrachten, desto eher bewegen sich die Kreise, und im Zentrum lassen sich Farben erkennen. Doch die Illustration ist statisch und ausschließlich in Schwarz und Weiß gemalt. Eine optische Täuschung verwirrt unseren Sehsinn.

Abbildung 2-5 ▶
Nick Wade: Visual Illusion

Eine der Erklärungen für die Drehbewegung könnte in den unterschiedlichen Leitgeschwindigkeiten der Rezeptoren auf der Retina und den Sehnerven liegen. Die Deutung des Gesehenen durch unser Gehirn läuft schneller ab als die tatsächlich wahrgenommene Information ankommt. Anscheinend eine Fehlinterpretation, denn unser Gehirn reagiert zu schnell.

Auch über die Wahrnehmung der Farben, die gar nicht vorhanden sind, gibt es nur Vermutungen. Dass uns der Sehsinn hier täuscht, liegt vielleicht in der Tatsache begründet, dass wir Farben nicht absolut, sondern meist in Bezug zu anderen, benachbarten Farben identifizieren. Somit kann es zu Farbfehlern kommen. Bezieht unser Gehirn hier also die Farben der Umgebung unbewusst mit ein?

Übrigens Der »Strahlenkreis« von Nick Wade ist eine Hommage an die britische »Op Art«-Künstlerin Bridget Riley (geboren 1931), die das Phänomen der optischen Täuschung und Wiederholung zentral in ihrem Werk behandelt.

Videotipp Anlässlich einer Ausstellung von Bridget Riley 2011 in der National Gallery in London erläutert der Kunsthistoriker Andrew Graham-Dixon ihr Werk: *http://ow.ly/LqToH*.

Der Blick hinter die Kulissen: Die Neurophysiologie des Auges

Sehen ist weit mehr als nur ein einfacher mechanischer Vorgang. Es ist ein optischer, chemischer, vor allem aber neuronaler Prozess. Ein Viertel des Gehirns und 60 Prozent der Großhirnrinde, des Sitzes zentraler Hirnfunktionen, sind mit der Verarbeitung des Datenstroms beschäftigt, den unser Auge konstant über den Sehnerv anliefert.

„Das Auge steht vor dem Verstand."

Thomas Rempen

Schnellschüsse ins Gehirn

Diese Datenübermittlung und die parallel stattfindende Datenverarbeitung verlaufen extrem schnell. Unser Sehnerv funkt in einer durchschnittlichen Geschwindigkeit von 45 km/h oder fünf bis 20 Metern pro Sekunde in den Hirnlappen, der sofort damit beginnt, die gesendeten, chaotischen Rohdaten zu filtern, zu analysieren und zu interpretieren.

Der Psychologe und Nobelpreisträger Daniel Kahneman beschäftigt sich in seinem Buch »Schnelles Denken, langsames Denken« mit dem Tempo der neuronalen Datenverarbeitung und der Abhängigkeit unseres Denkens von visueller Wahrnehmung. Kahneman unterscheidet dabei zwei verschiedenen Systeme des Denkens: Als »System 1« bezeichnet er unser schnelles, unbewusstes, intuitives Denken. »System 1« läuft automatisch ab, ist emotional geprägt und auch stereotypisierend. Diese Art zu denken ist immer aktiv und eng mit dem verbunden, was wir wahrnehmen und was wir sehen.

Darüber hinaus bedienen wir uns laut Kahneman noch einer anderen Art des Denkens, die er »System 2« nennt. Dieses System ist langsamer, läuft bewusst ab, ist berechnend und logisch, findet aktiv statt und strengt uns auch viel mehr an als »System-1-Denken«.

Wenn wir visuell wahrnehmen, treten diese beiden Arten des Denkens miteinander in Konkurrenz. Kahneman beweist dies mit folgendem Bild.

Abbildung 2-6 ▶
Betrachten Sie die beiden horizontalen Linien. Sind diese gleich lang? Die Müller-Lyer-Illusion wurde 1889 von dem deutschen Soziologen und Psychiater Franz Müller-Lyer entdeckt.

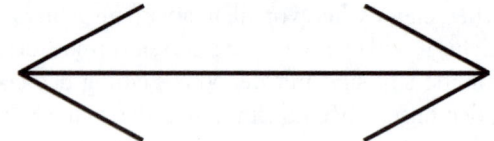

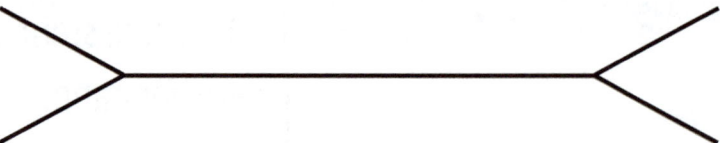

Der Psychologe erläutert hierzu: »Das Bild ist nicht weiter bemerkenswert: zwei horizontale Linien unterschiedlicher Länge (...). Die untere Linie ist scheinbar länger als die darüber. Das sehen wir alle, und wir glauben spontan, was wir sehen. Aber wenn Sie dieses Bild schon einmal gesehen haben, wissen Sie, dass es sich um die berühmte Müller-Lyer-Illusion handelt. Wie Sie leicht selbst überprüfen können, indem Sie die horizontale Linie mit einem Lineal nachmessen, sind beide tatsächlich genau gleich lang. Jetzt, nachdem Sie die Linien gemessen haben, haben Sie – Ihr System 2, das mit Bewusstsein begabte Wesen, das Sie ›ich‹ nennen – eine neue Überzeugung: Sie wissen, dass die Linien gleich lang sind. (...) Sie haben sich entschieden, der Messung zu glauben, aber Sie können System 1 nicht von seiner gewohnten Aktivität abhalten; Sie können nicht durch einen Willensentschluss Ihre Wahrnehmung so verändern, dass Sie die Linien als gleich lang sehen, obwohl Sie wissen, dass sie gleich lang sind.«

Auch der Medienwissenschaftler Malcom Gladwell, bekannt als Autor des wegweisenden Buches »Tipping Point«, befasst sich mit der Geschwindigkeit und dem Automatismus unseres Denkens in Zusammenhang mit visueller Wahrnehmung. In seinem Buch »Blink« geht es ihm dabei um die Geschwindigkeit des »ersten Eindrucks«: Seine zweite Publikation ist den intuitiven Mechanismen menschlicher Entscheidungsprozesse gewidmet. Seiner These zufolge fällen wir viele Entscheidungen bereits in den ersten zwei Sekunden – »in the blink of an eye« (während eines Wimpernschlags) –, und oft sind diese unbewusst und intuitiv getroffenen Entscheidungen richtig. Laut Gladwell ist unser Gehirn in den ersten Augenblicken einer Situation in der Lage, aus der Vielfalt der Informationen genau die »herauszuschneiden«, die für eine Entscheidung am wichtigsten sind. Er nennt dieses Phänomen »thin-slicing« (in dünne Scheiben schneiden).

Je länger der Moment der Entscheidung jedoch anhält, desto mehr verlieren wir die Fähigkeit der Selektion. Wir nehmen weitere Informationen, auch irrelevante, hinzu und kommen dadurch auch öfter zu Fehlurteilen. Gladwells Plädoyer: Wir sollten auf das »schnelle Denken«, den »ersten Blick« vertrauen und öfter dieser Intuition folgen.

| **Übrigens** | Wissenschaftler des National Center of Biotechnology Information in Maryland, USA, haben ermittelt, dass Videos im Internet im Durchschnitt nur 2,7 Sekunden lang angesehen werden. »In the blink of an eye« bzw. in zwei Sekunden fällen wir die Entscheidung, ob wir weiterschauen oder nicht. Die meisten Videos werden nach 2,7 Sekunden weggeklickt. |

Kahneman und Gladwell betonen beide – aus unterschiedlichen Perspektiven – die Kraft der visuellen Wahrnehmung für das

»schnelle Denken« und die damit verbundene Macht der Bilder. Bilder sind Schnellschüsse in unser Gehirn. Und im Gegensatz zu Text, der eher die »System-2-Denke« anspricht, erhalten Bilder einen Exklusivzutritt zu unserem Gehirn. Wir können Bilder bis zu 60.000 Mal schneller verarbeiten als Text.

In nur 150 Millisekunden wandert ein Bild vom Auge über die Hornhaut durch die Linse auf die Netzhaut, wo es auf den Kopf gedreht wird und über den Sehnerv in die Sehrinde gelangt. Dort übernehmen unterschiedlich spezialisierte Nervenzellen die Aufgabe, Formen, Kontraste, Farben oder Bewegung zu identifizieren, bis letztendlich die visuellen Cortices diese Daten mit unseren Erfahrungen abgleichen, einordnen, sinnvoll verknüpfen und deren Interpretation zurückmelden.

Videotipp   Wenn man während einer Actionszene eines Hollywoodfilms auf »Pause« drückt, kann man alle Details und Einzelheiten in Ruhe betrachten: Polizisten und Verbrecher erstarren in ihrer Bewegung, Explosionen frieren im Bild ein. Was man in der Regel in Sekundenbruchteilen erfasst, kann genüsslich, minutenlang betrachtet werden – das ist der visuelle Trick des Kampagnenfilms »Philips – Carousel«, der das Philips-TV-Set »Cinema 21:9« bewirbt, einen Fernseher in Kinoformat. Der Film zeigt eine klassische Hollywood-Actionszene, die für den Betrachter »eingefroren« wurde und nun mit einer 360°-Kameraeinstellung erfahrbar wird. Neben den erstaunlichen Spezialeffekten, die den Film sehenswert machen, wird der Zuschauer auch noch mit einer großartigen Geschichte belohnt, denn der Plot präsentiert ein überraschendes Ende. Ganz in Ruhe den Augenblick genießen: *https://vimeo.com/48883636*.

Wie wichtig diese Geschwindigkeit ist – besonders heute in der digitalen Kommunikationslandschaft –, betonen Wissenschaftler des National Center of Biotechnology Information in Maryland, USA. Sie erbrachten im März 2015 den alarmierenden Nachweis, dass die Aufmerksamkeitsspanne von Erwachsenen im Durchschnitt nur noch bei acht Sekunden liegt. Das sind vier Sekunden weniger als noch im Jahr 2000. Wir können uns, so die Wissenschaftler, eine Sekunde weniger lang konzentrieren als Goldfische, deren Wert angeblich bei neun Sekunden liegt.

Generation Y ist davon laut Dr. Carl Marci, Professor der Psychiatrie an der Harvard Medical School, besonders betroffen. Die Generation, die zwischen 1977 und 1998 direkt in das digitale Zeitalter hineingeboren wurde, kann sich zu 60 Prozent schlechter konzentrieren als die Generation vor ihr.

Diese Erkenntnis führt Marci in einem eindringlichen Plädoyer für visuelles Storytelling an, das er unter dem Titel »Storytelling in a Digital Age« im März 2015 veröffentlichte. Marci ist fest davon überzeugt, dass es in der Wissensvermittlung im digitalen Medienzeitalter nur noch Bildern gelingen wird, schnell und effektiv zu Rezipienten durchzudringen.

Auf die Ecken und Kanten kommt es an: Wie wir Objekte wahrnehmen

Wenn wir Bilder betrachten, setzt unser Gehirn auf Arbeitsteilung. Die Information, die wir von unserem Auge erhalten, wird dabei auf zwei Informationsstränge aufgeteilt:

1. »Was-Strom«: alle Informationen, die für das Erkennen von Objekten wichtig sind (Form-, Muster- und Farberkennung).
2. »Wo-Strom«: alle Informationen, die uns bei der Bewegungs- und Positionswahrnehmung helfen.

Ein Teil der Nervenzellen unseres visuellen Systems konzentriert sich ausschließlich auf den »Was-Strom«, um möglichst schnell Objekte erkennen zu können. Schon die Netzhaut hilft bei der Differenzierung mit, Figuren von flächigem Hintergrund abzugrenzen.

Entscheidend sind dabei die Ecken und Kanten. Konturen definieren die Grenze zwischen Figur und Grund, und nur mit ihnen können wir Objekte vom umgebenden Raum unterscheiden.

Manche Objekte können wir allein anhand ihrer einprägsamen Kontur identifizieren.

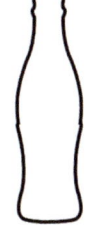
Think of a soft drink.

Think of a french perfume.

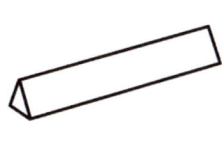
Think of a chocolate snack bar

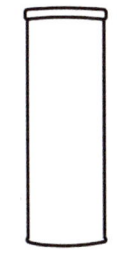
Think of a potato chips brand

Fehlen klare Konturen, so müssen wir schon genauer hinsehen, wie in dieser Anzeigenkampagne des WWF Deutschland.

▲ **Abbildung 2-7**
Anzeigenkampagne der Designagentur TDH, Gewinner eines Cannes-Lion 2003

Abbildung 2-8 ▶
WWF-Kampagne »Der Regenwald stirbt nicht allein«

Besonders begabt sind wir beim Erkennen von Konturen, Linien und Schatten, die zusammen ein Gesicht ergeben. In unserem temporalen Cortex gibt es Bereiche, die ausschließlich auf die Identifizierung von Gesichtern spezialisiert sind. Oft genügen uns Grundelemente wie zwei Punkte und ein Strich, um eine Reaktion auszulösen.

Für die Identifizierung von Frontal- und Profilansichten von Gesichtern sind unterschiedliche neuronale Bereiche verantwortlich, daher reagieren wir verschieden, wenn wir einen Menschen von vorne oder von der Seite sehen.

Das beweisen auch Eyetracking-Studien. Ein Hersteller von Windeln zum Beispiel wollte wissen, welche der beiden Darstellungen in seiner Printanzeige die wirkungsvollere sei (siehe Abbildung). Ist es besser, wenn das Baby nach vorne sieht oder zur Seite?

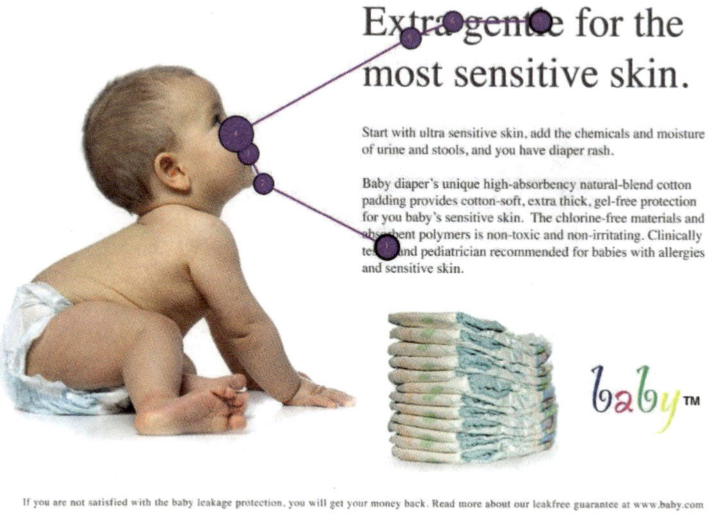

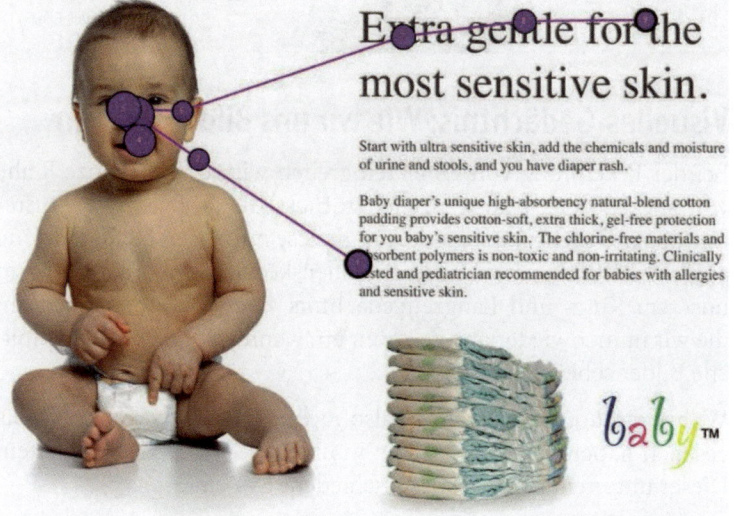

◀ **Abbildung 2-9**
Ist ein Profilbild besser zum Verkauf von Windeln?

◀ **Abbildung 2-10**
Oder ist es besser, wenn das Baby dem Betrachter in die Augen blickt?

Das Eyetracking-Verfahren zeigte, dass der Betrachter länger bei dem Gesicht des Babys verweilt, das nach vorne blickt. Allerdings verliert er dabei auch das Interesse am Text neben dem Bild. Der Hersteller entschied sich daher für das Profilbild, denn dieses lenkt den Blick nach rechts zurück auf den Text.

Wie stark wir auf die Darstellung von Gesichtern fixiert sind, demonstriert Mercedes-Benz. Zur Bewerbung des »Blind Spot-Assist« griff der

Autohersteller auf das folgende aufmerksamkeitsstarke, aber für unser Auge irritierende Motive zurück. Das Auge springt zwischen Profil- und Frontalansicht hin und her.

Abbildung 2-11 ▶
Printanzeige von Mercedes-Benz

Visuelles Gedächtnis: Wie wir uns Bilder merken

Bei der Erkennung von Objekten greifen wir auf eine ganze Reihe von spezialisierten Nervenzellen zurück, die sich visuelle Muster und sogar Gegenstände merken und diese mit unserer Seherfahrung abgleichen und später wiedererkennen können. Dazu legen wir in unserem Kurz- und Langzeitgedächtnis visuelle Datenbanken an, die wir immer wieder abrufen können, wenn wir gleiche oder ähnliche Bilder sehen.

Wahrnehmungsinhalte gehen also nicht verloren, wenn wir etwas gesehen haben, sondern bleiben in unserem Bildspeicher erhalten. Dieser unterteilt sich in drei verschiedene Systeme:

1. Das ikonische Gedächtnis speichert für sehr begrenzte Zeit (kürzer als eine Sekunde) relativ große Informationsmengen.
2. Unser visuelles Kurzzeitgedächtnis kann Informationen für Minutenbruchteile speichern.
3. Unser visuelles Langzeitgedächtnis hinterlegt Informationen, die wir jahrelang oder gar ein Leben lang abrufen können.

Und damit nicht genug: Wir sind auch in der Lage, ein Objekt, das wir im Bildspeicher haben, aus unterschiedlichen Perspektiven zu deuten und es auch dann zu erkennen, wenn es sich verändert hat.

Denken Sie an einen Freund, den Sie lange Jahre nicht gesehen haben. In der Regel sind Sie in der Lage, ihn zu erkennen, auch wenn er grau geworden ist und sich schon einige Falten im Gesicht zeigen.

Man geht davon aus, dass wir uns Objekte, Gegenstände und auch Gesichter nicht in ihren Details merken, sondern als »Konzepte«. Wir merken uns die entscheidenden Grundmerkmale. Fachleute nennen das »visuelle Invarianz«, und die erklärt, warum wir bei folgenden Bildern, die doch so unterschiedlich sind, beide Male ein Auto erkennen.

◀ Abbildung 2-12
Abgelenkt? Plakatkampagne der Initiative für mehr Sicherheit auf deutschen Straßen

◀ Abbildung 2-13
Runter vom Gas! Plakatkampagne der Initiative für mehr Sicherheit auf deutschen Straßen

Wie wir Räume erkennen

Die Bildanalyse durch unsere Nervenzellen macht selbstverständlich nicht halt bei der Identifizierung einzelner Objekte. Eine Vielzahl an Neuronen konzentriert sich darüber hinaus auf diejenigen visuellen Reize, die unsere räumliche Ausrichtung definieren: Sie unterscheiden Vorder- von Hintergrund, vergleichen Größenangaben und überprüfen Proportionen. Mit ihnen sind wir dazu in der Lage, räumlich zu sehen, uns zu orientieren und uns verlässlich zu bewegen.

Dass man diese orientierungsselektiven Zentren auch austricksen kann, zeigen Such-, Kipp- und Vexierbilder. Wir suchen in diesen Bildern nach Informationen, die uns anzeigen, wo vorne und hinten oder oben und unten sind. Vexierbilder geben jedoch widersprüchliche Informationen. Haben wir diese gefunden, springen unsere Augen hin und her. Wir können uns nur schwer entscheiden, welche Betrachtungsweise die endgültige, die »richtige« ist.

Abbildung 2-14 ▶
Filmplakat The Dark Knight Rises

Dieser Effekt ist gut an einem Kinoplakat des Batman-Films »The Dark Knight Rises« nachzuvollziehen. Unser Sehsinn ist doppelt fasziniert von dem Motiv: Sehen wir einen weißen Schädel hinter der Skyline von Gotham City aufsteigen? Oder die Silhouette von Batman mit zwei Fledermäusen? Was ist die »richtige« Sehweise? Beides.

Auch Club Med fesselt unsere Aufmerksamkeit durch die doppeldeutige Informationen in diesen Bildmotiven: Konzentrieren wir uns auf die Gesichter oder auf die Landschaft, in der die Geschichter versteckt sind?

Und der Autohersteller Jeep spielt mit uns, indem er Bildmotive auf den Kopf stellt, um zu beweisen, dass ein Jeep im Süden wie auch im Norden für Abenteuer sorgen kann. Drehen Sie die Bildmotive doch einfach um 180 Grad.

▲ **Abbildung 2-15**
Club-Med-Plakatkampagne

◀ **Abbildung 2-16**
Jeep-Printkampagne

Wenn es nicht absichtlich ausgetrickst wird, informiert uns unser visuelles System zuverlässig über Vorder- und Hintergrund, Perspektive sowie Größenverhältnisse.

Sehen ist jedoch eine zweidimensionale Angelegenheit. Die Bilder, die auf unserer Netzhaut abgebildet werden – so auch die Bilder in diesem Buch –, sind zweidimensional (ausgenommen 3-D-Effekte in Bild und Film). Trotzdem meldet uns unser Gehirn zuverlässig, ob Flächiges zu sehen ist oder es sich bei dem Abgebildeten um räumliche Tiefe handelt. Manchmal benötigen wir dazu jedoch kleine Zusatzinformationen, wie die folgenden Würfel veranschaulichen.

Abbildung 2-17 ▶
Können Sie in dem obersten Sechseck einen Würfel erkennen? Mit den Zusatzinformationen in den anderen Würfeln geht es vielleicht besser. Der Schweizer Physiker L. Albert Necker (1786 – 1793) untersuchte die Wahrnehmungsperspektive anhand dieser Kippfigur, des nach ihm benannten Necker-Würfels.

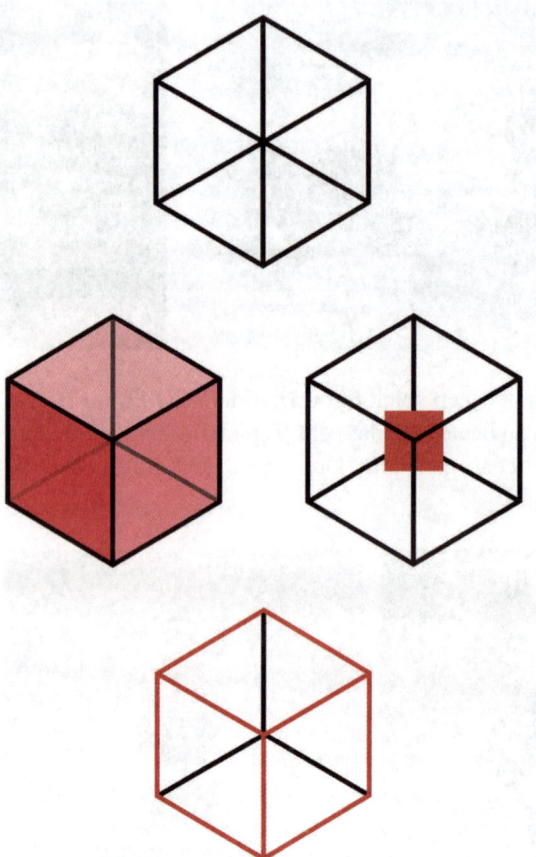

Auch das räumliche Sehzentrum kann überlistet werden – mit erstaunlichen Bildern, wie etwa denen der Kosmetikmarke Garnier, die uns mit diesem Bild eines Pärchens mit unterschiedlichen »Haartypen« irritiert.

◀ **Abbildung 2-18**
Garnier-Plakatkampagne

Oder sehen Sie sich folgendes Foto aus einer Fotoserie an, in der der Fotograf Michael Hughes mit den Größenverhältnissen von Sehenswürdigkeiten spielt und so unser Auge verwirrt.

◀ **Abbildung 2-19**
Taxi in New York – real oder nur Spielzeug? Ein Bild von Michael Hughe

Mit dem Werbespot »Illusions« überlistet Honda den Sehsinn schließlich auf unterschiedlichsten Ebenen. Der Zuschauer ist sich am Ende nicht mehr sicher, was tatsächlich groß oder klein, was vorne und hinten, was real und was surreal ist.

▲ **Abbildung 2-20** Honda spielt in seinem Werbespot »Illusions« mit unterschiedlichen optischen Täuschungen. Ein teuflisches Spiel mit unserem Sehsinn.

 Videotipp Honda Illusions finden Sie auf YouTube unter *http://ow.ly/LwnMS*.

Visuelle Landkarten: Wie wir Lücken füllen

Erinnern Sie sich noch an »Dalli Klick«? In der erfolgreichen ZDF-Fernsehshow »Dalli Dalli«, die von 1971 bis 1986 von Hans Rosenthal moderiert wurde und die Kai Pflaume seit 2011 versucht, wiederzubeleben, gab es ein Spiel, das beim Fernsehpublikum besonders beliebt war: Dalli Klick. Hans Rosenthal zeigte den Kandidaten ein Foto, das zunächst von schwarzen Kacheln verdeckt war. Nach und nach wurden die Kacheln aufgedeckt. Immer mehr von dem darunterliegenden Motiv wurde sichtbar. Wer als Erster das Motiv erraten konnte, hatte gewonnen.

Die Fähigkeit, unvollständige Bilder aufzufüllen, »Filling-in« genannt, ist Teil unserer »visuellen Intelligenz«. Wir sind in der Lage, fehlende visuelle Informationen mithilfe unserer visuellen Datenbank aufzufüllen und Bilder zu komplettieren – auch wenn uns das letzte Puzzlestück fehlt.

◀ **Abbildung 2-21**
Das »Filling in«-Phänomen: Dank unserer visuellen Datenbank können wir unvollständige Bilder komplettieren

Videotipp   Ein Werbespot zur Unterstützung einer japanischen Kinderstiftung nutzt das Phänomen des »Filling-in« auf eine berührende Art. Ein kleiner Junge zeichnet nur schwarze Kreidebilder. Seine Eltern sind verzweifelt. Lehrer, Ärzte, Psychologen können nicht erklären, warum der Kleine nur schwarz malt. Bis plötzlich ... aber sehen Sie selbst: *http://ow.ly/LwBeV*.

Jede visuelle Erfahrung aktiviert in unserem Gehirn immer wieder dieselben Photorezeptoren, die ihrerseits wieder benachbarte Ganglienzellen und rezeptive Felder ansprechen. So speichern wir die visuellen Informationen und legen im Laufe unseres Lebens eine »visuelle Landkarte« an. Diese neuronale Verortung ermöglicht uns, visuelle Reize schnellstmöglich einzuordnen und zu interpretieren.

Kreativtipp   Brainstormen Sie mithilfe der kognitiven Landkarte. Dabei visualisieren Sie eine Aufgabenstellung in Form einer Landkarte. Diese visuelle Brainstorming-Technik hilft Ihnen dabei, Probleme und Aufgabenstellung symbolisch zu zeichnen. Skizzieren Sie Daten, Fakten und Themen sowie Hürden und Herausforderungen Ihrer Aufgabe als »Länder«, »Inseln«, »Berge« oder »Täler«. Zeichnen Sie in verschiedenen Größen und Farben, zeigen Sie räumliche Anordnungen und Verbindungswege auf und gewinnen Sie mit dieser Kreativmethode eine andere Perspektive auf Ihre Aufgabe.

Wie stark verankert diese »gelernten« Bilder sind, erläutert der Psychologe Karl R. Gegenfurter von der Justus-Liebig-Universität in Gießen: »Betreten wir einen uns bekannten Raum, so haben wir in kürzester Zeit den Eindruck, ihn vollständig erfasst zu haben. Das visuelle Gedächtnis hilft uns, schon aus wenigen Sinnesdaten eine vollständige Gestalt zu rekonstruieren, indem die Lücken mit schon gespeicherten Inhalten aufgefüllt werden. Die Rekonstruktion des Gesamtbildes aus wenigen Eckdaten kann jedoch auch zu Fehlleistungen führen. So kann es beispielsweise geschehen, dass selbst größere Veränderungen in einer Gesamtszene nicht oder erst nach längerer, genauerer Analyse wahrgenommen werden. Dieses Phänomen wird als »change blindness« bezeichnet. Das rekonstruierte Bild der Umwelt beruht zu einem großen Teil auf Annahmen über die Beschaffenheit dieser Umwelt. Nur ein bestimmter Ausschnitt dieser Umwelt ist tatsächlich in unserem visuellen System repräsentiert.«

Das lässt tief blicken: Psychologie der visuellen Wahrnehmung

Sehen ist also weit mehr als ein plumper Reiz-Reaktionsmechanismus. Es ist ein Konstruktionsprozess, mit dem wir die Welt nicht nur registrieren, sondern sie auch erschließen und erklären.

Das ist es, was der Philosoph Martin Heidegger (1889 bis 1976) treffend »Weltbild« nennt. Heidegger weist uns damit auf die laufenden Sinnzusammenhänge hin, die wir in alles, was wir sehen, hineininterpretieren und die wir bildübergreifend konstruieren.

Psychologen gehen in der Deutung des Sehens sogar noch einen Schritt weiter. Das Sehen und die Reflexion darüber machen sie maßgeblich verantwortlich für unsere Eigenwahrnehmung und unser Selbstbewusstsein. Wir nehmen uns selbst durch Sehen wahr, sei es über unser Spiegelbild, über ein Selbstporträt … oder eben über ein Selfie.

 Videotipp Der Neurowissenschaftler Christof Koch forscht seit Jahren unter anderem zusammen mit Francis Crick, dem Mitentdecker des Watson-Crick-DNA-Modells, nach dem Sitz des Bewusstseins in unserem Gehirn. In diesem Video spricht er über visuelle Wahrnehmung und Bewusstsein: *http://ow.ly/LwFbo*.

Wichtig zu wissen ist dabei, dass wir bei der Verarbeitung von visuellen Reizen kaum einen Unterschied machen zwischen der Realität und der Abbildung der Realität. Mental reagiert unsere Psyche auf Bilder, Fotografien und Filme sehr ähnlich – als seien sie real. Der neuronale Scan einer Person, die eine erschreckende oder lustige Szene auf einem Foto sieht, unterscheidet sich kaum von dem

Gehirnscan einer Person, die tatsächlich Zeugin dieser Szene ist. Die gleichen Gehirnregionen werden aktiviert und »leuchten« im Scan auf. Erst zusätzliche Sinneseindrücke wie Hören, Fühlen, Riechen oder Schmecken verdichten die Wahrnehmung in der Realität.

Große Unterschiede in unserer emotionalen Reaktion gibt es jedoch, wenn wir Text mit Bild vergleichen. Dazu folgt hier eine Übung. Wie fühlen Sie sich, wenn Sie das folgende Wort lesen? Welche Reaktion löst das Wort bei Ihnen aus?

KATZE

Und was empfinden Sie, wenn Sie das folgende Bild sehen? Welche Gefühle löst das Bild bei Ihnen aus?

◀ **Abbildung 2-22**
Katze

War da – beim Anblick des Bildes – ein kleiner emotionaler Ausbruch? Sicher nicht bei Katzenallergikern, aber alle anderen dürften doch so etwas wie »süüüß« gedacht haben. Oder?

Visuelle Reize speichern Erfahrungen und die damit gemachten Emotionen (zum Beispiel das Streicheln einer kleinen Katze). Bilder können diese Emotionen wecken und aus dem visuellen Gedächtnis wieder abrufen.

Genau das ist es, was visuelles Storytelling so interessant macht – besonders in der professionellen Kommunikation. Wir sind mit Bildern in der Lage, gezielt Emotionen auszulösen.

Unterscheiden sollte man dabei zwischen drei verschiedenen Reaktionsmustern:

1. angeborene Reize und Verhaltensweisen,
2. erlernte Reize und Erfahrungswerte sowie
3. kulturell besetzte Reize und Muster.

Bilder, die Instinkte wecken

Manche Reaktionen, wenn wir zum Beispiel ein Katzenbaby sehen, sind angeboren. Sie helfen uns, zu überleben.

Kleinkinder können sehr früh gut hören. Der Hörsinn bildet sich im ersten Monat aus. Doch sie sehen die Welt sehr verschwommen: Babys können Licht, Konturen und Bewegungen wahrnehmen, allerdings nur 20 oder 30 Zentimeter weit scharf sehen – so weit, wie Mamas Gesicht von der Brust entfernt ist. Auch müssen sie lernen, beide Augen zu koordinieren. Erst im vierten Monat entwickeln sie Tiefenwahrnehmung. Sie beginnen dann, nach Gegenständen zu greifen, die sie jetzt schon besser wahrnehmen können. Und nach einem Jahr sehen Babys so gut wie Erwachsene.

Ab dem ersten Lebensjahr sammeln Kinder optische Eindrücke und füllen damit ihre visuelle Datenbank. Doch einige Reaktionsmuster sind bereits von Beginn an aktiv und bleiben auch ein Leben lang erhalten. Wie etwa das Kindchen-Schema, das im Kätzchenbild gerade zum Einsatz kam und unseren angeborenen Beschützerinstinkt und unser Fürsorgeverhalten anspricht.

Große Augen und Stupsnäschen sind auch die visuellen Reize, die das Modelabel Burberry in seiner Kids-Kampagne Anfang 2015 erfolgreich einsetzte. Das Model der Kampagne, die fünfjährige Laila Naim, wurde dadurch zum Internetphänomen, das die Süddeutsche Zeitung mit folgendem Kommentar würdigte: »Widerstand ist zwecklos, Laila Naim bezaubert jeden. Seit die Fünfjährige mit den Schokoladenaugen und dem breiten Grinsen als Model in der neuen Burberry-Kampagne aufgetaucht ist, schmelzen alle dahin. (...) Noch nie hat jemand so zuckersüß im Trenchcoat, dem Burberry-Klassiker, ausgesehen. Obwohl es in der langen Geschichte des Kleidungsstücks viele Versuche gab: Audrey Hepburn in ›Frühstück bei Tiffany‹ oder etwa Kate Moss und Cara Delevinge in einer Parfumkampagne und, etwas weniger niedlich, Horst Tappert in ›Derrick‹.«

Doch in dem Bild, das auf Instagram gepostet wurde und innerhalb von nur fünf Tagen über 80.000 Likes erzielte, steckt mehr. Eine Geschichte, so die Süddeutsche Zeitung weiter: »Zuckersüß reicht

◀ Abbildung 2-23
Burberry setzt auf das Kindchenschema: Die fünfjährige Naim löst Anfang 2015 einen Internethype aus.

aber nicht. Das beweist der blondgelockte Junge, der auf dem Kampagnenfoto mit Laila unter einem Schal steckt. Auch putzig. Aber niemand will wissen, wer er ist. Laila Naim hingegen wurde zur Heldin der Herzen, weil sie als erstes pakistanisches Model gilt, das für ein Toplabel vor der Kamera steht. Ein Gesicht aus einem Land also, in dem es Zwangsehen gibt, in dem immer wieder Frauen gesteinigt und unterdrückt werden«.

Neben dem Kindchenschema gibt es weitere angeborene visuelle Reflexe wie etwa das Gähnen oder auch das Lächeln.

Wenn wir jemanden gähnen sehen, gähnen wir oft mit.

◀ Abbildung 2-24
Angeboren! Schon Babys können anhand der Augen- und Mundstellung Gefühle erkennen. So funktionieren Emoticons: Wir erkennen ein symbolisch angedeutetes Lächeln und spiegeln dieses – wir lächeln (innerlich) zurück.

Und wenn wir so etwas wie auf dem Foto oben sehen, lächeln wir auch – wenn auch nur innerlich. Spiegelneuronen sind dafür verantwortlich, dass wir diese kleinen emotionalen Signale mitfühlen und mitmachen. Emoticons sind die simplifizierte Imitation von Gesichtsausdrücken. In Kurznachrichten per SMS oder WhatsApp dienen sie als visuelle Trigger, die anstelle von umständlichem Text schnell und effektiv Gefühle ausdrücken.

Abbildung 2-25 ▶
Bilder lösen Text ab: globales Verständnis dank Emoticon

Bilder, die Erfahrungen abrufen

Neben angeborenen Triggern (»visuelle Schlüsselreize«) eignen wir uns die meisten visuellen Auslöser durch Erfahrung an. Bilder dienen uns als Gedankenstütze für Erfahrungen und die damit verbundenen Emotionen. Das gilt sowohl für tatsächliche Bilder, die vor uns liegen, wie Illustrationen, Fotos oder Filme (»tatsächliches Sehen«) als auch für vorgestellte Bilder, die wir nur vor unserem inneren Auge sehen (»imaginäres Sehen«).

Wenn wir Fotos oder Filme betrachten, die uns an bestimmte Erfahrungen erinnern, können wir automatisch die damit verbundenen Gefühle wachrufen. Denken Sie etwa an Ihre Hochzeit, Bilder aus Ihrer Kindheit oder andere einschneidende Erlebnisse Ihres Lebens, die Sie im Bild (als Foto oder Film) festgehalten haben.

Diese Gedankenstütze funktioniert aber auch umgekehrt. Wenn wir uns an Erfahrungen erinnern, kommen die damit verbundenen Bilder in uns hoch, vor unserem inneren Auge. Auch diese imaginären Bilder sind dazu in der Lage, die damit gespeicherten Emotionen zu wecken.

Fragen Sie zum Beispiel jemanden, was er am 11. September 2009 gemacht hat: Die Person wird mit Sicherheit sagen können, wo sie damals war. Automatisch stehen uns die Bilder vor Augen, die wir selbst erlebt haben, und auch die Fernsehbilder, die wir mit 9/11 verbinden. Beide visuellen Reize, ob tatsächlich oder imaginär, lösen Gefühle aus.

Wie eng visuelle Wahrnehmung, Emotionen und Gedächtnis miteinander verbunden sind, untersuchte der Neurobiologe Larry Cahill. 1996 lud er eine Gruppe von Testpersonen in sein Institut an der University of California ein und zeigte ihnen zwölf neutrale und zwölf hochemotionale Filmsequenzen. Während der Filmvorführung führte er bei den Testpersonen eine Positronen-Emissions-Tomographie durch und beobachtete die Gehirnaktivitäten. Drei Wochen später wurden die Testpersonen wieder eingeladen und gefragt, ob sie sich an die Filmeszenen erinnern konnten. Das Ergebnis war nicht überraschend, und doch – besonders für Kommunikationsprofis – entscheidend: Je emotionaler die Filme waren, desto besser war das Erinnerungsvermögen der Testteilnehmer. Die neutralen Filmsequenzen hatten sie schlicht vergessen.

Cahill konnte zeigen, dass die Amygdala im Gehirn stark aktiviert wurde, jener Teil unseres limbischen Systems, der für die emotionale Bewertung von Reizen – auch visuellen Reizen – verantwortlich ist und Erfahrungen mit Emotionen verknüpft. Die Amygdala steht in engem Austausch mit dem Hippocampus, dem »Wächter der Erinnerung«, der dafür sorgt, dass Informationen vom Kurz- in das Langzeitgedächtnis wechseln.

Auch die Psychologin Anne Hauswald wies in ihrer Diplomarbeit über das Wiedererkennen emotionaler Bilder die Kraft positiver Emotionen nach. Bilder, die positiv wahrgenommen werden, haben einen höheren Wiedererkennungswert als negative Bilder, die unter Umständen sogar aktiv verdrängt werden.

Dass visuelle Informationen körperliche Auswirkungen haben, konnten Biologen und Mediziner in zahlreichen Studien nachweisen. Beim Betrachten von Bildern und Filmen werden die gleichen Botenstoffe ausgeschüttet wie bei realen Erfahrungen, z. B. Dopamin, Serotonin oder Noradrenalin.

»Ohne Gefühle gibt es keine Erinnerung«, sagt der Psychologe und Gedächtnisforscher Hans J. Markowitch von der Universität Bielefeld und spricht damit eine Maxime aus, die für Unternehmenskommunikation und Marketing wegweisend ist.

Doch die Praxis von Corporate Communications und Produktkommunikation sieht heute teilweise noch anders aus. Gefühle sucht man vergebens. Stattdessen informieren Texte sachlich über Unternehmen, Produkte und Dienstleistungen. Das begleitende Bildmaterial präsentiert Unternehmensvorstände und Manager, das Unternehmensumfeld wie Gebäude, Maschinen, Labore und deren Produkte seriös, souverän … und neutral.

Stan Phelps, Autor und Marketingexperte, duldet keinerlei Ausreden mehr dafür, emotionales Bildmaterial in der Unternehmenskommunikation nicht zum Einsatz zu bringen. Laut Phelps beträgt die Kundenbindungsrate für Kommunikation, die sich ausschließlich auf Text verlässt, zehn Prozent. Fügt man ein emotionales Bild hinzu, steigert sich dieser Wert auf 65 Prozent. Phelps nennt dies den »Picture Superiority Effect«.

> „I´ve learned that people will forget what you said, people will forget what you did, but people will never forget how you made them feel."
>
> Maya Angelou

Um genauer zu erfahren, welches Bildmaterial im Netz besonders erfolgreich ist, legte Kelsey Libert von der Agentur Fractl 800 Testpersonen insgesamt 23 Bilder aus der Datenbank Imgur vor, die online viral erfolgreich waren. Die Teilnehmer wurden nach den Gefühlen befragt, die diese Bilder bei ihnen auslösten. Eine Kontrollgruppe bewertete parallel Bilder, die nicht viral erfolgreich waren. Drei Ergebnisse aus dieser Studie sind bemerkenswert:

1. Erfolgreiche Bilder triggern in der Regel positive Gefühle wie Freude, Interesse, Vorfreude und Vertrauen. Negative Gefühle sind weniger erfolgreich, außer wenn sie mit Überraschung und Erwartung verknüpft sind.
2. Erfolgreiche Bilder sind emotional komplex. Im Vergleich zu Bildern, die im Internet nicht häufig geliket und gesharet wurden, lösen sogenannte Virals eine größere Bandbreite an unterschiedlichen Emotionen aus. Positive Gefühle allein machen also noch nicht den Erfolg aus: Es kommt auf den Gefühlsmix an.

3. Das Gefühl der Überraschung erweist sich als wichtigster Schlüsselreiz. Erstaunen war eine der meistgenannten Emotionen, die Testpersonen viral erfolgreichen Bildern zusprachen.

Tipp Der amerikanische Anthropologe und Psychologe Paul Ekman geht davon aus, dass man sechs Grundemotionen aus dem Gesicht eines Menschen ablesen kann. Bilder können weit mehr als diese sechs auslösen. Um sich davon ein Bild zu machen, besuchen Sie doch diese Webseite der Fotocommunity: *http://www.fotocommunity.de/spezial/emotionen/2153*. In diesem Forum haben sich Mitglieder die Mühe gemacht, Fotos nach Emotionen zu sortieren. Die Fotocommunity startete 2001 mit der Idee, Fotoprojekte von Amateurfotografen gemeinsam zu veröffentlichen und die Teilnehmer besser zu vernetzen. Heute umfasst die Community über 1,5 Millionen Mitglieder und ist damit die größte Internetgemeinschaft für Hobbyfotografen.

Bilder, die kulturell gelernt sind

Neben angeborenen Reizmustern und solchen, die wir durch eigene Erfahrung erlernen, sollen hier schließlich auch noch diejenigen visuellen Reize behandelt werden, die kulturell bedingt sind.

Die Interpretation bestimmter Farben gehört beispielsweise in diese Kategorie. Susanne Marschall, Professorin der Medienwissenschaften an der Universität Tübingen, beschäftigte sich in ihrer Habilitationsschrift mit Farbe im Kino und ihrer kulturellen Deutung: »Die Farben im Film, auf der Leinwand, auf dem Monitor sind immer das Ergebnis einer komplexen Wechselwirkung von (kulturell gelernter) Ästhetik und Technologie. Das gilt gerade für die digitalen Medien. Aber auch filmhistorisch ist dieser Zusammenhang relevant. Bereits 1895, als die Gebrüder Lumière die ersten Filmstreifen weltweit vorführten, waren diese farbig. Allerdings musste Bild für Bild mühsam mit dem Pinsel bemalt werden. Und das sieht man natürlich. In den 1910er und 1920er Jahren wurde viragiert, die gedrehten Szenen wurden je nach ihrer Bedeutung in Farbbäder gelegt. Blau bedeutete Nacht, Tagszenen waren goldgelb. Heute noch sehen wir in aktuellen Filmen viele Nachtszenen mit einer blauen Tönung, weil die blaue Farbe die Nachtszenen veredelt. (…) Wenn der Abend kommt, wird das Licht tatsächlich bläulich. Aber die tiefe Nacht ist in Wirklichkeit schwarz, farblos. Die farbsymbolische Gestaltung von Filmszenen bezieht sich (…) oft auch auf die Farbsymbolik, die wir kulturell erlernt haben. Blau ist die Farbe der Transzendenz, des Geistes, aber auch des Todes. Solche Bedeutungen nimmt der Zuschauer im Film unbewusst wahr, falls er sich nicht explizit mit Ästhetik und Bildgestaltung beschäftigt.«

Nicht nur Farben, sondern ganze Bildmotive können kulturell definiert sein. Diese Bilder ragen als Symbole aus der Vielfalt der Bilder heraus, denn ihr visueller Reiz löst in uns nicht nur Gefühle aus, sondern sie symbolisieren komplexe Informationsinhalte, die dem Thema »visuelle Story« sehr nahe kommen.

Martin Sykes definiert in seinem Buch »Stories that Move Mountains« das Konzept der »Visual Story« als »simple and clear visualization of an idea, presented on a single ›sheet of paper‹ for the purpose of guiding a group of people to a specific conclusion« (»die einfache und klare Visualisierung einer Idee, präsentiert auf einem einzelnen Blatt Papier, mit dem Zweck, eine Gruppe von Menschen in Richtung einer bestimmten Schlussfolgerung zu führen«).

So ein symbolisches Bildmotiv druckte Steward Brand, Herausgeber des Whole Earth Catalog, 1968 auf das Titelbild seines Magazins. Die erste Aufnahme der Erde – vom All aus gesehen.

Abbildung 2-26 ▶
Der Whole Earth Catalog von 1968 zeigte eines der ersten aus dem Weltall aufgenommenen Bilder der Erde.

◀ **Abbildung 2-27**
Rückseite der letzten Ausgabe des World Earth Catalog von 1974, der von Steve Jobs verehrt wurde

Walter Isaacson, Biograf von Steve Jobs, schreibt über dieses Bild: »Auf dem ersten Cover dieses Katalogs war das berühmte Bild der aus dem Weltraum aufgenommenen Erde abgebildet. Die Bildunterschrift lautete: ›access to tools‹ [etwa ›Zugang zu Werkzeugen‹]. (...) Jobs wurde ein Fan dieses Katalogs. Vor allem die letzte Ausgabe (...) faszinierte ihn. (...) Auf der Rückseite der letzten Ausgabe befand sich ein Foto von einer Landstraße im Morgengrauen, eine, auf der man vielleicht trampen würde, wenn man das Abenteuer suchte. Darüber stand: ›Stay hungry. Stay foolish.‹ (Bleibe hungrig. Bleibe verrückt.)« – Zwei Sätze, die Steve Jobs zu seinem Lebensmotto machte.

Visual Storys: Farben und Formen verbinden sich mit Worten

»Dass ich mich mit diesen Wahrnehmungen von anderen Menschen unterscheide, ist mir erst in der Schule klar geworden. In der ersten Klasse habe ich auf die Frage ›Was ist eins plus eins?‹ voller Überzeugung geantwortet: ›Grün!‹«

Sabine Schneider, 31, ist Synästhetikerin. Seit ihrer Geburt sieht sie die Ziffer 2 in grün, die Ziffer 8 ist gelb. Für Synästhetiker ist Rechnen nicht nur ein Spiel mit Symbolen, sondern parallel auch ein Farbenspiel. Als hätten sie wie beim Telefonieren ein zweites Gespräch in der Leitung. In einem kunterbunten Rausch der Sinne nehmen sie Zahlen, Buchstaben und auch Wörter als Farben wahr.

»Als ich anfing, mich mit dem Thema intensiver zu beschäftigen, wurden mir neben den Buchstaben und Wörtern plötzlich auch noch ganz andere Bereiche in meinem Leben bewusst, in denen Farben eine Rolle spielen. Wie beispielsweise bei den Gefühlen. Wut etwa ist orangebraun, Freude dagegen eher hell. Manchmal erkenne ich meine Gefühle sogar zuerst an der Farbe: ›Orangebraun? Ach, dann bin ich jetzt wütend!‹ (...) Auch meinem Gedächtnis helfen die Farben weiter. Egal, ob ich mich an Namen, Telefonnummern oder Situationen erinnern muss – in der Regel fällt mir zuerst die Farbe ein. Und dann wird überlegt: ›Altrosa, altrosa, altrosa – ach ja, ich muss Karen noch anrufen!‹ Es ist schon auffällig, dass für mich die Farbe offenbar tiefer gespeichert ist als die eigentliche Erinnerung«, so die Leipzigerin in einem Interview mit dem Spiegel 2003.

Auch der Engländer Daniel Tammet ist Synästhetiker. Doch schon an den ersten Zeilen seines Buches »Born on a Blue Day« kann man erkennen, dass seine Wahrnehmungsfähigkeiten noch weit über die von Susanne Schneider hinausgehen.

»I was born on January 31, 1979 – a Wednesday. I know it was a Wednesday, because the date is blue in my mind and Wednesdays are always blue, like the number 9 or the sound of loud voices arguing. I like my birth date, because of the way I'm able to visualize most of the numbers in it as smooth and round shapes, similar to pebbles on a beach. That's because they are prime numbers: 31, 19, 197, 97, 79 and 1979 are all divisible only by themselves and 1. I can recognize every prime up to 9,973 by their ›pebble-like‹ quality. It's just the way my brain works.« (»Ich bin am 31.1.1979 geboren – ein Mittwoch. Ich weiß das, denn ich sehe das Datum als blaue Farbe wie alle Mittwoche, ähnlich wie die Zahl 9 und das Geräusch lauter Stimmen, die debattieren. Ich mag mein Geburtsdatum, weil ich die meisten Zahlen darin als glatte, runde Formen vor mir sehe, ähnlich wie Kieselsteine am Strand. Das liegt daran, dass es Primzahlen sind: 31, 19, 197, 79 und 1979. Sie alle können nur durch sich selbst und 1 geteilt werden. Ich erkenne jede Primzahl bis 9.973 an ihrer ›kieselhaften‹ Art. Das ist einfach die Art, wie mein Gehirn arbeitet.«)

Daniel Tammets Gehirnregionen sind auf ungewöhnliche Weise miteinander verschaltet. Während die Nervenzellen der meisten Menschen spezialisiert sind und unabhängig voneinander arbeiten, sind viele Regionen in Tammets Gehirn miteinander vernetzt.

Wenn Daniel Tammet über Wörter oder Zahlen nachdenkt, nutzt er Informationen aus allen Teilen seines Gehirns: Farben, Formen, Gefühle. So hat er die Fähigkeit, Rechnungen und mathematische Probleme außerordentlich schnell zu lösen und deren Ergebnis auf 100 Nachkommastellen zu benennen. Bei einem Gedächtniswettbewerb 2004 stellte Tammet einen Europarekord auf, als er innerhalb von fünf Stunden 22.514 Nachkommastellen der Kreiszahl Pi auswendig aufzählen konnte.

In seiner Wahrnehmung hat jede Zahl bis zu 10.000 ihr eigenes Erscheinungsbild. Die Zahl 289 beschreibt er als besonders hässlich, die Zahl 333 als besonders attraktiv und die Kreiszahl Pi als wunderschön.

In seinem TED-Talk »Die verschiedenen Arten des Wissens« (2011) referierte der Synästhetiker über die unterschiedlichen Arten des Sehens und die Bedeutung individueller Wahrnehmung: »Ich glaube, dass unsere persönliche Wahrnehmung entscheidend dafür ist, wie wir uns Wissen aneignen. Ästhetische Urteile formen unser Weltbild weit mehr als abstrakte Definitionen. Ich bin ein extremes Beispiel dafür.« Und letztendlich: »Ich hoffe, dass ich (…) Ihnen zeigen konnte, dass Wörter Farben und Emotionen haben können und Zahlen Formen und Persönlichkeiten. Die Welt ist viel reicher und riesiger, als sie uns erscheint. So hoffe ich, in Ihnen den Wunsch geweckt zu haben, weiter zu lernen und die Welt mit neuen Augen zu sehen.«

Videotipp Daniel Tammet kann am besten selbst erklären, wie er die Welt wahrnimmt. Sehen und hören Sie ihn in seinem TED-Talk »Different Ways of Knowing«, *http://ow.ly/LxVbY*.

Ob Neil Harbisson, der sich als Farbenblinder die Welt der Farben kreativ erschloss, oder Synästhetiker wie Daniel Tammet und Sabine Schneider – sie alle zeigen uns, dass die Welt nicht einfach das ist, was wir zu sehen meinen, sondern vielmehr das, was wir aus den Reizen machen, die unser Auge an das Gehirn sendet.

So ist es für uns als visuelle Storyteller zukünftig Pflicht und auch Vergnügen, ganz besonders im professionellen Umfeld der Unternehmenskommunikation und des Marketing die Grenzen unserer Wahrnehmung auszuschöpfen und sogar auszuweiten.

Visuelles Storytelling heißt, sprachgewaltig und phantasievoll mit Texten imaginäre Bilder zu wecken und gleichzeitig kreativ mithilfe von Illustrationen, Fotos und Filmen neue Bilder zu schaffen.

Visuelles Storytelling –
Mehr als Kino im Kopf

3

Florida: Am Morgen des 28. November 1983 Uhr hebt im Kennedy Space Center die US-Raumfähre »Columbia« zu einer zwölftägigen Mission ab. Mit an Bord ist das »Spacelab«, Europas ehrgeiziges Weltraumlabor, und mit ihm ein 42-jähriger deutscher Physiker und der erste Bundesbürger im All: Ulf Merbold.

Köln: Mit den Worten »Ein Blödsinn, den wir heute Abend zu sehen bekommen haben« lehnt Marcel Reich-Ranicki, einer der einflussreichsten Literaturkritiker Deutschlands, den Deutschen Fernsehpreis 2008 ab. Der Eklat war typisch für den streitbaren und kontroversen Diskutanten, der durch die Fernsehsendung »Das Literarische Quartett« einem breiten Publikum bekannt wurde. Der jüdische Deutsch-Pole Reich-Ranicki wuchs in den 20ern in Berlin auf, wurde 1938 nach Polen ausgewiesen und zwei Jahre später zur Umsiedlung in das Warschauer Ghetto gezwungen. Nur knapp entkam er der Deportation nach Treblinka, wohingegen seine Eltern und Geschwister ermordet wurden. Kurze Zeit nach dem Krieg begann Reich-Ranicki als Literaturkritiker für zahlreiche Zeitungen zu arbeiten. Sein Lebenswerk, für das er den Deutschen Fernsehpreis erhalten sollte, galt der kritischen Auseinandersetzung mit der deutschen Kultur und dem Kulturbetrieb.

Kenia: Drei Mal wurde Jochen Zeitz als »Stratege des Jahres« ausgezeichnet. 2004 erhielt er das Verdienstkreuz am Bande. Der Manager war über 24 Jahre lang für PUMA tätig und unter seiner Führung wuchs der Sport- und Bekleidungskonzern zu einer globalen Sportmarke heran. Während der Fußballweltmeisterschaft in Deutschland war PUMA die meistvertretene Marke. 32 WM-Teams wurden von PUMA ausgestattet, darunter alle afrikanischen Teams. Afrika weckte schon früh das Interesse von Zeitz – nicht nur aus geschäftlichen Gründen: »1989 bin ich zum ersten Mal nach Kenia gereist, seitdem hat mich der Kontinent nicht mehr losgelassen«, beschreibt Zeitz seine erste Begegnung. Als Manager schiebt er das Engagement von PUMA in zahlreichen sozialen und ökologischen Projekten sowie die Partnerschaft mit über 30 afrikanischen Hilfsorganisationen an. Als Privatmann setzt er sich bis heute mit Leidenschaft für diese Region ein. 2008 gründete er eine Stiftung mit dem Ziel, Umweltschutz, Gesellschaftsentwicklung, Kultur und Handel in Afrika in Einklang zu bringen. 2013 eröffnete er ein Retreat zugunsten des Segera-Wildschutzgebietes in Zentralkenia. Ende 2014 kündigt er das erste große Museum zeitgenössischer afrikanischer Kunst in Kapstadt an.

Ulf Merbold, Marcel Reich-Ranicki und Jochen Zeitz: drei ganz unterschiedliche Persönlichkeiten, drei ganz unterschiedliche Geschichten. Was verbindet die Namen dieser Männer, deren Lebensläufe so verschieden sind?

Alle drei haben eine klare Vision, die sie mit Leidenschaft verfolgen – ob in Wissenschaft, Kunst oder Wirtschaft. Alle drei sind selbstbewusste Macher, die Außergewöhnliches geleistet haben. Vor allem aber: Alle drei sind kluge Köpfe.

Es sind drei von über 87 »klugen Köpfen«, die in der Anzeigenkampagne der Frankfurter Allgemeinen Zeitung ihren Kopf hinter die Zeitung stecken und sich dabei fotografieren lassen.

»Dahinter steckt immer ein kluger Kopf« ist seit 1964 der Werbeslogan der F.A.Z. Seit 1995 orientiert sich auch die Printkampagne der Zeitung an diesen Worten. Eine Kampagne, die seit 20 Jahren Persönlichkeiten des öffentlichen Lebens in immer gleicher Pose auf Fotos präsentiert, um die Marke »Frankfurter Allgemeine Zeitung« zu bewerben.

»Kluge Köpfe« – herausragendes visuelles Storytelling

»Kluge Köpfe« ist ein lehrreiches Beispiel für visuelles Storytelling. Wer das Erfolgskonzept und die Prinzipien dieser Art der Kommunikation verstehen will, sollte sich mit der F.A.Z.-Kampagne ausführlicher beschäftigen und genau hinsehen.

◀ Abbildung 3-1
Start der Raumfähre Atlantis 1997 um 4.08 Uhr morgens – und der erste Astronaut der BRD steckt seinen Kopf in die F.A.Z.

14 Jahre nach seinem ersten Start ins All setzt sich Ulf Merbold 1997 um 4.08 Uhr morgens auf einen Bootssteg in der Nähe des Raumfahrtzentrums Cape Canaveral, rechtzeitig zum Start der Raumfähre »Atlantis«.

Ein symbolträchtiger Ort, denn auch die Entdeckungsgeschichte der Menschheit begann an einem Bootssteg. Ob Schiff oder Raumschiff – Menschen brachen immer von Ufern auf, wenn sie neue Welten entdecken wollten.

Merbold scheint den spektakulären Raketenstart jedoch zu verpassen, denn er muss Cape Canaveral den Rücken zukehren und sich in die Zeitung vertiefen. Der ehemalige Astronaut wurde an diesem Tag trotzdem Augenzeuge, denn er behalf sich mit einem Trick: Merbold legte in die Zeitung einen kleinen Taschenspiegel und verfolgte so das Abheben der Raumfähre. Nach drei Ausflügen ins All und im Alter von 56 begleitet er immer noch jeden Start ins All mit Sehnsucht. Astronaut war schon immer der Lebenstraum des Thüringers, der sich einst als junger Wissenschaftler auf eine Stellenanzeige der European Space Agency in der F.A.Z. bewarb. Gesucht wurde ein »Wissenschaftler im Weltraumlabor.«

Abbildung 3-2
Hier fühlte sich Marcel Reich-Ranicki wohl: auf einem Frankfurter Recyclinghof inmitten kaputter Fernseher. Symbol für die deutsche Fernsehkultur?

Marcel Reich-Ranicki arbeitete 1958 nach seiner Rückkehr nach Deutschland als Literaturkritiker im Feuilleton der Frankfurter Allgemeinen Zeitung. Als Publizist und Kritiker machte er sich bald einen Namen in der jungen Republik. Breite Popularität erlangte er jedoch erst mit seiner eigenen Fernsehsendung ab 2001. Die Ablehnung des Deutschen Fernsehpreises und die damit verbundene

Kritik an der Qualität des Fernsehens kamen daher umso überraschender. Der Moderator der Preisverleihung in Köln, Thomas Gottschalk, war für kurze Momente sprachlos, bot Reich-Ranicki dann aber spontan ein Streitgespräch zum Thema »Fernsehen und Kultur« an. So kam es zu einer Diskussionsrunde zwischen dem »Literaturpapst« und Deutschlands beliebtestem Showmaster. Das ZDF sendete das Gespräch zu später Stunde am 17. Oktober 2008.

Für die Kampagne »Kluge Köpfe« inszenierte sich Reich-Ranicki auf einem Frankfurter Recyclinghof. Er thront inmitten alter, ausrangierter Fernsehapparate. Bezeichnend, denn der Kritiker war nach dem Eklat um den Fernsehpreis dem Vorwurf ausgesetzt, dass er in seinem hohen Alter dem Qualitätsverständnis des Mediums Fernsehen und dem Anspruch eines modernen Publikums nicht gewachsen sei. Reich-Ranicki verwies im Gegenzug auf die schädliche Einflussnahme des Fernsehens auf Literatur und andere Kunstformen und spottete, dass sich das Fernsehen vor allem durch Wiederholungen und Recycling alter literarischer Stoffe interessant zu machen versuche.

◀ **Abbildung 3-3**
Der erste PUMA in Afrika: Jochen Zeitz, lange Jahre CEO und Vorstand von PUMA, steckt seinen Kopf hinter die Zeitung.

Rudolf und Adi Dassler führten seit 1924 zusammen in Herzogenaurach eine Schuhfabrik. Doch nach dem Krieg kam es zum Krach zwischen den Brüdern und Adi Dassler firmierte das Unternehmen in Adidas um. Rudolf gründete 1948 seine eigene Firma, die er zunächst Ruda (aus Rudolf Dassler) nennen wollte. Aufgrund der ähnlichen Klangfarbe, vor allem aber der Assoziation von Kraft und

Dynamik, benannte er die Marke schließlich nach dem amerikanischen Berglöwen: Puma.

Im amerikanischen Sprachgebrauch wird der Puma als »Panther« bezeichnet. Im Deutschen wiederum wird »Panther« als Name für Leoparden verwendet. Und so ist es kein Zufall, dass Jochen Zeitz für sein F.A.Z.-Motiv in Afrika auf einem Baum sitzt. Der afrikanische Leopard verbringt den Tag verborgen auf Bäumen. In der Dämmerung beobachtet er seine Beute, die er nach dem Erlegen hoch hinauf zu seinem Ansitz in Sicherheit bringt. Im April 2006 steigt Zeitz in der Morgendämmerung Kenias auf eine 15 Meter hohe afrikanische Schirmakazie, um sich dort ablichten zu lassen.

Eine Revolverkugel durchfetzt Zeitungsseiten. Dahinter liest eine Frau seelenruhig und nervenstark Zeitung: Maria Furtwängler alias Tatort-Kommissarin Charlotte Lindholm.

Sonnenschirme und Liegestühle, die am Strand von Rimini sauber in Reih und Glied stehen – wie man es aus der Filmsatire »Man spricht deutsh« kennt. Nur einer tanzt mit Stuhl und Zeitung aus der Reihe: der Kabarettist Gerhard Polt.

Blauer Dunst verdeckt die Sicht, doch gerade aufgrund des dicken Zigarettenrauchs erahnt man, wer da hinter der Zeitung steckt: Helmut Schmidt.

Drei von über 80 Bildern. Bilder, von denen jedes einzelne eine Geschichten erzählt.

 Tipp   Alle Motive der Kampagne »Kluge Köpfe« sind auf der Pinterest-Seite der F.A.Z. zu sehen: *de.pinterest.com/allgemeine/f-a-z-kluge-kopfe*. Einige der besten Motive und ihre Geschichten sowie einen Making-of-Film präsentiert die F.A.Z. auf ihrer Website: *verlag.faz.net/unternehmen/kluge-koepfe*.

In »Kluge Köpfe« gelingt es den Machern der Kampagne immer wieder, in nur einem einzigen Bildmotiv die Geschichte einer Person prägnant, aufmerksamkeitsstark und unterhaltsam zu inszenieren. Und das, ohne das Gesicht der Person selbst abzubilden.

Jedes Bild ist ein Hingucker und jedes Motiv lädt den Betrachter ein, über die Geschichte dahinter zu reflektieren.

So stellt sich die Frage, welches Erfolgskonzept und welche Prinzipien hinter diesen Bildgeschichten stecken. Was macht ein Bild zu einer aufmerksamkeitsstarken Geschichte und eine Geschichte zu einem merkfähigen Bild?

Definition von »Visual Storytelling«

»Mit Bildern Geschichten erzählen« – so einfach könnte man »Visual Storytelling« erklären. Doch diese Basisdefinition hilft Anwendern in Unternehmenskommunikation oder Marketing nur bedingt weiter. Unter diese allgemeine Beschreibung fallen schließlich alle Bildserien mit narrativem Charakter, wie beispielsweise Comics, Spielfilme oder auch Videospiele. Die Machart der F.A.Z.-Kampagne erklärt sich dadurch nicht. Der Fachbegriff »Visual Storytelling« muss daher präziser definiert werden und darf sich nicht nur auf die Definition durch Form oder Format beschränken.

Ekaterina Walter und Jessica Gioglio bieten in ihrem Buch »The Power of Visual Storytelling« eine andere Definition: »Visual storytelling is defined as the use of images, videos, infographics, presentations, and other visuals on social media platforms to craft a graphic story around key brand values and offerings.« (»Visual Storytelling bezeichnet den Einsatz von Bildern, Videos, Infografiken, Präsentationen und anderen Bildelementen auf Social-Media-Plattformen, um eine grafische Geschichte um die Kernwerte und Angebote einer Marke herum zu spinnen.«)

Walter und Gioglio weisen auf die Vielzahl der Formate des »Visual Storytelling« hin und nennen auch ihren Zweck – den Aufbau einer Marke –, allerdings reservieren die beiden Autorinnen visuelles Storytelling ausschließlich für einen einzigen Kommunikationskanal: Social Media.

Die zunehmende Bedeutung von sozialen Medien wie Facebook und Twitter, vor allem aber von bildlastigen Plattformen wie Instagram und Pinterest, steigert das Interesse an Visual Storytelling und befeuert die Diskussion um die Macht der Bilder. Doch Printkampagnen wie »Kluge Köpfe« von der F.A.Z. sind Beweis dafür, dass visuelles Storytelling weit mehr ist als eine Ausdrucksform ausschließlich für Onlinechats und Netzcommunities.

Visual Storytelling = Bild + Geschichte

Visuelles Storytelling ist eine Kommunikationstechnik, die online wie offline effizient eingesetzt werden kann. Entscheidend ist, dass sie sich in Inhalt, Format und Kommunikationswegen von herkömmlicher Unternehmenskommunikation und tradiertem Produktmarketing in einigen Punkten wesentlich unterscheidet.

So setzt »Visual Storytelling« nicht, wie in der Unternehmenskommunikation üblich, auf neutrale Information und faktenbasiertes Wissen, sondern bedient sich der Überzeugungskraft emotionaler Geschichten. Darüber hinaus vertraut diese Kommunikationstechnik auf die Effizienz und Rezeptionsgeschwindigkeit visueller Elemente.

Wie schnell und effizient Visualisierung im Gegensatz zu Text in vielen Fällen ist, können Sie anhand der folgenden kleinen Übung selbst nachvollziehen.

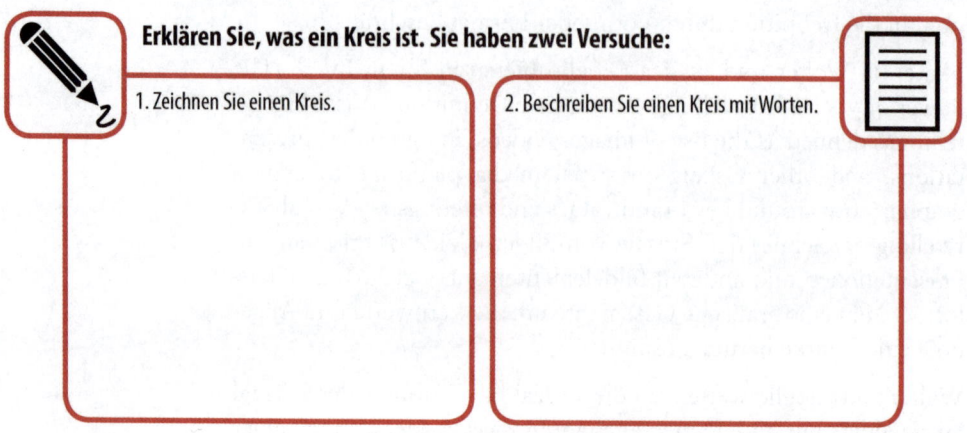

Abbildung 3-4 ▲
Ein Selbsttest

Was fällt Ihnen leichter und was geht schneller, das Zeichnen oder die Beschreibung in Worten?

Betty Edwards, Kunstprofessorin an der University of California in Los Angeles, weist ihre Studenten immer wieder darauf hin, dass unser Gehirn in unterschiedlichen Modi operiert, wenn es Text- und Bildinformationen verarbeitet. Die Arbeitsweise unserer »linken Gehirnhälfte«, die Edwards »L-Mode« nennt, ist unsere rationale Seite. Sie ist geübt im Umgang mit Systematik, Logik und daher auch der Verarbeitung von Text.

Die Funktionsweise unserer »rechten Gehirnhälfte«, Edwards nennt sie »R-Mode«, ist hingegen spontan, impulsiv und intuitiv. Hier werden visuelle Informationen verarbeitet.

»Sometimes our visual mode may see things that the L-mode can't or won't see, especially contradictory or ambiguous information. The right hemisphere tends to confront what is ›really out there‹. And there are times when language can be inadequate. When something is too complex to describe in words, we make gestures to communicate the meaning.« (»Manchmal sieht unser visueller Modus Dinge, die der L-Modus nicht sehen kann oder will, insbesondere gegensätzliche oder mehrdeutige Informationen. Die rechte Hemisphäre tendiert dazu, sich mit dem auseinanderzusetzen, was ›wirklich ist.‹ Und es gibt Situationen, in denen Sprache nicht ausreicht. Wenn etwas zu komplex ist, um es mit Worten zu beschreiben, benutzen wir Gesten, um uns verständlich zu machen.«)

Bilder sagen also oft tatsächlich mehr als tausend Worte. Sie helfen uns, auf einen Blick zu erfassen, was ein ausführlicher Text nicht annähernd beschreiben kann.

»Show me, don't tell me«

Führen Sie ein Text-Bild-Audit durch. Analysieren Sie alle Kommunikationsmittel, die in Ihrem Unternehmen und für Ihre Marke zum Einsatz kommen, hinsichtlich ihrer Text- und Bildinhalte – vom internen Newsletter und der Führungskräftekommunikation über das Mitarbeitermagazin und das Intranet bis hin zu externen Instrumenten wie Kundenmagazin oder Websites.

Wie hoch ist der Textanteil im Vergleich zum Bildanteil? Messen Sie die Flächen, die Text und Bilder einnehmen, in Quadratzentimetern und stellen Sie die Werte gegenüber.

Gelingt es Ihnen, den Bildanteil mindestens auf 50 Prozent oder sogar darüber zu heben?

Schaffen Sie es, sich zukünftig weniger auf Text zu verlassen, weniger zu beschreiben und stattdessen mehr im Bild darzustellen – mehr zu zeigen als zu erklären?

Bilder sind Darsteller, keine Erzähler

Werden wir also zukünftig nur noch mit Bildern kommunizieren und komplett auf Text verzichten, wie es so mancher Instagram-Account oder manches Pinterest-Board bereits vormacht?

Die Antwort ist Nein. Denn Bilder ohne Worte sind zwar gute Darsteller, aber sie sind schlechte Erzähler. Um eine Geschichte zu erzählen, reicht Visualisierung allein nicht aus. Bilder – ob Grafiken, Fotos oder auch Bewegtbild – bebildern und illustrieren. Sie können einen Moment festhalten und uns etwas vor Augen führen. Aber ohne Kontext bleiben sie stumpf.

Das glauben Sie nicht? Dann laden wir Sie zu einem Gedankenexperiment ein: Betrachten Sie das folgende Bildmotiv ausführlich. Was sehen Sie?

Abbildung 3-5 ▶

Ein Mann sitzt zeitunglesend auf Bahnwaggons.

Sicher ist Ihnen aufgefallen, dass hier eine Person an einem ungewöhnlichen Ort mit einer Zeitung sitzt. Wenn Sie genauer hinsehen, erkennen Sie, dass die Wagons mit Erdnüssen gefüllt sind, mit »Bird Song Peanuts«. Löst dieses Bild Assoziationen bei Ihnen aus? Sie sind vielleicht erstaunt, aber sehen Sie die Geschichte?

Fügen wir im nächsten Schritt etwas Text zum Bild hinzu.

Abbildung 3-6 ▶

Hilmar Kopper, ehemaliger Vorstandssprecher der Deutschen Bank, sitzt inmitten von Peanuts.

Links unten im Bild können Sie lesen, dass es sich bei dem Mann hinter der Zeitung um den ehemaligen Vorstandssprecher der Deutschen Bank handelt, Hilmar Kopper. Erinnern Sie sich? Das Bild bekommt einen Kontext – und eine Geschichte.

Je nachdem, wie alt Sie sind ... zur Erinnerung hier in aller Kürze: Hilmar Kopper begann seine Karriere bei der Deutschen Bank 1954 als Lehrling. 35 Jahre später, 1989, wurde er nach der Ermordung Alfred Herrhausens zum Sprecher des Vorstands bestellt und damit zum wichtigsten Banker Deutschlands. Doch 1994 erlitt Koppers Karriere einen herben Dämpfer. Der Bauunternehmer Jürgen Schneider, dem die Deutsche Bank große Kredite gewährt hatte, geriet in Insolvenz. Auf einer Pressekonferenz war Kopper aufgefordert, das Verhalten der Bank gegenüber Schneider zu erklären. Im Laufe der Interviews bezeichnete Kopper schließlich einen Teil der Schadenssumme, jene 50 Millionen DM, die Schneider seinen Handwerkern schuldete, als »Peanuts«.

Im Vergleich zu den Gesamtforderungen der Deutschen Bank von über fünf Milliarden DM war der Betrag der Handwerker, den die Deutsche Bank übernommen und bezahlt hatte, tatsächlich gering. Doch Koppers Bemerkung wurde in der Öffentlichkeit als flapsig und arrogant wahrgenommen und löste eine Diskussion um Anstand und Würde der Deutschen Bank aus. »Peanuts« wurde 1994 zum Unwort des Jahres gewählt. Nur drei Jahre später wurde Hilmar Kopper von Rolf-E. Breuer als Vorstandssprecher abgelöst.

Zurück zu unserem Gedankenexperiment, denn wir fügen jetzt noch weiteren Text zum Bild hinzu: den Kampagnen-Claim »Dahinter steckt immer ein kluger Kopf«.

◀ **Abbildung 3-7**
Hilmar Kopper in der Anzeigenkampagne der F.A.Z

1999, fünf Jahre, nachdem er das Unwort gesagt hatte, stimmte Hilmar Kopper dem Motiv mit den Erdnuss-Waggons zu. Seit Ende 1998 war er Aufsichtsratsvorsitzender von DaimlerChrysler und damit Chef des Vorstandsvorsitzenden Jürgen Schrempp. Die Aufnahme fand in den USA, in Georgia, statt. Das ist der US-Bundesstaat, in dem der 39. Präsident der USA, Jimmy Carter, bis heute die Erdnussfarm seiner Eltern führt.

Videotipp   Koppers »Peanuts« erlangte Ende der 90er Jahre Berühmtheit und wurde sogar vertont. Zu sehen auf YouTube: *http://bit.ly/1yMmyc7*.

Bilder ohne Worte bleiben nur also nur Abbilder. Erst Worte machen sie zu Geschichten.

Und diese Worte befinden sich entweder direkt im Bild oder im Umfeld des Bildes, und wir erarbeiten uns aus der Bild-Text-Kombination die passende Geschichte. Oder aber das Bild hilft uns, die Worte dazu in unserer visuellen und assoziativen Datenbank abzurufen: Wir rufen den passenden Kontext im Kopf ab – und komplettieren damit die Geschichte zum Bild

Was Bilder letztendlich zu Storytellern macht, ist ihre Kraft, in uns Geschichten anzustoßen. Sie sind ein Auslöser – der auf drei Ebenen funktioniert:

1. Bilder triggern Erinnerungen und Skripte: Ein Bild, das wir sehen, ruft Erinnerungen an eine uns bekannte Geschichte oder Skripte wach. Eine Geschichte, die wir in der Vergangenheit selbst erfahren, gehört oder gelesen haben. (Als Skripte bezeichnet man verinnerlichte Verhaltensabläufe, die wir wie eine Art Drehbuch gespeichert haben und deren Symbolik uns vertraut ist. Zum Beispiel das Zerschneiden eines roten Bandes zur Einweihung oder das Überreichen von Visitenkarten als Ritual eines Geschäftstreffens.)

2. Bilder triggern Neugier: Ein Bild, das wir sehen, weckt unser Interesse an einer noch unbekannten Geschichte. Das Bild erstaunt uns, macht uns neugierig und löst die Frage aus: »Was ist denn hier passiert?«.

Hinweis   Fernsehtipp: Mit genau diesem Trigger arbeitet die ProSieben-Sendung »Galileo Big Pictures«. Die Geschichten hinter faszinierenden Bildern finden Sie auf der Website der Sendung unter *www.prosieben.de/tv/galileo-big-pictures*.

3. Bilder triggern Phantasie: Ein Bild, das wir sehen, weckt unsere Vorstellungskraft. Während wir auf das Bild blicken, entwickeln wir selbst eine Geschichte, die zu dem Bild passt.

> „Visual Storytelling are two art forms.
> The language and the visual.
> But one medium, one message."
>
> Debbie Millman

Bilder brauchen Geschichten: Über die Kunst des Storytelling

Storytelling ist die älteste Form der Informationsvermittlung. Seit über 40.000 Jahren geben Menschen ihre Erfahrungen von Generation zu Generation in Form von Geschichten weiter. Und obwohl wir an prähistorischen Höhlenmalereien sehen, dass Menschen schon früh versuchten, Geschichten in Bildern zu fixieren, war die vorherrschende Form des Geschichtenerzählens – bis tief ins Mittelalter hinein – oral. Märchen, Fabeln, aber auch historische Erzählungen wurden vorzugsweise mündlich weitergegeben.

Ab 1450 sollte sich das für immer ändern. Johannes Gutenbergs Buchdruck ermöglichte plötzlich jedermann den Zugang zu Buchwissen und Literatur.

▲ **Abbildung 3-8**
Bewegliche Lettern waren das Erfolgsrezept der Gutenbergschen Buchdruckpresse.

Die Verwendung beweglicher Buchstaben vereinfachte die Produktion und unterstützte die massenhafte Verbreitung von Text. In den darauf folgenden 400 Jahren löste das geschriebene Wort – zumindest in der westlichen Welt – das mündliche Storytelling in weiten Bereichen ab.

Bücher, Bücher, Bücher – Ende des 19. und Anfang des 20. Jahrhunderts erreichte die Literatur ihren Höhepunkt. Unter den meistverkauften Büchern aller Zeiten sind Autoren ebendieser Epoche, wie Charles Dickens, Agatha Christie und John R. R. Tolkien. Dickens historischer Roman »Eine Geschichte aus zwei Städten« verkaufte sich bis heute 200 Millionen Mal, Tolkiens »Herr der Ringe« insgesamt 150 Millionen Mal, und Agatha Christie kommt mit ihrem Kriminalroman »Und dann gabs keines mehr« auf 100 Millionen Verkäufe. Die Spitzenplätze dieser Liste belegen geschichtenreiche Bücher wie die Bibel und der Koran.

Der Höhepunkt der geschriebenen Literatur war aber auch gleichzeitig der Wendepunkt, denn Joseph Nicéphore Niépce schoss 1826 aus seinem Fenster das erste Foto und 69 Jahre später, am 28. Dezember 1895, zeigten die Brüder Lumière im Grand Café in Paris einem erstaunten Publikum erstmals bewegte Bilder: die Geburtsstunde der Cinématographie.

Fotografie und Film entzogen der Literatur nicht nur kontinuierlich Publikum, sie entwickelten sich in den folgenden 120 Jahren auch rasant weiter und übten in dieser verhältnismäßig kurzen Zeit einen erheblichen Einfluss auf die Art des Geschichtenerzählens aus.

Heute, zu Beginn des 21. Jahrhunderts, stehen wir vielleicht wieder vor einem Paradigmenwechsel, ähnlich wie bei der Einführung des Buchdrucks und des Films: Die Digitalisierung von Foto und Film gestattet allen den Zugang zu neuen Formen des Geschichtenerzählens. Produktion und Verbreitung visuell erzählter Geschichten sind mit Computer und Smartphone einfach und von überall aus machbar.

So wie der Buchdruck vor 565 Jahren den Siegeszug von Text und Schrift einläutete und damit das orale Storytelling weitestgehend ablöste, scheint heute die Digitalisierung Geschichten den Vorzug zu geben, die visuell erzählt werden. Wie umfassend diese Ablösung ist, wird die Zukunft zeigen.

So sehr sich die Formate des Geschichtenerzählens im Laufe der Zeit und aufgrund neuer Technologien auch immer wieder gewandelt haben, so groß ist trotzdem – durch alle Jahrhunderte hindurch – der Hunger nach guten Geschichten geblieben. Egal ob als Märchen oder als Gute-Nacht-Geschichte erzählt, in einem dicken Roman gelesen, in einem Fernseh- oder Kinofilm gesehen, als Videogame am Computer oder als Augmented-Reality-Story am Smartphone gespielt – guten Geschichten gelingt es immer, unsere Aufmerksamkeit zu wecken und uns in ihren Bann zu ziehen. Immer noch verlieren wir uns in ihren Erzählwelten und identifizieren wir uns mit ihren Helden. All das funktioniert auch heute noch. Oder sogar ganz besonders heute.

◀ **Abbildung 3-9**
Content Marketing braucht Storytelling – Hype oder neuer Trend? Unternehmenskommunikation und Marketing entdecken eine uralte Technik.

Storytelling: Trend in Unternehmenskommunikation und Marketing

Der nicht versiegende Hunger nach Storys und die starke Überzeugungskraft von Geschichten sind der Aufmerksamkeit von Kommunikationsprofis nicht entgangen. Auf der Suche nach neuen Techniken, um Zielgruppen zu erreichen und Kunden zu überzeugen, wird Storytelling seit einigen Jahren als neue Kommunikationsmethode gefeiert und als Antwort auf die Herausforderungen der digitalen Medienlandschaft und das damit einhergehende geänderte Rezeptionsverhalten gehandelt.

Einer der Auslöser für das große Interesse der Marketingbranche an Storytelling war ein Interview, das der Wirtschaftsjournalist Bronwyn Fryer im Juni 2003 mit dem Drehbuchautor und Trainer Robert McKee für das renommierte Wirtschaftsmagazin Harvard Business Review führte.

McKee gilt seit den 80ern in der Unterhaltungs- und Filmbranche als »Papst des Storytelling«. Er unterrichtet Drehbuchautoren weltweit in der Kunst des Geschichtenerzählens; seit 1984 haben über 50.000 Studenten seine Seminare besucht. Sein Buch »Story: Style,

Structure, Substance, and the Principles of Screenwriting« gilt als »Bibel« des Scriptwriting. Absolventen, die von McKee in die Kunst des Storytelling eingeführt wurden, haben Hunderte von erfolgreichen Filmen geschrieben und produziert. Zu den bekanntesten davon zählen Forrest Gump, Erin Brockovich, Die Farbe Lila, Gandhi, Schlaflos in Seattle und Toy Story, um nur einige zu nennen. Insgesamt verdanken bisher 18 Oscar-Gewinner und 109 Emmy-Award-Gewinner ihre Auszeichnung Robert McKee.

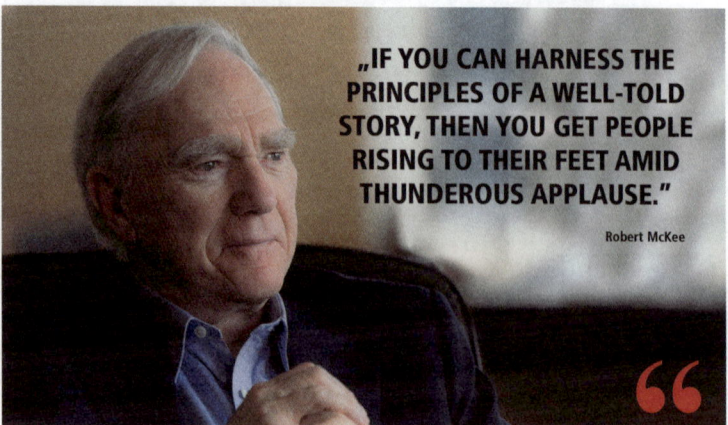

Abbildung 3-10 ▶
Robert McKee

In dem HBR-Artikel »Storytelling that moves people« von 2003 verlässt McKee sein angestammtes Feld der Filmindustrie und des Entertainment und erläutert, wie Manager, Unternehmen und Marken von der Kunst des Geschichtenerzählens profitieren können.

Die Überzeugungsarbeit, die Unternehmenskommunikation und Marketing ständig zu leisten haben, kann laut McKee auf zweierlei Weise geschehen: Entweder rational und informativ oder emotional und in Form von Geschichten. McKee gibt selbstverständlich der zweiten Methode den Vorzug, dem Storytelling. Und das aus gutem Grund:

- Storytelling gelingt es weitaus besser als Fakten und Daten, die Aufmerksamkeit der Zuhörer zu wecken und auch zu halten (Attention-Effekt).
- Storytelling fördert die Konzentration. Rezipienten verfolgen Geschichten weit länger und konzentrierter, als sie es zum Beispiel bei sachlichen Abhandlungen tun. Geschichten fesseln ihre Zuhörer, ziehen sie in ihren Bann und in ihre Erzählwelt hinein (Immersion-Effekt).

- Storytelling führt dazu, dass wir uns Informationen besser merken. Durch ihre narrative Struktur verankern Geschichten Informationen und vertiefen das Gelernte im Vergleich weit besser als Aufzählungen, Rankings oder Statistiken (Memory-Effekt).
- Storytelling wirkt überzeugender. Geschichten senken das Risiko der Reaktanz eines kritischen Publikums. Durch die Identifikation mit der Hauptfigur und die Empathie, die der Zuhörer einer Geschichte entgegenbringt, wird vorschnelles, kritisches Hinterfragen unterbunden oder zumindest abgemildert und Raum für neue Denkweisen geöffnet (Solidaritäts-Effekt).

Vier starke Gründe dafür, dass Unternehmen und Marken wie zum Beispiel American Express verstärkt auf Corporate Storytelling setzen. Anstatt die Vorzüge der blauen Kreditkarte – wie ihre Zuverlässigkeit, die unkomplizierte und einfache Handhabung, die günstigen Konditionen, den Service, vor allem aber die Treue und Loyalität von American Express zu seinen Kunden – ausführlich anzupreisen, erzählt das Unternehmen eine Reihe von Geschichten.

Da ist die Geschichte eines sportbegeisterten jungen Mannes, der mit seiner ersten Unternehmensgründung scheitert, seine hochfliegenden Träume begräbt und nach der Insolvenz wieder zu seinen Eltern zieht.

Da ist die Geschichte einer leidenschaftlichen Köchin, die aufgrund ihrer Alkoholsucht alles verliert, was ihr etwas bedeutet: Familie, Lebenspartner, Freunde und ihren Job.

Da ist die Geschichte einer jungen Migrantin, Vater Tamile, Mutter Bengalin, die ihr Glück in Hollywood versuchen will. In L. A. rät man ihr jedoch, sich als Statistin oder auf kleine Nebenrollen zu beschränken, denn mit ihrem Aussehen habe sie keine wirkliche Chance im Fernsehgeschäft.

Und da ist die Geschichte einer Frau, die als junges Mädchen so scheu und aufgeregt ist, dass sie sich verzweifelt an das Mikrofon klammern muss, um einen Ton herauszubekommen. Doch sie hält auch fest an ihrem Traum, Sängerin zu werden.

Der junge Mann, dessen Geschichte American Express erzählt und der nach seiner ersten Firmenpleite wieder bei seinen Eltern einziehen muss, ist Nick Woodman. 2002 gründete Woodman erneut ein Unternehmen: GoPro. Das Startup für Action-Kameras machte zwölf Jahre später einen Jahresumsatz von 985 Millionen Dollar und ging 2014 an die Börse.

Abbildung 3-11 ▶

Scheiterte mit seiner ersten Firma: GoPro Gründer Nick Woodman

Das Bekenntnis der alkoholkranken Köchin stammt von Natalie Young. Nach einer langen Reise in den unterschiedlichsten Jobs in der Gastronomie bekannte sich Young nach 25 Jahren zu ihrem Problem und entschloss sich zu einer Entziehungskur. Heute zählt Natalie Young zu den Spitzenköchinnen Amerikas und ist in ihrem eigenen Restaurant angekommen, dem Eat in Las Vegas.

Abbildung 3-12 ▶

Einst alkoholkrank, heute stehen die Gäste vor ihrem Restaurant in Las Vegas Schlange: Nathalie Young

Die junge Frau mit dem farbigen Familienhintergrund ist Mindy Kaling. Die ernüchternden Ratschläge haben sie nicht davon abgehalten, nach Hollywood zu gehen, wo sie den Durchbruch schafft und heute eine gefeierte Drehbuchautorin und Schauspielerin ist. Seit 2012 spielt sie die Hauptrolle in der Serie »The Mindy Project«.

Abbildung 3-13 ▶

Wurde wegen ihrer Hautfarbe in Hollywood schief angesehen: Mindy Kaling

Und die junge schüchterne Sängerin? Aretha Franklin. Die Queen of Soul erzählt ihre eigene Geschichte, wie sie als Mädchen von ihrem Vater ermutigt wird, den nächsten Schritt zu gehen oder aber im Falle des Scheiterns doch einfach wieder nach Hause zu kommen. Doch für Aretha geht die Reise immer weiter. 1987 wird sie als erste Frau in die Rock and Roll Hall of Fame aufgenommen und erhält 1990 den »Grammy Living Legends Award«. Auf der Liste der 100 besten Sänger aller Zeiten, herausgegeben von der Musikzeitschrift Rolling Stone, nimmt sie den ersten Platz ein.

◀ **Abbildung 3-14**
Ihr Vater sprach ihr Mut zu, auf die Bühne zu gehen: Aretha Franklin

»The Journey never stops« ist das Motto, unter das American Express alle vier Geschichten stellt und damit betont, dass Erfolgsgeschichten niemals geradlinig verlaufen, sondern eine Reise sind – eine Reise voll Zögern, Ungewissheit, Hindernissen und auch Scheitern.

Und American Express verspricht, diese Reise zu begleiten: Natalie Young ist American-Express-Mitglied seit 2012, Aretha Franklin seit 2011, Mindy Kaling seit 2010 und Nick Woodman seit 1997.

Videotipp   American Express: The journey never stops.
http://bit.ly/1z5NbT0.

Alle vier Geschichten folgen dem Bauprinzip des Storytelling, das auch Schriftsteller und Drehbuchautoren erfolgreich anwenden und Trainer wie Robert McKee predigen. Für Unternehmen und Marken sind im Corporate Storytelling dabei vor allem fünf Bausteine entscheidend, mit denen wir uns im Folgenden befassen wollen.

„I find most people know what a story is until they sit down to write one."

Flannery O´Conner

Was macht eine gute Geschichte aus? Die 5 Bauprinzipien des Storytelling

1. Gute Geschichten brauchen einen Helden

Geschichten haben einen Hauptakteur, mit dem sich der Zuschauer identifizieren kann. Nick Woodman, Natalie Young, Mindy Kaling und selbst Aretha Franklin zeigen sich in ihren Geschichten nicht als Superstars, sondern als Menschen mit Bedenken, Schwächen und Fehlern – wie jeder von uns.

2. Gute Geschichten starten mit einem Konflikt

Robert McKee bringt es auf den Punkt, wenn er sagt: »You emphatically do not want to tell a beginning-to-end tale describing how results meet expectations. This is boring and banal. Instead, you want to display the struggle between expectation and reality in all its nastiness.« (»Man sollte definitiv keine Geschichte mit einem Anfang und einem Ende erzählen, in der sich alle Erwartungen erfüllen. Das ist langweilig und banal. Stattdessen sollte man vom Konflikt zwischen Erwartung und Realität erzählen – in all seiner Garstigkeit.«).

Das Publikum will sehen, welchen Schwierigkeiten ein Held begegnet und wie er sich den Problemen stellt: Nick Woodman ist pleite und muss ernüchtert wieder daheim einziehen. Natalie Young verliert alles durch ihre Alkoholsucht und ist allein. Mindy Kaling wird aufgrund ihrer Hautfarbe in Hollywood diskriminiert und versucht es trotzdem. Aretha Franklin schafft es vor Nervosität kaum auf die Bühne und wird dennoch ein großer Star.

Was uns an Geschichten packt und in den Bann zieht, sind die Konflikte und Herausforderungen, denen sich eine Hauptfigur stellt – mehr als die letztendliche Lösung, die in guten Geschichten nur kurz am Ende zu sehen ist oder gar nur angedeutet wird.

3. Gute Geschichten berühren emotional und wecken Empathie

Obwohl American Express Nick Woodman als mutigen Extremsportler zeigt, der sich ohne zu zögern mit dem Snowboard eine Felswand hinunterstürzt, kann der Zuschauer deutlich die Enttäuschung angesichts seiner Pleite in seiner Stimme hören. Natalie Young fährt allein im Auto durch die Nacht von Las Vegas und als Zuschauer erahnen wir die Einsamkeit, die die Alkoholkrankheit über sie gebracht hat. Mindy Kalings Stimme lässt immer noch Irritation und Enttäuschung spüren, wenn sie über ihre ersten Tage in Hollywood spricht.

American Express könnte selbstverständlich mit Erfolgszahlen und Statistiken beweisen, dass es ein loyaler und zuverlässiger Partner seiner Kunden ist. Doch würden Fakten und neutrale Argumente bei Weitem nicht die Empathie und Emotionalität wecken wie die vier erzählten Geschichten.

Videotipp Dokumentarfilmer Ken Burns spricht in bewegenden Worten darüber, wie Storys uns emotional manipulieren und warum uns Geschichten so sehr berühren. *https://vimeo.com/40972394*.

4. Gute Geschichten sind viral und werden weitererzählt

Als die Gebrüder Grimm 1812 und 1815 erstmals die Deutschen Kinder- und Hausmärchen veröffentlichten, wollten sie die bis dahin nur mündlich weitergegebenen Geschichten vor dem Vergessen bewahren. Das ist ihnen gelungen, denn bis heute kennen wir die Grimm'schen Märchen und erzählen sie weiter – in Büchern, Theaterstücken, Filmen und sogar Computerspielen.

Gute Geschichten sind viral, und diese Viralkraft wird heute durch neue mediale Möglichkeiten wie Animation oder auch virtuelle Realität kreativ befeuert. Transmediales Storytelling ist das Stichwort, das erklärt, wie Storys immer neue Formen annehmen und dabei auch weiterentwickelt werden. Rezipienten liken und sharen nicht nur, sondern sie bringen sich auch aktiv in das Geschichtenerzählen ein, ergänzen und verändern eine Story. »The journey never stops« von American Express wird zum Beispiel nicht nur auf dem YouTube-Kanal, der Corporate-Website und den Social-Media-Kanälen der Marke erzählt, sondern die Kreditkartenmarke fordert ihre Kunden dabei auch auf, ihre eigenen Reisen und Geschichten zu erzählen.

5. Gute Geschichten haben ein sinnstiftendes Motiv

Geschichten werden nicht ohne Grund erzählt. Andrew Stanton, Regisseur und Mitautor der Pixar-Filme Toy Story, Findet Nemo und Wall-E, vergleicht daher eine gute Story mit einem Witz:

»Geschichten erzählen ist wie Witze erzählen. Man muss die Pointe kennen, das Ende. Geschichten zu erzählen, bedeutet zu wissen, dass alles, was man sagt – vom ersten bis zum letzten Satz – auf ein einziges Ziel hinausführt und bestenfalls eine Wahrheit bestätigt, die unser Verständnis davon vertieft, was uns zu Menschen macht. Wir alle lieben Geschichten. Wir wurden für sie geboren. Geschichten bestätigen, wer wir sind. Wir alle wollen darin bestärkt werden, dass unser Leben einen Sinn hat. Und nichts bestärkt uns mehr darin, als uns über Geschichten zu verbinden.«

Das American-Express-Motto »The journey never stops« beschreibt das sinnstiftende Motiv der Marke und ihre Motivation, die Geschichten von Nick Woodman, Natalie Young, Mindy Kaling und Aretha Franklin zu erzählen – verbunden mit dem Versprechen, die Reise seiner Kunden als Finanzdienstleister zu begleiten.

Videotipp Andrew Stantons TED-Talk »Der Schlüssel zu einer großartigen Geschichte« auf *http://bit.ly/1K7t4vb*.

Sie wollen noch mehr über Storytelling sehen? Dann interessieren Sie vielleicht diese zehn TED-Talks zum Thema: *http://bit.ly/1DleCek*.

Abbildung 3-15 ▶
5 Bausteine des Storytelling

Eine Hauptfigur, ein Konflikt, eine emotionale Erzählweise, Viralkraft und ein Motiv – das sind die wichtigsten Bausteine des Storytelling. Doch so einfach und eingängig diese fünf Bausteine auch erscheinen, für Unternehmen und Marken stellen sie sich als große Herausforderungen dar.

Storytelling – keine einfache Kunst für Unternehmen und Marken

Eine der größten Hürden ist das exemplarische Erzählen. Während PR und Werbung ihr Publikum in der Regel allgemeingültig und grundsätzlich ansprechen, um die Vorzüge eines Produkts oder einer Dienstleistung anzupreisen, wird im Storytelling nur eine einzige Geschichte exemplarisch herausgehoben, oder im Fall von American Express vier. Im Fokus stehen daher nicht die vielen Millionen Kunden von American Express, sondern nur vier.

Diese Auswahl, die Konzentration auf eine exemplarische Geschichte, stellt Unternehmen und Marken, die noch wenig Erfahrung mit Storytelling haben, vor eine schwierige Entscheidung. Dabei ist die Reduktion ein ganz entscheidendes Element für den Erfolg der Geschichte. Nur eine klar definierte Hauptfigur garantiert die Aufmerksamkeit des Rezipienten, denn Zuschauer identifizieren sich nur schwer mit einer amorphen »Zielgruppe« oder abstrakten Gebilden wie »Unternehmen« oder »Marken«.

Und hier kommt bereits die nächste Herausforderung für professionelle Anwender im Businessumfeld: Unternehmenskommunikation und Marketing haben die Aufgabe, Aufmerksamkeit für Unternehmen und Marke zu schaffen. Daher stellen sie sich selbst in das Zentrum ihrer Geschichten. Pressemitteilungen und Produktinformationen präsentieren das eigene Produkt zentral als »Held« und Lösung.

Wer jedoch Storytelling erfolgreich anwenden will, muss sich mit einem anderen Rollenverständnis abfinden: Unter den Protagonisten einer Geschichte ist die Rolle des »Enablers« oder »Mentors« die weit bessere als die des Hauptdarstellers. In erfolgreichen Storys treten Unternehmen und Marken hinter den Helden der Geschichte zurück bzw. an ihre Seite, werden wie Robin neben Batman oder Samweis Gamdschie neben Frodo Beutlin zum Freund und Förderer des Hauptdarstellers, stellen sich selbst aber nicht in den Mittelpunkt.

Der bescheidene Schritt in den Hintergrund ist letztendlich aber nicht die größte Schwierigkeit in der Anwendung von Storytelling in PR und Marketing. Die Regel, dass jede gute Geschichte mit einem Konflikt beginnt, fordert von Unternehmen und Marken sicher die größte Umstellung. Denn jeder Unternehmenssprecher und Produktmanager will vor allem eines: ausführlich über Lösungen sprechen – aber nicht über Konflikte oder Probleme. Doch Lösungen machen keine Geschichten. »Stories come from the dark side«, so Robert McKee.

Letztendlich müssen sich Public Relations und Produktmarketing auf die Kunst des Entertainments einlassen und wesentlich mehr Emotionalität zulassen, als es bisher praktiziert wird. Storytelling erfordert eine aktive, plastische und vor allem bildhafte Sprache. Besonders die Unternehmenskommunikation ist dabei aufgefordert, weniger Nominalstil und mehr plakative Alltagssprache zu wagen, weniger Ratio und mehr Emotion, weniger Text und mehr Bild. Geschichten sind Kopfkino und liefern Bilder, die unsere Fantasie und Imagination anregen.

Geschichten brauchen Bilder: Über die Kunst, visuell zu triggern

Im Frühjahr 2015 kündigte sich eine harmlose Kinokomödie mit dem Titel »Unfinished Business« an. Vince Vaughn spielt darin den amerikanischen Unternehmensberater Dan Trunkman, der enttäuscht über eine zu niedrige Prämie seinen Job hinwirft und eine eigene Firma gründet. Dazu engagiert er den unerfahrenen Mike Pancake, gespielt von Dave Franco, und den Rentner Tim, dargestellt von Tom Wilkinson. Dem jungen Team winkt schon bald das Glück, denn es kann vielleicht einen dicken Auftrag in Deutschland an Land ziehen. Dan und seine Kollegen müssen nur noch nach Berlin fliegen und sich in einer Präsentation gegen den letzten verbliebenen Konkurrenten durchsetzen: Dans ehemaligen Arbeitgeber.

Die Komödie zeigt amerikanisch-deutsche Klischees, Bürowitze und den typischen Machtkampf in Unternehmensberatungen. Wegen seiner Handlung wäre der Film nicht weiter erwähnenswert, wenn da nicht die unkonventionelle Art der Vorankündigung zur Filmpremiere wäre.

Die Macher von »Unfinished Business« vermarkteten den Film nicht wie üblich mit Set-Fotos, die die Schauspieler bei ihrer Arbeit am

Abbildung 3-16 ▼
Stockfoto oder Filmpromotion? Zur Ankündigung des Films »Unfinished Business« ließen sich die Hauptdarsteller Vince Vaughn, Dave Franco und Tom Wilkinson in stereotypen Businessfotos aufnehmen.

Drehort und in ausgewählten Actionszenen zeigen, sondern sie baten ihre Hauptdarsteller zu einem ganz besonderen Fotoshooting.

Kommen Ihnen die Bilder bekannt vor? Die blitzsauberen Anzüge und korrekten Frisuren? Die affektierten Gesten und eingefrorenen Posen? Die bewusst gewählten Bildausschnitte und die blaue Tonfärbung der Aufnahmen? Sie ahnen es sicher: Vaughn und seine Kollegen parodieren mit ihrem Film nicht nur die Consulting-Branche, sondern auch die dazu passenden stereotypen Stockfotos.

▼ **Abbildung 3-17**
So sehen »Kollegen« aus. Wirklich? Stockbilder arbeiten mit Stereotypen.

Machen Sie den Test und geben Sie in der Google-Bildersuche den Begriff »Kollegen« ein. Sie finden sicher Treffer wie die folgenden.

Unter den 80 Millionen Bildern, die die Bildagentur Getty Images ihren Kunden insgesamt zur Verfügung stellt, ist das folgende Bild mit am erfolgreichsten.

◀ **Abbildung 3-18**
Immer springt der Goldfisch – mal von einem kleinen Glas in ein größeres, mal aus einem Schwarm in ein leeres Glas oder eben, wie hier, rüber zu seinem Kumpel. In Wahrheit sieht der Fisch durch die Krümmung des Glases sein eigenes Spiegelbild mehrfach und in allen Richtungen. Er fühlt sich daher also nicht einsam, sondern inmitten eines Schwarms. Nur dank Photoshop will er also sein Glas verlassen.

2011 veröffentlichte iStock, ein Tochterunternehmen von Getty Images, die drei meistverkauften Bilder des Jahres in Deutschland.

Abbildung 3-19 ▲
Sonnenuntergang, Handkreis und ein Businessteam – 2011 verkaufte iStock diese Bilder in Deutschland am häufigsten.

Die Bildauswahl ist keine Überraschung: Die Stärke der Stockfotografie ist, dass ihre Motive so variabel wie möglich einsetzbar sind und zu den unterschiedlichsten Anlässen und Situationen passen. Der Stil dieser Fotografie ist so neutral gehalten, dass er sich in diverse Designs und optische Umfeldern mühelos einreiht.

Die Mehrzahl der Bilder, die in PR und Marketing zur Anwendung kommen, sind stereotypisierende Aufnahmen wie Produktfotos (»Productshots«), »Stills« (abgeleitet vom Kunstbegriff »Stillleben« oder dem englischen Begriff »still-life photography«) oder auch Porträts. Stockbilder eigenen sich, um Broschüren, Produktinformationen, Unternehmensporträts oder Webseiten zu bebildern und Texte aufzulockern. Sie dienen der Begleitung und puren Dekoration. Was diese Bilder in der Regel jedoch nicht leisten, ist visuelles Storytelling. Sie erzählen keine Geschichten.

Wie sehr sich Bilder – und auch Videos – im Dienst des Visual Storytelling von dem so populären Stockmaterial unterscheiden, hat die Bildagentur Getty Images auf die folgende einfache Formel gebracht.

Powerful visuals + evoke emotions = Deeper engagement

»Powerful visuals evoke emotions, driving a deeper engagement and more profound change in behavior.« – Getty Images beschreibt mit dieser Formel Bilder, die so kraftvoll sind, dass sie beim Betrachter echte Gefühle auslösen, eine emotionale Bindung knüpfen und tiefgreifende Verhaltensänderungen anstoßen können.

Vier Kriterien listet die Bildagentur auf, die diese Art Bilder kennzeichnen: 1. Sie sind authentisch. 2. Sie sind kulturell relevant. 3. Sie sprechen alle unsere Sinne an. 4. Sie zitieren klassische Archetypen des Storytelling.

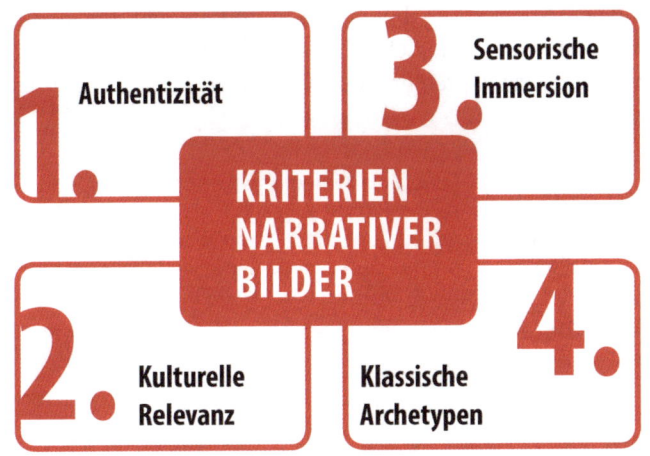

◀ Abbildung 3-20
Vier Kriterien, die laut Getty Images eine starkes Bild ausmachen

1. Authentizität

Ein Bild wird dann als »authentisch« empfunden, wenn der Betrachter das Gefühl hat, dass das, was er sieht, echt und ungeschönt ist. Seit Anfang der 2000er Jahre setzt sich der Trend zum »Realismus« in der Werbefotografie durch. Anschaulicher Beweis ist der Vergleich zwischen den beliebtesten Babymotiven von Getty Images aus dem Jahr 2007 (links) und dem Jahr 2012 (rechts).

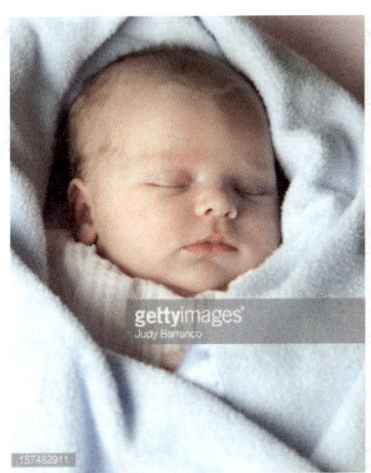

▲ Abbildung 3-21
So wandeln sich Babybilder: 2007 (links) und 2012 (rechts).

Wegbereiter dieses Trends ist die Kosmetikmarke Dove. 2004 verzichtete Dove in der Kampagne »For Real Beauty« auf den Einsatz professioneller Fotomodels und arbeitete stattdessen mit »realen Frauen« in Werbung und PR. Kurze Zeit später nahm die Frauenzeitschrift Brigitte den Erfolg dieser Aktion und die dadurch ausgelöste Diskussion um falsche Schönheitsideale zum Anlass, ebenso auf Fotomodels zu verzichten und nur noch »reale« Laienmodels im Heft zu zeigen.

Hinweis Weitere Infos: Dove, eine Kosmetikmarke von Unilever, startete 2004 die Kampagne »For Real Beauty« mit einem Video, das weltweit Diskussionen über die Manipulation von Werbematerial auslöste und das damit propagierte Schönheitsideal kritisierte. Zu sehen auf YouTube: *http://bit.ly/1eURXw5*.

Informationen zur Kampagne finden sich auf der Website von Unilever: *http://bit.ly/1ElumSD*.

Warum die Zeitschrift Brigitte heute wieder mit Models arbeitet: *http://bit.ly/1ON8DEy*.

Ein ähnliches Ziel verfolgt die Kooperation der Facebook-Managerin Sheryl Sandberg und ihrer Stiftung LeanIn.org mit Getty Images. Ihr Anspruch: weniger Klischees in Stockbildern – wie etwa Frauen, die lauthals lachend in der Küche sitzen und Salat zubereiten. Stattdessen mehr Frauenbilder, die selbstbewusste, kreative Macherinnen zeigen. Das Ergebnis dieser Kooperation kann sich sehen lassen: außergewöhnliche Bilder, die starke Geschichten erzählen. Ein Blick auf *www.gettyimages.de/collections/leanin* lohnt sich.

Abbildung 3-22 ▼
7,5 Millionen Views aus 150 Ländern allein im ersten Jahr: Mit authentischen Bildern gewinnt Burberry ein junges Publikum: artofthetrench.burberry.com.

Kapitel 3: Visuelles Storytelling – Mehr als Kino im Kopf

Und auch Burberry setzte frühzeitig und mit großem Erfolg auf den Trend authentischer Bilder. Mit »Art of the Trench« setzte das Luxuslabel 2008 erstmals auf Bilder von und mit echten Kunden in Trenchcoats der Marke Burberry. Allein im ersten Jahr besuchten 7,5 Millionen User aus 150 Ländern die Webseite. Die Konversionsrate von »Art of the Trench« hin zur Corporate-Website von Burberry übertraf alle Erwartungen und der Onlineverkauf stieg um 50 Prozent.

2. Kulturelle Relevanz

Doch nicht nur der authentische Stil (»wie etwas abgebildet ist«), sondern auch die Bildmotive (»was abgebildet ist«) tragen zur visuellen Kraft starker Bilder bei. Die kulturelle Relevanz entscheidet mit über den Erfolg eines Bildes. Gefragt sind nicht stereotype Situationen, sondern besondere Momente, die Bezugspunkte aus dem Leben der Betrachter darstellen, die nah an tatsächlichen Lebenssituationen sind und den Zeitgeist widerspiegeln.

Um diese ganz besonderen Motive zu finden, arbeiten Unternehmen, Marken und Bildagenturen immer häufiger mit Hobbyfotografen und -filmern, Instagramern und YouTubern zusammen – Bildkünstlern, die unvoreingenommen an ihre Aufgabe herangehen oder auch zufällige Shots zulassen.

▼ **Abbildung 3-23**
Was macht wahre Liebe aus? Tiffany überlässt es seinen Fans, diese Frage in Bildern und Geschichten zu beantworten: www.whatmakeslovetrue.com.

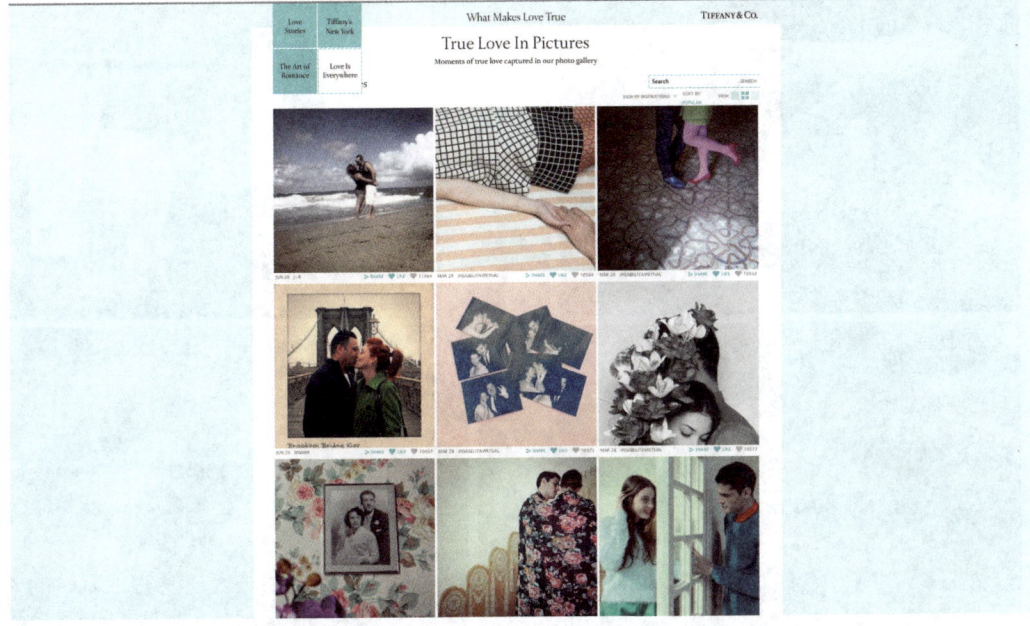

Die Marke Tiffany ist einer der Pioniere dieser neuen Art der Corporate-Fotografie. Die Schmuckmarke mit dem Markenkern »True Love« fragte ihre Fans und Kunden »What makes love true« und bat um Bilder und Geschichten, die diese Frage beantworten. Das Ergebnis wurde auf einem eigenen Instagram-Account mit großem Erfolg präsentiert. Es sind Bilder, die in ihrem ästhetischen Anspruch sehr unterschiedlich sind, jedoch alle eines gemeinsam haben: Sie zeigen einen bestimmten Moment im Leben liebender Menschen – einen Moment, den man den Bildern ansehen kann.

3. Sensorische Immersion

Je mehr wir uns mit Technologie umgeben, desto mehr sehnen wir uns auch nach Dingen, die wir fühlen, schmecken und riechen können. Wir sehnen uns nach Dingen, die alle unsere Sinne ansprechen. Die Trends dazu heißen Nostalgia, Vintage, Landliebe und DIY (do it yourself).

Populär ist daher alles, was Ecken und Kanten, Schrammen und Falten hat, was handgemacht und naturnah ist, was wir anfassen und spüren können. Auch Bilder reflektieren diese Sehnsucht. Bilder, die uns sensorisch eintauchen lassen, die uns das Gefühl vermitteln, mit Händen zupacken zu können und das Material zu spüren, und die uns die uns die Illusion geben, zu tasten, zu riechen und zu schmecken.

Abbildung 3-24 ▼
Bilder, die unsere Sinne ansprechen

Tipp 2014 gewann Samsung Italien einen Cannes-Löwen für seine herausragende Kampagne »Samsung Maestro Academy«. Die Smartphone-Marke verknüpft altes Handwerk mit neuen Technologien. Samsung nutzt dafür Bildmaterial – ob Foto oder Film –, das alle Sinne anspricht: *http://www.maestrosacademy.it.*

4. Klassische Archetypen

Der Krieger, der Heiler, der Eroberer, der Magier – diese und viele mehr sind Archetypen, mit denen wir Geschichten und deren Helden kategorisieren. Archetypen sind Grundmuster, die wir durch unsere Erfahrung mit Geschichten kennen, die uns interessieren und die wir einfach wiedererkennen.

Diese klassischen Storytelling-Muster finden sich auch in Bildern wieder. Einer der erfolgreichsten Archetypen ist laut einer Analyse von Getty Images der des »Beschützers«. Diesem, wie auch allen anderen Archetypen, gelingt es, unsere Aufmerksamkeit zu wecken und in uns die dazu passenden Geschichten zu triggern. Bilder erinnern uns an eine bekannte Geschichte oder stimulieren uns, eine neue, zum Bild passende Geschichte zu antizipieren.

▲ **Abbildung 3-25**
Storytelling-Archetypen wecken unser Interesse – auch in Bildern. Hier zwei Beispiele für den Archetypus »Beschützer«.

Visuelles Storytelling: Wechselwirkung aus Bild und Text

Wenn wir Geschichten lesen, stellen wir uns die erzählte Welt vor unserem inneren Auge vor und erschaffen imaginäre Bilder. Wenn wir Bilder sehen, suchen wir den passenden Kontext und assoziieren dazu die passende Geschichte.

Erst das Zusammenspiel von Text und Bild entfaltet die volle Kraft einer Geschichte: «Without graphics, an idea may be lost in a sea of words. Without words, a graphic may be lost to ambiguity.« («Ohne Grafik kann eine Idee in einem Meer von Worten verloren gehen.

Ohne Worte kann eine Grafik in Uneindeutigkeit untergehen.«) Das schreibt Mike Parkinson in seinem Blog »Billion Dollar Graphic« über dieses Wechselspiel.

Bilder interagieren mit Worten und schaffen somit ein Niveau an Verständnis und Merkfähigkeit, das von Text allein nicht geleistet werden kann. Das unterstreicht auch der Stanforder Sprachforscher Robert E. Horn: »When words and visual elements are closely entwined, we create something new and we augment our communal intelligence ... visual language has the potential for increasing ›human bandwidth‹ – the capacity to take in, comprehend, and more efficiently synthesize large amounts of new information.« (»Wenn Wörter und Bildelemente eng miteinander verwoben sind, erschaffen wir etwas Neues und steigern unsere gemeinschaftliche Intelligenz ... visuelle Sprache verfügt über das Potenzial, die ›menschliche Bandbreite‹ auszuweiten – die Fähigkeit, große Mengen an neuer Information aufzunehmen, zu begreifen und effizienter darzustellen.«)

> „Our verbal mind does not work without our visual mind."
>
> Dan Roam

In Unternehmenskommunikation und Marketing benötigen wir die Fähigkeiten des visuellen Erzählens heute mehr denn je gebrauchen, um wirkungsvoller zu Rezipienten durchzudringen und neue Zielgruppen zu erreichen. Unsere Aufgabe als visuelle Storyteller ist, das Wechselspiel zwischen Text und Bild optimal zu nutzen und nichts weniger zu tun als »mit Wörtern zu malen und mit Bildern zu texten«. Das ist die wahre Definition von visuellem Storytelling.

Abbildung 3-26 ▼
Wenn Wörter Bilder deuten. Aus der HSBC-Kampagne »Different Views of Values«.

▲ Abbildung 3-27
Wenn Bilder Wörter deuten. Aus der HSBC-Kampagne »Different Views of Values«.

Bauprinzipien des visuellen Storytelling

Die Bauprinzipien des klassischen Storytelling sind somit nicht nur ein Anspruch an den Text einer Geschichte, sondern ebenso an seine Bilder.

Blicken wir dazu noch einmal auf ein Motiv aus der F.A.Z.-Kampagne und erinnern uns an die fünf Bausteine des Storytelling: Jede gute Geschichte benötigt 1. einen Helden, 2. einen Konflikt, 3. Emotionalität, 4. Viralkraft und 5. ein sinnstiftendes Motiv (siehe Abbildung 3-28).

1. Gute Geschichten brauchen einen Helden

Ähnlich wie Textgeschichten haben auch erzählende Bilder einen Helden: eine Hauptfigur, den zentralen Punkt im Bild, der das Auge auf sich lenkt. Der Begriff »Held« wird hier metaphorisch und konzeptionell begriffen. So kann Visual Storytelling einen Menschen, eine Gruppe von Menschen, ein Tier, aber auch einen Gegenstand oder eine Form inszenieren und in den Mittelpunkt der Aufmerksamkeit rücken.

Entscheidend ist, dass dieser Zentralpunkt den Betrachter interessiert und ihn in das Bild hineinzieht. Zuhörer einer Geschichte identifizieren sich mit dem Helden. Auch Bildern gelingt es, ihren Betrachter zu vereinnahmen und in das Bildmotiv eintauchen zu lassen. Bildwissenschaftler nennen diesen Effekt »visuelle Immersion« also visuelles Eintauchen.

In unserem Beispiel sitzt Till Brönner, Deutschlands erfolgreichster Jazztrompeter, inmitten anderer »Trompeter«. Die beiden Elefanten ziehen unser Auge und unsere Aufmerksamkeit als erste auf sich, doch sie allein würden noch keine Geschichte erzählen. Erst die Anwesenheit der Person hinter der Zeitung macht das Bild zum Hingucker.

Abbildung 3-28 ▲
Trompeter unter sich – Jazztrompeter Till Brönner für die F.A.Z.-Kampagne »Kluge Köpfe«

2. Gute Geschichten starten mit einem Konflikt

Auch Bilder beziehen ihren Spannungsbogen – wie Storys – aus Konflikten. Das können inhaltliche oder gestalterische Konflikte sein: Entweder ist tatsächlich ein Problem im Bild zu sehen – was die Suggestionskraft und unser hohes Interesse an journalistischen Pressebildern erklärt – oder aber der Konflikt zeigt sich als ästhetisches Element. Ein Bild weckt unsere Aufmerksamkeit durch auffallende Kontraste, widersprüchliche Bildelemente oder irritierende Kombinationen.

 Tipp Die besten Pressefotos werden jährlich von World Press Photos prämiert. www.worldpressphoto.org.

Das F.A.Z.-Beispiel zeigt keinen augenfälligen Konflikt, aber die ungewöhnliche Bildkomposition des kleinen und großen Elefanten, der starke Farbkontrast zwischen dem Blau des Himmels und dem Grau der Tiere sowie die irritierende Platzierung eines Zeitunglesers auf einem Elefanten fallen doch deutlich ins Auge.

3. Gute Geschichten berühren emotional und wecken Empathie

Bilder, die eine Geschichte erzählen, wecken Emotionen. Sie triggern mit Schlüsselreizen unsere angeborenen Reflexe (z. B. Kindchenschema), rufen Gefühle aus unserem emotionalen Erfahrungsspeicher ab oder appellieren an kulturell konnotierte Gefühle und Emotionen.

Menschen, Tiere, Sensationen ... so könnte man die Gefühlswelt zusammenfassen, die das Elefantenmotiv der F.A.Z. auslöst: Erstaunen darüber, dass ein Mensch so entspannt unter Elefanten sitzt. Freude über den Sprachwitz und die Analogie der »Trompeter«. Neugieriger oder furchtsamer Schauer bei der Vorstellung, selbst an der Stelle von Till Brönner zu sitzen.

4. Gute Geschichten sind viral und werden weitererzählt

Bilder, die eine Geschichte erzählen, haben große Viralkraft. Sie laden nicht nur zum Hingucken ein, sondern inspirieren, motivieren und mobilisieren. Nach dem Motto »Das musst du gesehen haben« bieten sie alles, was der Netzgemeinde hilft, sich durch Teilen und Sharen bei Fans und Freunden zu profilieren.

Till Brönners Bild sowie alle weiteren Motive der Kampagne präsentiert die F.A.Z. auf ihrer Website (*http://bit.ly/1EzedLg*) und derzeit auch auf einem Pinterest-Board (*https://de.pinterest.com/allgemeine/f-a-z-kluge-kopfe*).

Die Shareability von Till Brönner ist jedoch nicht sehr hoch, denn das Motiv stammt aus dem Jahr 2004. Pinterest ging erst vier Jahre später online (2008), Instagram wurde 2010 gegründet.

5. Gute Geschichten haben ein sinnstiftendes Motiv

Im Visual Storytelling unterstreichen Text und Bild das sinnstiftende Motiv einer Geschichte.

Was kann da besser sein, als den Markenclaim der F.A.Z., »Dahinter steckt immer ein kluger Kopf«, zu visualisieren und Till Brönners Kopf hinter die Zeitung zu stecken – eine Pose, die das immer wiederkehrende Key-Visual der Kampagne ist.

Visual Storytelling: Eine neue visuelle Sprache

»Mit Wörtern malen und mit Bildern texten« – visuelles Storytelling steht für eine andere Art der Kommunikation, eine visuelle Sprache, die ein anderes, »visuelles« Vokabular fordert und mit ihm auch eine neue Generation von Geschichtenerzählern, die in der Lage sind, diese neue Form der Kommunikation umzusetzen.

Maria Popova, Autorin des Trend- und Kreativblogs »Brain Picking«, listet die Bandbreite an Fähigkeiten auf, die diese neuen Geschichtenerzähler beherrschen müssen: »Visual storytelling is inspiring a new visual language. A new generation of journalists, designers, illustrators, graphic editors, and data journalists tackling the grand sensemaking challenge of our time by pushing forward the evolving visual vocabulary of storytelling.« (»Visuelles Storytelling inspiriert eine neue visuelle Sprache. Eine neue Generation von Journalisten, Designern, Illustratoren, Grafikern und Datenjournalisten stellt sich dieser großen Herausforderung unserer Zeit Sinn zu stiften, indem sie dieses visuelle Vokabular des Storytelling weiterentwickelt.«)

PR- und Marketingabteilungen, Agenturen und auch Redaktionen müssen sich fragen, ob sie diese neuen Storyteller bereits im Team haben. Ob sie die richtigen Mittel und Instrumente zur Verfügung stellen, um diese neuen Kreativen zu fördern und zu unterstützen und damit auch den Mut und die Offenheit haben, sich auf visuelles Storytelling einzulassen.

> »Great visual storytellers come from all walks of life, professions and art forms. They are the unique few who function as both author and artist – entertaining and influencing our imagination through creation of art and literature. Their films can direct and redefine history or tell of our future, their books can set out imagination to flight in the palm of our hands, and their words can ignite our emotions and empower an audience to action. Great visual storytellers challenge our notions of self and truth, engaging an audience to its core.«
>
> (»Gute visuelle Storyteller kommen aus allen Lebensbereichen, Berufen und Kunstfeldern. Sie sind die Wenigen, die sowohl als Autoren als auch als Künstler wirken – die uns durch ihre Kunst und Literatur unterhalten und Einfluss auf unsere Vorstellungskraft nehmen. Ihre Filme interpretieren und reinterpretieren Vergangenheit oder erzählen von der Zukunft. Ihre Bücher, die in unseren Händen liegen, verleihen unserer Fantasie Flügel. Ihre Worte wecken große Gefühle und motivieren zu handeln. Wirklich gute visuelle Storyteller stellen unsere Vorstellung von uns selbst und der Wahrheit auf die Probe und berühren ihr Publikum tief in seinem Herzen.«)
>
> Nathan Fox, Chairman der School of Visual Arts New York

◄ **Abbildung 3-29**
Wenn Bilder das Kino im Kopf auslösen: Kampagnenmotiv von PlayStation aus dem Jahr 2000.

Werden Sie zum visuellen Storyteller mit 3C

»Content«, »Context« und »Creation« sind die Vokabularien des Visuellen Storytelling, die wir Ihnen in den folgenden Kapiteln vorstellen möchten.

Werkzeuge des visuellen Storytelling (Content)
Kapitel 4 gibt einen Überblick über die Werkzeuge des visuellen Storytelling, ihre Inhalte und deren Formen.

Strategien des visuellen Storytelling (Context)
Kapitel 5 geht ausführlich auf die Strategie des visuellen Storytelling ein, dessen Planung, Einsatzgebiete und Kanäle.

Sixpack erfolgreicher Bildkonzepte (Creation)
Kapitel 6 bietet Ihnen schließlich einen Sechserpack erfolgreicher Bildkonzepte an, mit dem Sie visuelles Storytelling einfach umsetzen können.

Werkzeuge des visuellen Erzählens

4

Die fünfjährige Maria riss erstaunt die Augen auf. Sie war die erste, die die Tierbilder entdeckte: Hirsche, Bisons, Pferde und Wildschweine. Der Eingang zur Höhle war gerade mal einen Meter hoch, und so war es für die kleine Maria eine Leichtigkeit gewesen, mit einer Fackel in den dunklen Raum zu schlüpfen.

Marias Vater, Don Marcelino Sanz de Sautuola, war Naturwissenschaftler und Besitzer des Grundstücks, auf dem die Höhle lag, in der Nähe von Santillana del Mar im spanischen Kantabrien. Ein Jäger hatte den Grundbesitzer informiert, nachdem dessen Jagdhund plötzlich in der Höhe verschwunden war.

Don Marcelino begann sofort, die Höhlenbilder systematisch zu untersuchen. Schon früh hatte er den Verdacht, auf etwas Prähistorisches gestoßen zu sein. Doch die Fachwelt zweifelte. Als »vulgären Streich eines Schmierers« bezeichnete der französische Prähistoriker Émile Cartailhac die Malerei und weigerte sich, die Höhle zu besichtigen.

Erst 23 Jahre später, als ähnliche Malereien in Font-de-Gaume in Frankreich entdeckt wurden, gelangte die Höhle zu dem Ruhm, der ihr gebührt. Die kleine Maria hatte 1868 eines der ältesten und am besten erhaltenen Beispiele für visuelles Storytelling entdeckt: die Altamira-Höhle.

„We are a Storytelling Animal. Stories make us human."

Jonathan Gottschall

Für den Historiker und Autor des Buches »The Storytelling Animal. Why Stories Make Us Human«, Jonathan Gottschall, sind es die Geschichten, die uns Menschen von den Tieren unterscheiden. Er macht die Entwicklung der Menschheit maßgeblich an der Fähigkeit fest, dass wir uns – zur Weitergabe von Wissen, aber auch zur Unterhaltung – Geschichten erzählen, weiterreichen und auch visuell darstellen.

Die Bewohner der Altamira-Höhle hatten ihre Behausung von 16.000 bis 11.000 v. Chr. mit Abbildungen und Symbolen ihres Alltags, ihrer Mythen und ihrer Geschichten bemalt. Noch älter waren die »Handabdrücke von El Castillo«, entdeckt in einer anderen Höhle unweit der Altamira-Höhle. Sie entstanden vor über 40.000 Jahren und sind wohl das älteste Kunstwerk der Menschheitsgeschichte.

Videotipp Jonathan Gottschalls TED-Talk »How Stories make us human«, zu sehen auf YouTube unter *http://ow.ly/Mttl1*.

Doch wie kam diese Kunst zustande? Welche Werkzeuge und Mittel standen den Menschen damals zur Verfügung? Nicht nur Maria, das fünfjährige Mädchen, das in der Altamira-Höhle vor den fantastischen Höhlenbilder stand, staunte darüber, wie diese Bilder wohl erschaffen worden waren.

Ausgrabungen und chemische Analysen belegen den Erfindungsgeist der Menschen der Jungsteinzeit. In der prähistorischen Kunst kamen unterschiedlichste Werkzeuge zum Einsatz. Als Farben wurden Holzkohle und Mineralfarben wie Rötel, das aus Ton, Kreide und Eisenoxid besteht, genutzt. Auch schwarze Manganerde und verschiedene Erdfarben wie Ocker, ein Gemisch aus Tonmineralien, Quarz und Kalk, wurden eingesetzt. Der Cro-Magnon-Mensch, der frühe moderne Mensch, nutzte sogar Pinsel, die meistens aus Federn bestanden. Auch gab es bereits eine Art Farbstift, gebaut aus Röhrenknochen, durch die der Farbstoff auf die Wand geblasen wurde. Und schließlich wurden Konturen mithilfe von Stichen und Klingen in die Wände geritzt und graviert.

Kohlestift und Mineralfarben kommen auch heute noch zum Einsatz, doch hat sich der Werkzeugkasten des visuellen Storytelling seit der Steinzeit bis zum Rand mit weiteren Instrumenten und Techniken gefüllt.

Was mit einem einfachen Holzkohlestrich an einer Höhlenwand begann, entwickelte sich weiter zu Malerei, Grafik, Fotografie, Cinematographie, Multimediaformaten, Games und Virtual-Reality-Storys.

Ein Blick in diese moderne Werkzeugkiste lohnt sich, denn einige der Instrumente wie Typographie, Bildbearbeitung, Animation oder Motion Graphics haben die Kunst des visuellen Storytelling entscheidend geprägt und verleihen ihr neue Ausdrucksformen.

Viele dieser Tools gehören längst zum selbstverständlichen Handwerkszeug professioneller Kommunikatoren in Public Relations und Marketing. Daher greifen wir im Folgenden einige Tools heraus und beleuchten schlaglichtartig deren Entwicklung.

Einige dieser Werkzeuge werden auch in Zukunft einen entscheidenden Einfluss auf das visuelle Storytelling haben und Unternehmen und Marken neue Möglichkeiten des Corporate Storytelling eröffnen. Daher lohnt sich auch für Profis ein genauerer Blick.

Also aufgemacht, die Werkzeugkiste des Visual Storytelling! Statt Schraubenzieher, Hammer und Bohrmaschine gilt es, Grafik, Infografiken, Foto, Film, Multimedia und vor allem interaktive Medienformate zu entdecken.

> „You can tell any story in 20 different ways. The trick is to pick one and go with it."
>
> Clint Eastwood

Werkzeug 1: Mit Grafik Zeichen setzen

Das Wort Grafik leitet sich aus dem griechischen *Graphiké* ab, was so viel bedeutet wie »die (Be-)Schreibende«. Diese Definition erscheint irritierend, verwenden wir im Alltag den Begriff »Grafik« doch nicht, um (mit Text) zu beschreiben, sondern für verschiedene Formen des formgebenden, bildhaften Ausdrucks.

Wie treffend die Bedeutung des griechischen Wortstammes dann doch ist, ergibt sich aus der Betrachtung dreier Grundelemente der Grafik, die elementar für deren Einsatz im visuellen Storytelling sind:

1. Form: Die Funktion der Reduktion und Gestaltgebung durch Grafik.
2. Farbe: Die Funktion der Aufmerksamkeit und Emotionalisierung durch Grafik.
3. Typographie: Die Funktion der Lesbarkeit und Formgebung für Text.

Form: Reduktion und Gestaltgebung

◀ **Abbildung 4-1**
Sie hätten ihn auch ohne den Schriftzug erkannt: Charlie Chaplin, gestaltet von der kanadischen Grafikerin und Illustratorin Jag Nagra. 365 ikonographische Bilder der Grafikerin gibt es zu sehen unter *http://www.turntopage84.com*.

Unser Sehsinn konzentriert sich auf Konturen, und unser visuelles Gedächtnis speichert »Konzepte«, die Grundidee von Objekten – das sind genau die richtigen Voraussetzungen für Grafiken, die mit der Form spielen. Denn die Reduktion auf die wesentlichen, die markanten Elemente eines Objekts oder sogar eines Menschen reichen für eine Wiedererkennung aus. Oder haben Sie Charlie Chaplin in der reduzierten Grafik der kanadischen Illustratorin Jag Nagra etwa nicht erkannt?

Die Kunst der Reduktion und Symbolisierung ist eine der Stärken grafischer Darstellungen. Klaren, einfachen Formen gelingt es besonders gut, sich im überladenen, bildgewaltigen Internet durchzusetzen und zu Rezipienten durchzudringen und deren Aufmerksamkeit zu wecken sowie Kunden und Fans zu begeistern.

So setzte die Biermarke Guinness in einer Kampagne im Januar 2000 auf Reduktion und Symbolkraft. Guinness vertraute darauf, dass die Fans der Marke Form und Farbe ihres Lieblingsbiers – trotz ungewohnten Kontexts – wiedererkennen würden (siehe Abbildung 4-2).

Beachtung finden diese Grafiken nicht nur wegen ihrer Ästhetik, sondern auch aufgrund der Tatsache, dass sie die entscheidenden Kriterien einer guten Geschichte erfüllen: Sie zeigen einen Helden (Zentralfigur) und stellen einen Konflikt dar (Spannungsbogen).

Der »Held« der Geschichte, die zentrale Figur der Grafiken, ist selbstverständlich das Bier, symbolisiert durch Kontur und Farbe. Der »Konflikt«, der Spannungsbogen der Grafiken und damit Treiber der visuellen Storys, ist der ungewohnte Kontext, in dem die zentrale Figur, das Guinness, darstellt wird. Unser visuelles Gedächtnis informiert uns sofort über die Assoziationen »Eis am Stil« und »Eisberg«. Und doch erkennen wir – ähnlich wie bei einem Vexierbild – die Doppeldeutigkeit der Motive und erfreuen uns an ihr.

Abbildung 4-2 ▶
Grafik reduziert auf das Wesentliche. Fans der Marke Guinness erkennen in ungewohntem Kontext ihr Lieblingsbier an Form und Farbe wieder.

Eine Zentralfunktion von Grafik ist daher nicht nur die Formgebung und Konturierung, um einzelne Objekte herauszulösen und erkennbar zu machen. Gleichzeitig kommt ihr die Funktion zu, dem gesamten Bild »Gestalt« zu geben, also ein Gesamtbild zu definieren. Gute Grafiker haben daher die Details im Auge, ohne die gesamte Gestalt eines Entwurfs aus den Augen zu verlieren.

 Lesetipp Wunderschön anzusehen und mit umfassenden Hintergrundinformationen zum Thema Grafik und Gestaltung ist das Buch »Nea Machina. Die Kreativmaschine von Martin Poschauko«, erschienen im Hermann Schmidt Verlag, Mainz 2013.

Farbe: Aufmerksamkeit und Emotionalisierung

Farben sind die visuellen Ausrufezeichen guter Grafik. Sie lenken das Auge des Betrachters und rufen Gefühle hervor.

„It´s safe to say that color is a very complex beast."

Mark D. West, Graphiker

Dabei prägen persönliche Erfahrungen und kulturelle Konnotation entscheidend die Interpretation von Farbwerten. Der Grafiker Mark D. West unterscheidet drei Assoziationsfelder, die die Bewertung von Farben beeinflussen:

- Reale Assoziation: Wir assoziieren Farben anhand eines realen Bezuges (Blau steht für Wasser, Rot für Feuer und Gras ist grün).
- Konzeptuelle Assoziation: Wir lernen Farbcodes in bestimmten Kontexten (Rot steht für Liebe, Gelb für Fröhlichkeit).
- Kulturelle Assoziationen: Wir lernen Farben und Farbkombinationen anhand kulturell konnotierter Ereignisse oder auch Themenfelder. (Die Farbkombination Rot-Grün erinnert viele an Weihnachten. Rot-Weiß-Blau steht für viele Amerikaner für Freiheit in enger Anlehnung an die amerikanische Flagge. Weiß wird in der westlichen Welt mit Reinheit in Verbindung gebracht, während es in Asien auch Trauer bedeuten kann.)

Visuelles Storytelling setzt Farben bewusst ein und spielt mit diesen Assoziationen und gelernten Farbcodes. Besonders wirkungsvoll sind dabei vor allem drei Farbeffekte:

1. Kontraste: Starke Farbkontraste und krasse Gegensätze sorgen für Aufmerksamkeit (z. B. Komplementärfarben).
2. Referenzen: Durch das Zitieren typischer und bekannter Farbcodes werden die damit verbundenen Emotionen gezielt angesprochen.

3. Disruption: Bekannte Farbmuster werden bewusst durchbrochen, um aufzufallen. Gegenstände, deren Farbe klar von der Norm abweicht, irritieren und wecken Aufmerksamkeit. Der Betrachter hinterfragt seine Assoziationen und sieht genauer hin.

Hier ein paar Beispiele: Milch ist weiß, oder? Procter & Gamble macht sich dieses Farbwissen zunutze und propagiert die Waschkraft von Vizir mit diesem Bildmotiv.

Abbildung 4-3 ▼
Milch oder Tischtuch, was wird hier verschüttet? Auf jeden Fall die Farbe Weiß.

Für Burger King wechselt das Handgepäck die Farbe – eine Farbdisruption, die zum Hinsehen einlädt.

◀ Abbildung 4-4
Farbe kann Gepäck einfach in ein Fastfood-Menü verwandeln.

Grün oder Rot? Gehen oder Stehen? Bayer vertraut in seiner Anzeige für Aspirin darauf, dass Kunden den Farbcode kennen und die Verkehrsregeln beachten.

▼ Abbildung 4-5
Wenn Rot oder Grün den Unterschied ausmacht.

Lesetipp »Farbe hilft verkaufen: Farbenlehre und Farbenpsychologie für Handel und Werbung« von Heinrich Frieling.

Typographie: Lesbarkeit und Formgebung für Text

Wer mit Grafik visuell erzählen will, sollte sich neben Form und Farbe vor allem aber mit der Gestaltung von Schrift auseinandersetzen. Kaum ein anderes Grundelement der Grafik hatte in den letzten Jahren so großen Einfluss auf die Präsentation von Geschichten wie Typographie.

Hochkulturen wie die Sumerer entwickelten vor über 5.000 Jahren erstmals Zeichensysteme, die das gesprochene Wort visualisierten und festhielten. Die kleinen Piktogramme, aus denen die Urschriften einst bestanden, wurden später stark abstrahiert, vereinfacht und bis heute in unterschiedlichen Kulturen verschieden ausdifferenziert und weiterentwickelt. So unterscheiden sich lateinische und arabische Schrift, chinesische und japanische Schriftzeichen deutlich voneinander. Einige Zeichen sind jedoch universell und überall verständlich, wie diese Printanzeige der Deutschen Bahn belegt.

Abbildung 4-6 ▲
Manche Zeichensymbole sind weltweit gültig – darauf setzt die Bahn mit ihrer Printanzeige.

Schriften können die unterschiedlichsten Formen annehmen. Die Typo-Familien und Klassen wie etwa die Antiqua-Schriften (Buchstaben mit Serifen, kleinen Querstrichen zu Beginn und Ende des Buchstaben) oder Grotesk-Schriften (serifenlose Buchstaben) sind vielfältig und bekommen dank digitaler Software ständig Zuwachs.

Dabei ist es nicht die dringendste Aufgabe der Typographie, abwechslungsreich und kreativ zu sein. Viel wichtiger ist es, die Lesbarkeit eines Textes zu gewährleisten.

Reduzierte, klar gezeichnete Schriftarten fokussieren den Blick auf den Text und steigern die Aufmerksamkeit des Lesers, wie die Anzeige von McDonalds in Abbildung 4-7 zeigt.

Dass der sorgfältige Umgang mit Schrift auch das Lesen fördern kann, zeigt das Typo-Projekt »The man who agreed Apple EULA« der Französin Florence Meunier. Die Grafikerin will Internetuser darauf aufmerksam machen, dass sie Verträgen, wie zum Beispiel dem Apple ICloud End User Licence Agreements (Apple ICloud EULA), viel zu oft zustimmen, ohne sie gelesen zu haben.

Meunier gestaltete diese Lizenzvereinbarung zunächst in einer gut lesbaren Schrift und einem ansprechenden Format und fügte einen zusätzlichen Leseanreiz in Form einer fiktionalen Story hinzu. »The man who agreed Apple EULA« erzählt die Geschichte eines Mannes, der zu schnell einem Vertrag zustimmt. Der Text entsteht durch Schwärzung einzelner Passagen des ursprünglichen EULA-Textes, die Meunier auf überlappenden Transparentseiten markiert. Wunderschön zu sehen unter *http://bit.ly/1LDDqF5*.

◀ Abbildung 4-7
Manchmal muss ein Text nur gut lesbar sein, um Bilder und Geschichten im Kopf auszulösen.

 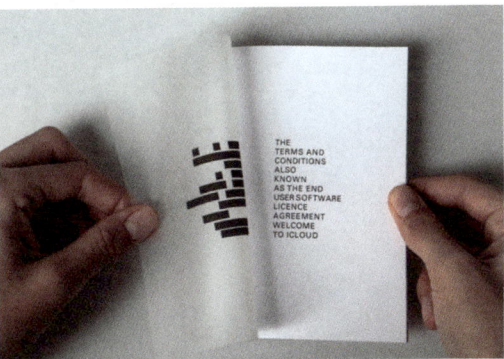

▲ Abbildung 4-8
Wenn Typographie und der Mut zur Lücke die Lust am Lesen zurückbringen: Florence Meunier macht die Apple ICloud EULA lesenswert.

Lesen ist anstrengend. Dieter Herbst macht das in seinem Buch »Bilder, die ins Herz treffen« deutlich: »Lesen setzt Interesse voraus – je länger der Text, umso mehr. Texte sind linear aufgebaut, deren Verarbeitung erfolgt nach logisch-analytischen Regeln. Bilder sind vieldeutig. Sie haben weder eindeutig unterscheidbare Einzelzeichen noch klar definierte Zeichenregeln. Deren Reize sind gleichzeitig präsent, die Reihenfolge der Betrachtung beliebig.« Und weiter:

»Bilder eignen sich wegen ihrer mühelosen Aufnahme und Speicherung besonders, wenig involvierte, passive Empfänger zu erreichen und zur Informationsaufnahme zu bewegen.«

Herbst verweist in diesem Zusammenhang auf die Thesen des Psychologen Allen Paivio: »(Es) gibt für die Speicherung von Bildern und Sprache eigenständige Systeme und Codes: einen bildhaften, visuellen Gedächtniscode und einen sprachlichen, abstrakt-begrifflichen Gedächtniscode. Einfache, konkrete Bilder und Wörter – wie Sonnenuntergang oder Strand – werden doppelt im Gedächtnis abgelegt und entsprechend besser erinnert. Paivio nennt dies duale Codierung. Abstrakte Begriffe – wie Bruttosozialprodukt und Politik – speichern wir ausschließlich im Sprachsystem, da dazu Bildvorstellungen fehlen.«

Visuelles Storytelling wird dann spannend, wenn Bild und Text kreativ aufeinandertreffen und durch die Mischung von grafischen und typographischen Elementen Informationen in beiden Gedächtniscodes verankert werden. Schön zu sehen ist das in den folgenden Beispielen von Volvo und Bernhardt.

Abbildung 4-9 ▼
Kombination aus Bild und Text

▲ Abbildung 4-10
Ein Sofa erzählt seine eigene Geschichte.

In Social Networks sind Wort-Bild-Kombinationen besonders erfolgreich. Die Kosmetikmarke Benefit Cosmetics zum Beispiel schickt ihren Fans unter dem Hashtag #BeautyBoost kleine visuell aufbereitete Aufmunterungen über Twitter und Facebook.

Claudia Allwood, Direktorin für Digital Marketing bei Benefit Cosmetics, erläutert ihre Kampagne: »We wanted to create visual, shareable content that conveyed our brand's central message: laughter is the best cosmetics. We wanted something as instant as our beauty solutions, as clever as our brand's personality, and as social as our consumers.« (»Wir wollten visuelle Inhalte schaffen, die man leicht teilen kann und die unsere Markenbotschaft transportieren: Lachen ist die beste Kosmetik. Wir wollten etwas kreieren, das so schnell wirkt wie unsere Beauty-Lösungen, so smart ist wie unsere Markenpersönlichkeit und so sozial wie unsere Kundinnen.«)

Die kleinen Komplimente von Benefit Cosmetics entwickelten sich überraschend zum Internethype, denn die Zielgruppe fühlte sich geschmeichelt, involviert und unterhalten. Langfristig steigerte Benefit Cosmetics durch diese Kampagne Markenbekanntheit, Loyalität und sogar Absatz. Interessant dabei ist, dass Kundinnen mehrfach bestätigen, dass die visuelle und typographische Aufbereitung erheblichen Einfluss auf den Erfolg der Kampagne hatte. Hätte das Unternehmen die Komplimente nur als Textbotschaft geschickt, wäre ihnen weit weniger Beachtung geschenkt worden.

Abbildung 4-11 ▶
Die Kosmetikmarke Benefit Cosmetics muntert ihre Kundinnen mit kleinen visuell aufbereiteten Statements auf.

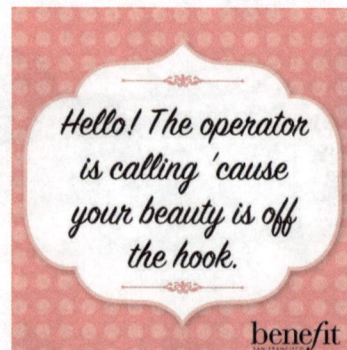

Lust bekommen, Text und Bild zu kombinieren? Lust auf »Visual Statements«?

Wenn Sie jetzt Lust bekommen haben »Visual Statements« selbst zu gestalten, dann lassen Sie sich von der Facebook-Wall »Visual Statements« inspirieren (www.facebook.com/VISUALSTATEMENT) oder der Sammlung auf Quipio (https://quip.io/collection/popular).

Beachten Sie die sieben Tipps, die iStock seinen Kunden zur Auswahl der Bilder gibt (http://bit.ly/1JyqQEv), und testen Sie Kreativplattformen wie Recite (recite.com), Buffer (buffer.com/pablo), QuotesCover (www.quotescover.com) oder die Apps »Over« oder »WordFoto« für Ihre ersten Versuche.

»Visual Storytelling« nutzt Grafik und Typographie nicht nur als Gestaltungsmittel, um Text ästhetisch besser aussehen zu lassen. Visuelles Storytelling verlangt von Grafik mehr: Ihr kommt die Aufgabe zu, die Botschaft einer Geschichte aktiv zu unterstützen und ein tragender Teil der Story zu werden.

Die Storyteller unter den Grafikern achten darauf, dass Grafik und Bild eine symbiotische Verbindung eingehen, dass sie ineinanderfließen und sich gegenseitig ergänzen. In einer gut erzählten visuellen Story wird Grafikdesign zum unverzichtbaren Teil der Leitidee einer Geschichte.

Tipp Noch mehr Inspiration zum Thema Wort-Bild-Kombinationen präsentiert das Onlinemagazin »The Thing Quarterly«; Newsletter abonnieren unter *www.thethingquarterly.com*.

Sie wollen tiefer in das Thema Typographie einsteigen? Matthew Buttericks »Practial Typography Guide« ist ein prall gefülltes E-Book mit Tipps und Tricks rund um den Umgang mit Schriften. Hier können Sie ihn downloaden: *http://practicaltypography.com*.

Was ist die beste Schriftart für Ihre eigene Geschichte oder Ihren Lebenslauf? Bloomberg stellte Anfang 2015 die besten und schlechtesten Schriftarten, die Favoriten und Ausrutscher, zusammen: *http://bloom.bg/1J4aqne*.

Werkzeug 2: Mit Infografiken die Schönheit von Daten sichtbar machen

Die Welt der Infografiker ist in heller Aufregung. Seit ein paar Jahren schon ist das bescheidene Reich der Balken- und Kuchendiagramme gehörig durcheinander geraten. Infografiken treten heute nicht mehr schlicht an, um Daten überschaubar und leicht verständlich darzustellen. Im digitalen Zeitalter buhlen sie um Aufmerksamkeit, betätigen sich als Entertainer und treten in Konkurrenz zu allen anderen visuellen Elementen, die um Likes und Shares der User betteln.

Kurven, Balken und Torten galten lange Zeit als selbstverständliche Begleiterscheinung von seriösen Datenverarbeitungsprogrammen wie Excel und wurden in ihrem sachlichen und nüchternen Auftreten geduldet. Doch ähnlich wie in der Typographie hat die Digitalisierung auch hier in den letzten Jahren die Büchse der Kreativität geöffnet. Den Ausdrucksformen der Datenvisualisierung sind heute keine Grenzen gesetzt.

Doch sind die kreativen Formate gar nicht so neu. Einige der schönsten Infografiken stammen aus dem 19. Jahrhundert, wie etwa die sehr modern anmutende Grafik aus London von 1840 zum Ausbruch der Cholera in Abhängigkeit vom Wetter.

Abbildung 4-12 ▼
Eine modern anmutende Infografik aus dem Jahr 1840.

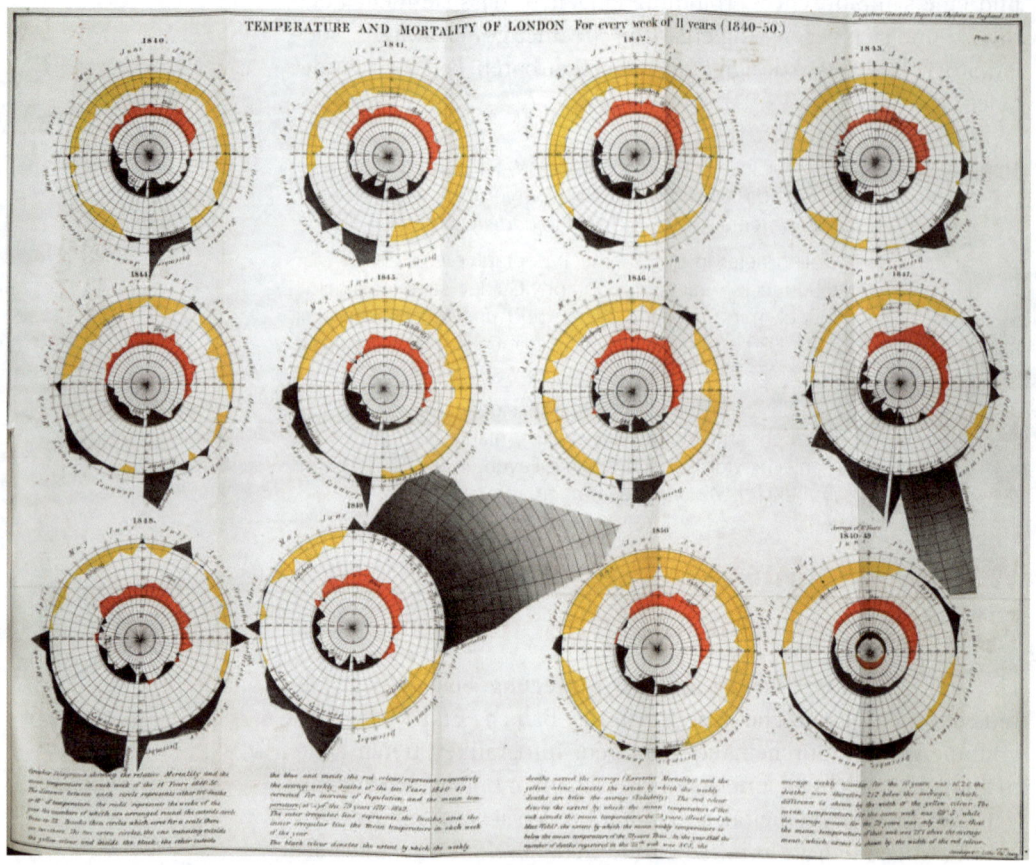

Auch die Grafik von 1917 auf der gegenüberliegenden Seite könnte heute noch als »Vintage-Infografik« zum Einsatz kommen (zum Glück nicht wegen ihres Inhalts).

Die wohl erfolgreichste und bekannteste Infografik aller Zeiten erschuf Harry Beck 1933: den Übersichtsplan der Londoner U-Bahn (siehe Seite 130), der in seiner Grundform bis heute verwendet wird.

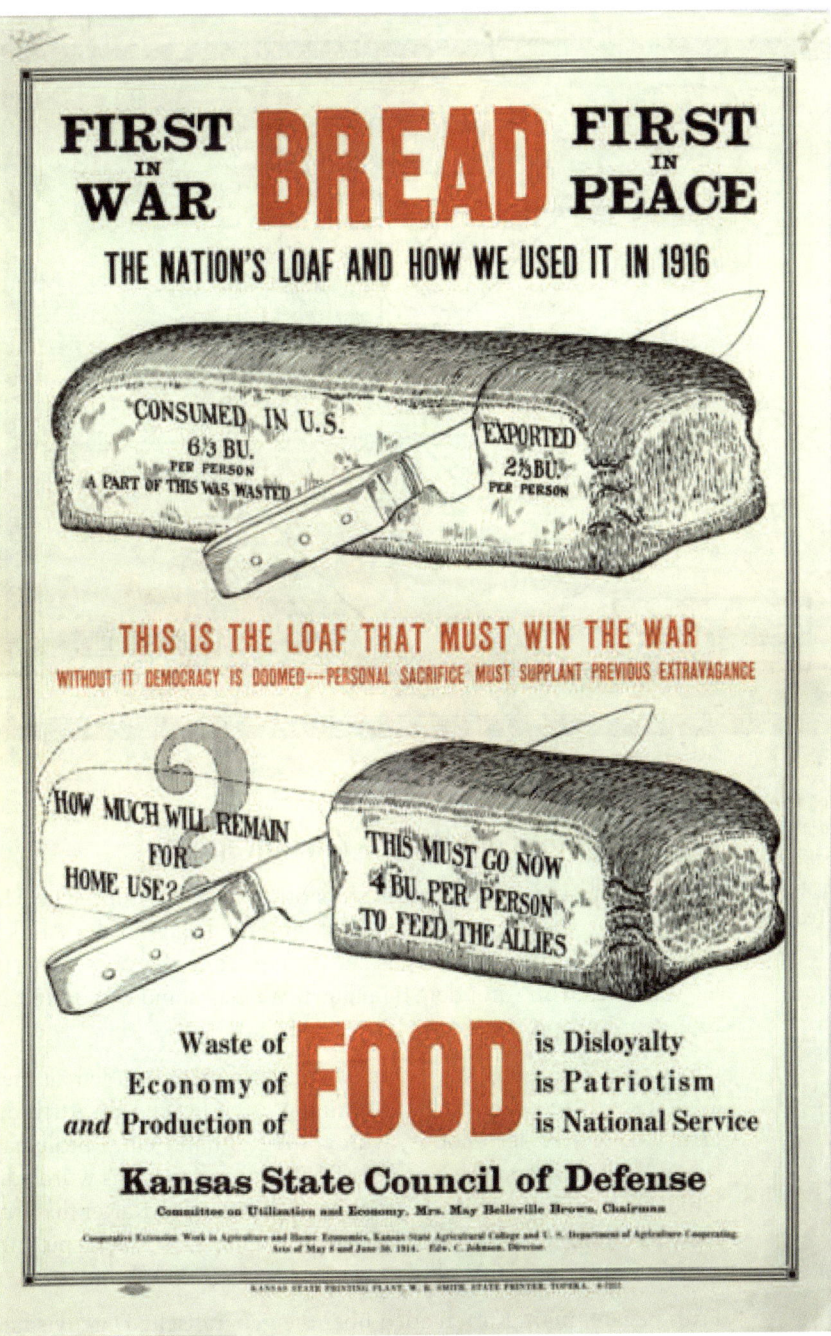

▲ Abbildung 4-13 Infografik von 1917

Abbildung 4-14 ▲
Eine der berühmtesten Infografiken aller Zeiten: der Übersichtsplan der Londoner U-Bahnstrecken, gestaltet von Harry Beck 1933

Die Aneignung der Welt – Kartographie

Landkarten sind wohl die älteste Form der Infografik. Die Ursprünge der wissenschaftlichen Kartographie liegen in der Antike. Schon im 2. Jahrhundert v. Chr. fertigten griechische Wissenschaftler Weltkarten an – mit dem damaligen Wissensstand von drei Kontinenten: Europa, Asien und Libyen (Afrika).

Christoph Kolumbus stach mit einer gezeichneten ptolemäischen Weltkarte in See, die Indien leider im Westen liegen sah. Auch die erste 3-D-Karte, der Globus, wurde 1492 anhand einer ptolemäischen Weltkarte erstellt. Nach der Entdeckung Amerikas wurde die fehlerhafte Verortung Indiens schnell korrigiert. Kartenmaterial wurde ständig verbessert und immer genauer. Das Machtspiel um die besten Karten der Welt dauerte bis in das 20. Jahrhundert an.

Früh begann man, Karten auch über die geografische Datenvisualisierung hinaus zu nutzen: Der flämische Wissenschaftler Abraham Ortelius arbeitete 1569 an einem Atlas, der das gesamte Wissen über die Welt zusammenfassen sollte. Das »Theatrum Orbis Terrarum« war einer der ersten Atlanten und wohl auch das teuerste Buch der damaligen Zeit.

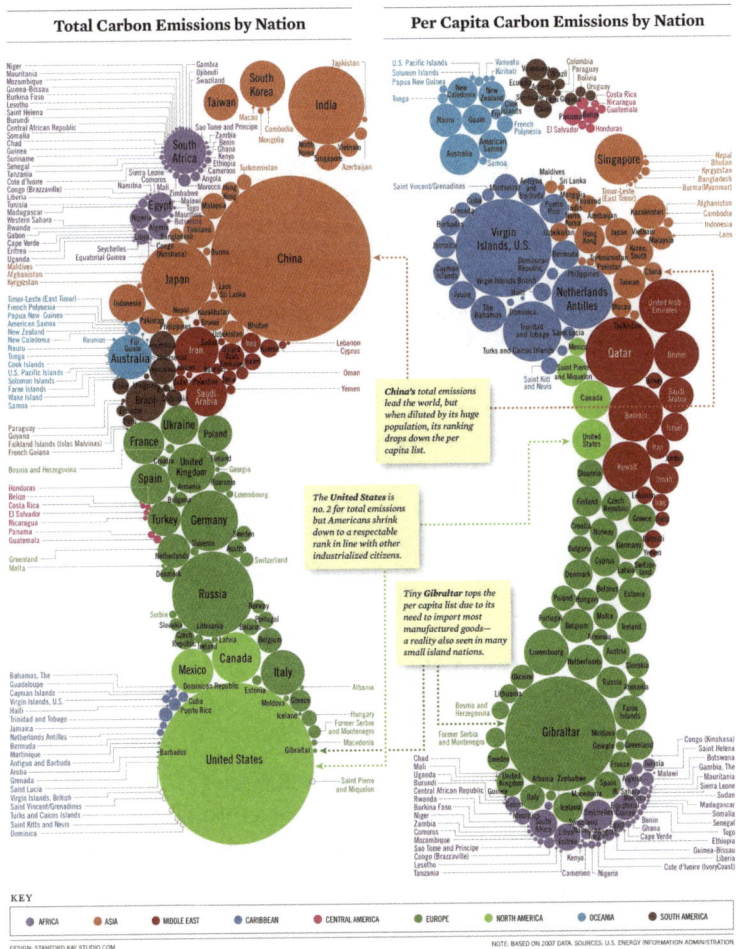

◀ **Abbildung 4-15**
Die Menschheit eignete sich die Welt durch Karten an. Ein Anspruch, den Infografiken auch heute noch haben. Sandra Rendgen und Julius Wiedemann veröffentlichen 445 Jahre nach Abraham Ortelius wieder einen Atlas mit dem Weltwissen. Diese Infografik zum ökologischen Fußabdruck unterschiedlicher Länder stammt aus ihrem Buch »Understanding the World. The Atlas of Infographics«.

Verschaffen Sie sich einen Überblick

Die Verortung von Wissen auf Karten ist eine von fünf Kategorien, in die sich Infografiken einteilen lassen:

1. Illustrierende Grafiken arbeiten mit einfachen Bildern. Sie illustrieren schlicht und schnell Daten, in der Regel absolute Zahlen.
2. Proportionale Grafiken arbeiten meist mit abstrakten Formen (Kreise, Kugeln, Vierecke etc.), die miteinander in Beziehung stehen. Unterschiedliche Größen und Farben symbolisieren und ordnen Werte und machen sie miteinander vergleichbar.
3. Zeitlinien ordnen Daten und Fakten zeitlich ein und visualisieren Ereignisse auf einem Zeitstrahl.
4. Ranglisten, Rankings und Listicles (Kunstwort aus Liste und englisch Article, beschreibt locker aufzählend z.B. »100 Places to Visit Before You Die«) zählen Daten nach Wertigkeit auf. Die Rangfolge arbeitet dabei mit unserer Lesegewohnheit – von oben nach unten.
5. Karten verorten Daten räumlich und helfen dem Leser so dabei, sich zu orientieren. Die Grafiken nutzen reale (Länderumrisse, Weltkarten) aber auch fiktive Karten.

Tipp Die Reisejournalistin und Bloggerin Jenni Sparks erstellt individuelle Stadtpläne mit Reisetipps. So entstehen ganz persönliche Karten, auf denen der Leser ihre Reise nachvollziehen kann, zu sehen auf *www.jennisparks.com*.

Das Gehirn nimmt Infografiken – ganz gleich ob Zeitlinien, Listen oder Karten – als abstrakte Abbildungen wahr und ordnet sie unserem neuronalen, logischen Sprachsystem zu anstatt unserem visuellen. Wir verarbeiten Infografiken ähnlich wie Text, deutlich langsamer als Bilder. Damit Ihre Infografik trotzdem zum »Hingucker« wird, sollten Sie bei der Erstellung einige Regeln beachten:

- »Big Data«: Viele Daten sind hilfreich, doch verschaffen Sie sich zunächst einen Überblick. Sortieren Sie großzügig aus. Für Infografiken gilt: nicht zu wenig, aber bitte auch nicht zu »big«.
- Quellen: Arbeiten Sie mit verlässlichen Quellen und validieren Sie Ihre Daten.
- Beauty of Information: Design ist der Schlüssel zu Aufmerksamkeit, Likeability und Shareability. Erfolgreiche Infografiken bestechen durch Klarheit und Kreativität. Bei der Gestaltung ist das Einsatzgebiet der Infografik entscheidend: Grafiken, die in

der Pressearbeit zum Einsatz kommen und die Journalisten und Medien aufgreifen, sollten einfach und universell gestaltet sein. Sie müssen sich in die unterschiedlichsten Designs anderer Medien einbauen lassen. Infografiken, die Sie in Ihren eigenen Medien, Magazinen, Webseiten, Social Media etc. nutzen, können aufwendig gestaltet und an Ihr eigenes Corporate Design angepasst sein.

- Storytelling: Nicht jede Infografik erzählt eine Geschichte. Manche visualisieren schlicht, wie der Übersichtsplan der Londoner Tube von Harry Beck. Wenn Sie jedoch eine Story erzählen, dann beherzigen Sie die Bausteine einer guten Geschichte:
- Der »Kern« der Story: Definieren Sie, was Sie mit Ihrer Infografik bezwecken wollen. Denn jede gute Geschichte braucht einen guten Grund, erzählt zu werden.
- Der »Held«: Die Hauptfigur einer Infografik ist der zentrale Blickpunkt der Grafik. Helfen Sie dem Leser, sich in Ihrer Geschichte zu orientieren.
- Der »Konflikt«: Jede gute Geschichte beginnt mit einem Konflikt. Auch Infografiken benötigen einen attraktiven Spannungsbogen, um Interesse zu wecken. Dieser kann visuell gestaltet sein, zum Beispiel durch kontrastreiche, starke Farben und ungewöhnliche Bildmotive. Er kann sich aber auch inhaltlich ausdrücken durch die Darstellung konkurrierender Daten und überraschender Fakten.

▼ **Abbildung 4-16**
Hans Rosling ist ein Pionier des visuellen Storytelling. In seinen Vorträgen und Videos begeistert der schwedische Gesundheitswissenschaftler sein Publikum durch den gelungenen Einsatz von Infografiken. Videotipp: http://bit.ly/1rr1iin

- Emotionen: Gute Geschichten wecken Emotionen, und das gelingt auch Infografiken. Sie können erstaunen, überraschen, erschrecken. Gute Infografiken berühren uns und entlocken uns z. B. ein Schmunzeln oder gar ein Lachen.
- Viralkraft: Gute Geschichten werden weitererzählt. Und so ist es auch bei Infografiken ein Zeichen von Qualität, wenn man über sie spricht und sie weiterverbreitet. Gute Infografiken lassen sich transmedial vielfältig nutzen – zum Beispiel reduziert als Tweets oder animiert für das Medium Film.

Mein Praxistipp

Infografiken leicht selbst gemacht? Das versprechen zahlreiche Onlineplattformen. Probieren Sie es selbst aus:

- Infogr.ma: *http://infogr.ma*
- Google Databoard: *https://think.withgoogle.com/databoard*
- Easel.ly: *http://www.easel.ly*
- Piktochart: *http://piktochart.com/v2*
- Venngage: *http://venngage.com*
- Visual.ly: *http://visual.ly*
- iCharts: *http://icharts.net*

Wenn Sie sich in das Thema Infografiken einlesen wollen, empfehlen wir Ihnen das Buch »Visualize This. The FlowingData-Guide to Design, Visualization and Statistics« von Nathan Yau.

Wenn Sie sich aktuell informiert halten wollen, dann folgen Sie der Twitter-Liste der Agentur Kurtosys unter *twitter.com/kurtosys/lists/data-visualization* oder surfen Sie in die zahlreichen Blogs und Plattformen, die sich auf Infografiken spezialisiert haben, zum Beispiel *www.coolinfographics.com*.

Was bringt die Zukunft für Infografiken?

Die Formen und Designs von Infografiken wandeln sich ständig, doch zeichnen sich derzeit drei Trends ab, die Einfluss auf die Datenvisualisierung der Zukunft nehmen werden und die Unternehmenskommunikatoren und Marketingexperten deshalb im Blick behalten sollten.

Trend 1: Fotorealismus und 3-D-Effekte

Waren grafisch aufbereitete Infografiken bisher die Regel, wird die Zukunft mehr fotorealistische Motive bringen. Darüber hinaus werden kreative 3-D-Darstellungen im Print, vor allem aber in Bewegtbild mit Hilfe von Motion Graphics und Animation verstärkt zum Einsatz kommen.

◀ Abbildung 4-17
3-D-Infografik, die die meistgenutzten Buchstaben auf Keyboards mit englischer Tastaturbelegung zeigt

Trend 2: Animation

Die Grafiker und Journalisten Kevin Quealy und Graham Roberts begeisterten die Leser der New York Times Online 2012 mit einer Infografik, in der Usain Bolt, der Olympiasieger im 100-Meter-Sprint von London, gegen alle bisherigen olympischen Läufer seit 1896 antrat. Die animierte Infografik zeigt, wie schnell der Jamaikaner mit seinem Weltrekord von 9,63 Sekunden tatsächlich war. Diese Infografik war wegweisend für viele animierte Infografiken, die folgen sollten.

◀ Abbildung 4-18
Wie schnell war Olympiasieger Usain Bolt in London 2012 wirklich? Die New York Times präsentiert eine wegweisende Infografik – smart animiert: *http://nyti.ms/1b0cL2X*.

Videotipp Aron Pilhofer, Leiter des Datenvisualisierungsteams der New York Times, spricht in einem ZEIT-Online-Interview über die Bedeutung von Infografiken, *https://bitly.com*.

Doch die Datenanimation bleibt an diesem Punkt nicht stehen. Jüngster Trend sind »Animagraffs«, die die Möglichkeiten der animierten Grafik mit der Technik von Gifs (Graphics Interchange Format, die es seit den 90ern gibt) kombinieren. Ein gutes Beispiel dafür ist die Grafik »How a car engine works« auf der Onlineplattform Animagraffs von Jacob O'Neal.

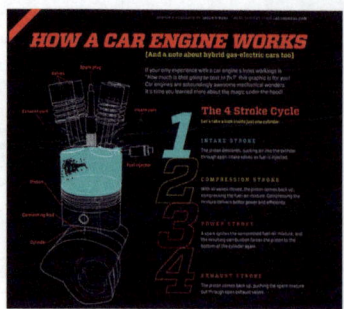 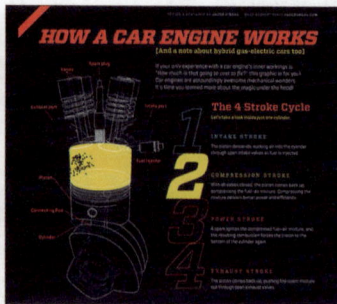 

Abbildung 4-19 ▲
So funktioniert eine Einspritzpumpe, anschaulich erklärt mit Hilfe einer Animagraff, einer animierten Infografik im Gif-Format: http://animagraffs.com/how-a-car-engine-works.

Trend 3: Life-Visualization

In der komplexen Welt, in der wir leben, wird die einfache Darstellung von Informationen immer wichtiger. Und das gilt nicht nur für Offline- und Onlinemedien, sondern auch für die Livekommunikation bei Events und Veranstaltungen. Die Daten und Fakten, die auf Konferenzen und Kongressen präsentiert werden, sind oft so umfangreich, dass das Publikum überfordert ist. Infografiker, die live und in Echtzeit Fakten vor Ort visualisieren, können hier Hilfestellung geben. »Graphic Recording«, auch »Visual Facilitation« genannt, kommt bereits heute bei vielen Meetings und Workshops zum Einsatz. Die Grafiker zeichnen und illustrieren die Livebeiträge der Sprecher und Teilnehmer und erstellen dadurch ein optisches Protokoll.

Ergebnis dieser Skizzen ist visuelles Storytelling zur Live-Veranstaltung mit Geschichten und Materialien, die sich vielfältig weiternutzen lassen – ob als Poster, animierte Onlinegrafiken oder auch als Videobeiträge auf der eigenen Website.

 Tipp   Steven Johnson präsentiert die Grundthesen seines Buchs »Where good ideas come from« mithilfe eines Graphic-Recording-Videos: http://bit.ly/18ACziV.

Basis der Arbeit dieser Graphic Recorder sind Sketchnotes, handgezeichnete Notizen, die sowohl aus Text als auch aus Symbolen und Bildern bestehen. Viele der verwendeten Symbole sind Ihnen vielleicht bekannt, weil Sie sie selbst benutzen.

◀ Abbildung 4-20
Ein Graphic Recorder erstellt ein grafisches Protokoll – Visual Storytelling einer Veranstaltung.

Sind auch Sie – wie Albert Einstein, John F. Kennedy oder Steve Jobs – ein »Doodler«? Zeichnen Sie während Telefonaten und Meetings? Gut so, denn Psychologen der Universität Plymouth fanden 2009 heraus, dass dieses sinnlos erscheinende Gekritzel einen Zweck hat. Die Wissenschaftler baten Testpersonen, ein aufgezeichnetes Telefonat anzuhören. Ein Teil der Teilnehmer sollte während des Zuhörens »doodeln«, der andere Teil sollte nur zuhören. Das Ergebnis war erstaunlich: Die Doodler konnten sich 29% mehr Informationen merken.

Visualisierung trainiert unterforderte Gehirnregionen, fördert die Konzentration und schärft das Erinnerungsvermögen. Arbeitspsychologen fordern daher schon lange die Anerkennung und Förderung von visuellem Denken und visuellem Arbeiten als Schlüsselqualifikation für Manager und Führungskräfte. Denn diese Fähigkeiten können im Büroalltag entscheidende Wettbewerbsvorteilen bringen.

Also nochmals die Frage an Sie: »Doodeln« Sie? Wie gut sind Ihre visuellen und grafischen Fähigkeiten? Etwas Übung gefällig? Dann versuchen Sie es doch einmal so wie der französische Illustrator Serge Bloch, der um Alltagsgegenstände herum »doodelt« und so kleine Geschichten wie die erschafft, die in der folgenden Abbildung zu sehen ist.

Abbildung 4-21 ▶

Werden Sie kreativ wie Serge Bloch.

Und jetzt probieren Sie es selbst: Was lässt sich aus dieser Steckdose machen? Stift in die Hand nehmen und ins Buch reinmalen – Sie dürfen das.

Abbildung 4-22 ▶

Werden Sie kreativ

Welche Geschichte verbrigt sich hinter dieser Steckdose?

Werkzeug 3: Mit Fotos die Wirklichkeit abbilden

1985 schickte der Werber und Konzeptionskünstler Michael Schirner die Besucher seiner Fotoausstellung in den Hamburger Messehallen in einen Raum ohne Fotos. Er zeigte stattdessen 40 schwarze Tafeln mit kurzen Bildbeschreibungen.

▼ **Abbildung 4-23**
Michael Schirner präsentiert 40 Fotos ohne Fotos in seiner Ausstellung »Pictures in our minds«.

»Pictures in our minds« appelliert an das visuelle Gedächtnis des Betrachters. Abgefragt werden ikonische Bilder – Bilder, die sich in das kollektive Gedächtnis eingebrannt haben. Nur wenige Worte genügen, und die Bilder entstehen imaginär im Kopf.

2010 stellte Schirner wieder in Hamburg aus. Auch dieses Mal waren Fotos zu sehen. Doch es fehlte erneut etwas.

Abbildung 4-24 ▲
»Bye Bye« nennt sich die Fotoausstellung von Michael Schirner, der 2010 in Hamburg Pressebilder zeigt, denen etwas Entscheidendes fehlt, das der Betrachter imaginär ergänzt.

Der Künstler präsentiert bekannte Pressefotos, aus denen entscheidende Elemente wegretuschiert wurden. Wieder vertraut Schirner auf die Vorstellungskraft des Betrachters, denn was nicht gezeigt wird, ergänzt das visuelle Gedächtnis automatisch: die amerikanischen Soldaten in dem Bild »Raising the Flag on Iwo Jima«, Willy Brand bei seinem Kniefall in Warschau 1970 und die Panzer vor dem »Tank Man« auf dem Platz des Himmlischen Friedens in Peking 1998.

»Mich gibt es gar nicht. Diese Kunst ist nicht mein Werk, sondern Ihres. Sie allein sind der Erschaffer der Bilder in Ihrem Kopf.« – Mit diesen Worten eröffnete Schirner seine Ausstellung »Bye Bye« 2010 in den Hamburger Deichtorhallen und verwies damit auf den hohen Wiedererkennungswert und die Suggestionskraft starker Bilder, die uns ständig umgeben, beeinflussen und auch lenken.

Bilder als Machtmittel und Manipulatoren

Bilder waren immer schon ein Mittel der Macht. »Du sollst dir kein Bildnis machen ...« – das Bilderverbot vieler monotheistischer Religionen zeigt, dass die manipulative Kraft visueller Darstellungen schon früh bekannt war. Doch so sehr man das Gebot und den Zorn der Götter bzw. ihrer Statthalter fürchtete, ging von Bildern gleichzeitig eine so große Faszination aus, dass die Verbote niemals so richtig wirkten. Papst Julius II. selbst gab Michelangelo Buonaroti 1508 den Auftrag, die Decke der Sixtinischen Kapelle mit einem Motiv der Genesis zu schmücken. Zu sehen ist das Abbild Gottes, der Adam am ausgestreckten Finger erschafft – auch eines der Bilder, die Sie sicherlich im Kopf haben.

> „Geschichte zerfällt in Bilder,
> nicht in Geschichten."
>
> Benjamin Walter, Philosoph

Einen dramatischen Wandel der Bildwelten brachte schließlich die Zeit des Humanismus. Hatten sich die Künstler des Mittelalters noch weitgehend der Darstellung religiöser Themen gewidmet, so standen ab dem 15. Jahrhundert neue Motive im Vordergrund: Herrscher ließen sich zunehmend selbst abbilden, aber auch Gelehrte und reiche Bürger ließen Porträts von sich anfertigen. Bis zum Jahr 1500 war das ganzfigürliche Porträt ausschließlich der politischen Elite vorbehalten, doch Freigeister wie Lucas Cranach der Ältere setzten sich über diese Regeln hinweg. Vor 500 Jahren gründete Cranach ein Auftragsstudio, in dem jeder Bilder nach seinem Geschmack bestellen konnte. Einer seiner berühmtesten Kunden war Martin Luther, und es ist auch der Porträtkunst Lucas Cranachs zu verdanken, dass Luther zu so großer Berühmtheit gelangte.

◀ **Abbildung 4-25**
»Four more years« – Obamas Foto nach seiner Wiederwahl, als Präsident bekommt er über 650.000 Retweets und 3,1 Millionen Likes auf Facebook

»Ein grauer Himmel, ein farbenfrohes Kleid, ein Präsident, der seine Frau umarmt. Was auf den ersten Blick wie ein scheinbar zufällig geschossenes Bild eines Fotografen erscheint, offenbart auf den zweiten Blick eine Marketing-Botschaft.

Nicht nur das Kleid von Michelle Obama in den typischen Farben der amerikanischen Landesflagge lässt auf eine gezielt visuell inszenierte Szenerie schließen. Auch ihre leicht verwehte Frisur sowie der graue Himmel im Hintergrund sind alles andere als zufällig. Das Bild symbolisiert eine stürmische Zeit – in welcher Amerika und der Präsident dennoch eng zusammenstehen, sich regelrecht umarmen.« So kommentiert Marie Blässing im Webmagazin das Bild von Fotojournalistin Scout Tufankjian.

Bis heute wissen Künstler, Prominente und vor allem Politiker die Macht der Bilder für sich zu nutzen. John F. Kennedy war einer der ersten US-Präsidenten, der Fotos gezielt und manipulativ zugunsten seines Image einsetzte. Cecil William Stroughton (1920 bis 2008) war Kennedys persönlicher Fotograf während seiner Zeit im Weißen Haus und Pionier der politischen PR durch Bilder. Diese Technik setzt unter anderem Barack Obama fort, der sich von der Fotojournalistin Scout Tufankjian als 44. Präsident der Vereinigten Staaten visuell begleiten lässt, und zwar mit Erfolg.

Auf die Perspektive kommt es an

Können wir also den Bildern trauen? Filippo Brunelleschi (1377 bis 1446) war der erste Maler, der Zentralperspektive in seinen Bildern einsetzte und damit »realistisch« auf die Leinwand brachte, was unser Auge wahrnimmt. Diese Technik löste die bis zum Mittelalter übliche Bedeutungsperspektive ab, bei der Personen und Gegenstände gemäß ihrer Bedeutung groß oder klein dargestellt wurden.

Bildlicher Darstellung hatte von da an die Aufgabe der Dokumentation und Abbildung der Wirklichkeit – umso mehr, als 450 Jahre nach Brunelleschi die Fotografie erfunden wurde. Ende des 19. Jahrhunderts übernahm das Foto die Aufgabe der realistischen Wiedergabe und entließ die Malerei in neue Ausdrucksformen von Impressionismus und Expressionismus bis hin zur abstrakten Kunst.

»Seeing is believing« – das englische Sprichwort bezieht sich bis heute auf den Augenzeugen und auch den Fotobeweis. Was wir mit eigenen Augen oder im Bild gesehen haben, halten wir für real. So kürt das »Fotofinish« den 100-Meter-Sieger, und nur das Gipfelfoto belegt den Gipfelsieg. Doch sind diese Bilder, ist der Fotobeweis tatsächlich verlässlich?

Die größten Skandale der Bergsteigerszene ranken sich um Gipfelbilder: Die Erstbesteigung des schwierigsten Gipfels der Welt, des Cerro Torre, durch den italienischen Kletterer Cesare Maestri und den Tiroler Toni Egger 1959 wird bis heute in Zweifel gezogen, denn

Egger kam durch eine Lawine auf dem Rückweg ums Leben und die Kamera mit dem Gipfelbild ging verloren.

Das Foto, das der Slowene Tomo Cesen 1990 nach der Südwand-Durchsteigung des 8.516 Meter hohen Lhotse zeigte, erwies sich als Fälschung. Es handelt sich um ein Bild aus dem Jahr zuvor, das seinen Landsmann Viktor Groselj zeigt. Und auch die Besteigung des K2 durch den Österreicher Christian Stangl fand wohl gar nicht statt, denn das angebliche Gipfelfoto, das er zeigte, wurde tatsächlich 1.000 Meter unterhalb des Gipfels aufgenommen.

Die Beeinflussung der Wirklichkeit und Meinungslenkung durch Bilder gehören zum alltäglichen Diskurs in Unternehmenskommunikation und Marketing, sind aber auch Forschungsfeld der Bildwissenschaften, die seit Beginn des 21. Jahrhunderts an einigen deutschen Universitäten gelehrt werden. Die noch junge Disziplin beschäftigt sich mit Bildern und Bildräumen, die gezielt als Kommunikationsmedium eingesetzt werden.

Bildwissenschaftler sind es auch, die die Deutung von Bildern in anderen Fachgebieten wie Philosophie, Religionswissenschaften, Ethnologie, Geschichtswissenschaften und Psychologie einfordern und deren bisherige Erkenntnisse hinterfragen.

»Visual Turn« ist der Fachterminus für diese Wendung der Forschungsaufmerksamkeit weg vom Wort hin zum Bild. Die Medienwissenschaftler W. J. T. Mitchell und Gottfried Boehm riefen 1992 und 1994 unabhängig voneinander und mit unterschiedlichen Bezeichnungen (»pictorial turn«/»iconic turn«) hierzu auf. Mit Blick auf eine zunehmend von Bildern beherrschte Alltagskultur fordern beide eine ikonische Ausrichtung der wissenschaftlichen Aufmerksamkeit und mehr visuell reflektierende Analyse in der Akademia.

| **Tipp** | Simone Faxa, Daniela Haarmann und Ines Weissberg haben am Institut für Geschichte der Universität Wien eine anschauliche Präsentation mit dem Thema »Iconic Turn – die ›neue‹ Macht der Bilder« zusammengestellt, *http://bit.ly/1Ha9fp9*. |

Prominentestes Beispiel des »Visual Turn« ist der neue Umgang mit Bildern in der Geschichtswissenschaft. So wurde auf dem Historikertag 2006 in Konstanz unter dem Motto »GeschichtsBilder« die manipulative Wirkung von Bildern auf das wissenschaftliche Geschichtsverständnis analysiert.

Je weniger Augen- und Zeitzeugen über Geschichte aus eigenem Erleben berichten können, desto mehr sind Historiker zum Zweck der Deutung von Geschichte abhängig von überlieferten Geschichten über Geschichte und deren Bilder. Und so ist es ist kein Zufall, dass jetzt die Zeit des Nationalsozialismus ins Visier der Bildwissenschaftler gerät, da nur noch wenige Zeitzeugen leben. »Wir interpretieren heute noch das Dritte Reich nach dem Bild, das es von sich selbst geschaffen hat« sagt Gerhard Paul, Geschichtsprofessor an der Universität Flensburg und einer der prominentesten Vertreter des neuen Forschungszweiges »Visual History«. Die Arbeit von Fotografen wie Heinrich Hoffmann, persönlicher Fotograf von Hitler, oder der NS-Regisseurin Leni Riefenstahl, erfüllt heute noch den gleichen Zweck wie vor 70 Jahren: Sie hält den Mythos der NS-Zeit aufrecht.

Abbildung 4-26 ▲
Das vietnamesische Mädchen Kim Phúc auf der Straße nach Trang Bang – das Foto von Nick Ùt wird 1972 World Press Photo des Jahres und zur Ikone der Proteste gegen den Vietnamkrieg.

Dieses Bild zeigt nicht die ganze Wahrheit. Der Bildausschnitt wurde bewusst gewählt, um die Bildaussage zu manipulieren. Die Männer im Hintergrund sind keine Soldaten, sondern Reporter. »Time Magazine«-Reporter David Burnett wechselt auf der Straße gehend den Film seiner Kamera. Der Bildwissenschaftler Gerhard Paul, der die ganze Geschichte zu diesem Pressebild in seinem Buch BildMacht erzählt, fand auch heraus, dass die Kinder eigentlich vor den eigenen Leuten flohen. Ein fehlgeleiteter Angriff auf das Dorf nahm etliche südvietnamesische Soldaten unter »friendly fire«.

Manipulativ wirken Bilder aber nicht nur auf das kollektive, sondern auch auf das ganz persönliche Gedächtnis: »Fotos und Filme können die eigene Erinnerung komplett fälschen. Sie füllen Lücken, überlagern tatsächlich Geschehenes mit Bildern und Szenen, denen der Zeitzeuge in Wahrheit nie beigewohnt hat, die vielleicht sogar nie wirklich passiert sind«, kommentiert Rafaela von Bredow in ihrem Spiegel-Artikel »Bilder machen Geschichte« das Phänomen, dass sich Zeitzeugen von Bildern beeinflussen lassen. »Der Erinnernde importiert die Bilder in sein eigenes Erleben«, erläutert Kulturwissenschaftler Harald Welzer in eben diesem Artikel.

Mit dem Wissen um die suggestive und manipulative Kraft von Fotos fordern Vertreter des »Visual Turn« einen verantwortungsvolleren Umgang mit Bildern und sprechen all diejenigen an, die gezielt Meinung mit Bildern machen und visuelles Storytelling betreiben. Fotografie kann schließlich Realität zwar abbilden, sie aber auch realistisch inszenieren. Sie kann Bekanntes unbekannt erscheinen lassen und Reales irreal.

Wer heute Bilder kommunikativ einsetzt, sollte um Geschichte, Hintergründe und manipulativen Möglichkeiten von Bildern wissen.

»Nie mehr unretuschierte Bilder«

Die Digitalfotografie und Photoshop, das erfolgreiche Bildbearbeitungsprogramm von Adobe, haben den Umgang mit Bildern seit den 90er-Jahren des 20. Jahrhunderts für immer verändert. Daniel Bauer, Geschäftsführer von blink.imaging, einer Agentur, die auf Bildbearbeitung spezialisiert ist, kommentiert in der Süddeutschen Zeitung anlässlich des 25-jährigen Jubiläums von Photoshop diesen Umbruch: »Ich kenne noch die Zeit der Manipulation von analoger Fotografie. Ich habe noch gelernt, wie man mit Chemikalien Effekte erzielt, ein Kollege hat noch die Abzüge mit Airbrush-Technik übersprüht. Da wurden reale Bilder bearbeitet, denken Sie an die wegretuschierten Personen auf politischen Propagandafotos. Dafür hat man manchmal sogar Spezialisten eingesetzt, die eigentlich gerade wegen Banknotenfälschung im Gefängnis einsaßen. Zum Retuschehandwerk gehörte immer schon eine große Kunstfertigkeit und Geduld. Mit dem Aufkommen von Software zur Bildbearbeitung und mit dem Siegeszug der digitalen Fotografie haben sich die Möglichkeiten potenziert.«

Heute geht es schon lange nicht mehr nur um Photoshop. Instagram hat die Bearbeitung von Bildern für jedermann zugänglich und selbstverständlich gemacht. Für Bauer ist daher klar: »Unretuschierte Bilder wird es nie mehr geben.« Und der Wettbewerb unter diesen bearbeiteten Werken wird kontinuierlich steigen: »Das Foto ist zum Wegwerfprodukt geworden. Die Verfallszeiten von eingefangenen Momenten werden immer kürzer. Die Bilder schreien einen an. Es gibt unendlich viele Bilder, und jedes Foto will alle anderen in der Wahrnehmung übertrumpfen.«

Bilder, die übertrumpfen

Schafft man es, aus diesen »unendlich vielen Bildern« herauszuragen und Bilder zu schaffen, die diese Masse übertrumpfen, inhaltlich überzeugen und narrativ auffallen? Das sind Fragen, mit denen sich die Unternehmens- und Produktkommunikation auseinandersetzen muss.

Fotografie ist eines der komplexesten Werkzeuge der Kommunikation und des visuellen Storytelling. Lässt sich die Kunst des guten Bildes dennoch erklären und in Regeln fassen?

Laut der Kunstkritikerin Annika Schoemann setzt sich Fotografie aus nur drei Aspekten zusammen: Optik, Mechanik und Speichermedium. Optik bezieht sich auf die Machart des Bildes und die Motivauswahl. Mechanik umfasst die im Bild genutzten Techniken der Bildästhetik. Mit Speichermedium sind alle technischen Kriterien der Bildqualität gemeint.

Anhand dieser Dreiteilung wollen wir im Folgenden einige Tipps zur modernen Fotogestaltung herausgreifen. Tipps, die hilfreich für Kommunikatoren sind, die Fotos für visuelle Corporate- und Brand-Storys einsetzen.

Optik: Kreative Bildmotive

Story vor Perfektion: Die Geschichte ist wichtiger als Perfektion. Betrachter verzeihen Unschärfe, Reflexe und Farbabweichungen, wenn die Story stimmt. Ein Bild, das eine aussagekräftige Geschichte erzählt oder visuell ansprechend ist, erzielt eine größere Wirkung als ein technisch perfektes Bild.

Abbildung 4-27 ▼
Die Fitnessmarke »LOOK Sports« macht auf die schädliche Wirkung von Cholesterin aufmerksam – laut »Pr-Bild Award«bestes PR-Bild 2013.

Show, don't tell: Nicht jedes Bild muss Ihr Produkt detailliert darstellen oder die Botschaft »Kauf mich!« offensiv unterstreichen. Oft sind subtile Bildmotive und -ausschnitte die erfolgreicheren Hingucker.

Point of View: Probieren Sie subjektive Perspektiven. Fesseln Sie den Betrachter durch ungewohnte Einblicke und neue Blickwinkel. Bringen Sie Ihr Publikum hinter die Kulissen und öffnen Sie Türen, die sonst verschlossen sind. Nutzen Sie ungewohnte Aufnahmetechniken wie Mikro- oder Makroaufnahmen, um auch Banales spannend zu inszenieren.

▼ Abbildung 4-28
Die High-Heels-Kampagne von Riccardo Cartillone für Frauen, die hoch hinaus wollen, zeigt ungewöhnliche Perspektiven von oben.

 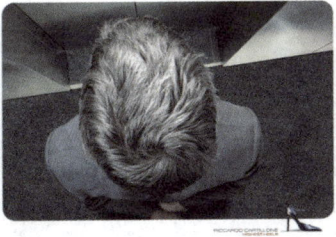 

Inspiration: Unterhalten Sie Ihr Publikum. Wecken Sie die Phantasie Ihrer Zielgruppe.

Tipp Wie es nicht geht, sehen Sie an den »50 Stock Fotos, die niemand verwenden will«. Veröffentlicht von Buzzfeed unter *http://bzfd.it/1RujzLr*.

Emotionen: Sprechen Sie Ihre Zielgruppe emotional an. Nutzen Sie Bilder, die Empathie und Gefühle wecken – durch mutige, ungewöhnliche Motive, Bildausschnitte und Farben.

◄ Abbildung 4-29
Der Fotograf Alan Lawrence zeigt seinen Sohn Wil in einer berührenden Bilderserie. Denn Will hat das Down-Syndrom und ... kann fliegen.

Mechanik: Bildästhetik ist mehr als subjektiv

Bildkomposition: Achten Sie auf eine gute Bildaufteilung und vermeiden Sie ausschließlich zentral ausgerichtete Motive. Als harmonisch wird eine Bildaufteilung wahrgenommen, die sich am »Goldenen Schnitt« (»The Rule of Third«) orientiert, einem Teilungsverhältnis der Bildfläche von etwa 2 zu 1.

Abbildung 4-30 ▶
Der Goldene Schnitt beschreibt ein Teilungsverhältnis von exakt 61,8 zu 38,2 %. Er wird angewendet vom Deutschen Tapeten-Institut im besten PR-Bild 2014 in der Kategorie »Event«: »Lebendige Tapete«.

Stil: Ihre Kunden sehen täglich Hunderte von Bildern. Variieren Sie daher Ihren Stil. Wechseln Sie zwischen professionellem und benutzergeneriertem Bildmaterial. Benutzergenerierte Inhalte werden als authentisch wahrgenommen, ihre Handy-Schnappschuss-Ästhetik ist ein Stil, der sich vertraut anfühlt.

Abbildung 4-31 ▼
Authentische Geschichten erzählt die Ford Foundation in ihrem Jahresbericht mit unterschiedlichen Bildstilen.

Farbexperimente: Haben Sie Mut zur Farbe und spielen Sie mit unterschiedlichen Farbästhetiken. Online fallen bunte Bilder grundsätzlich besser auf als Schwarz-Weiß-Aufnahmen. Doch je nach Motiv fällt auch ein nostalgisch, künstlerisches S/W-Bild ins Auge.

◀ Abbildung 4-32
Ungewöhnliche Perspektive und starke Farbkontraste – das PR-Bild des Jahres 2014: eine Turbine von Voith.

Licht und Filter: 96.000 Fotos wurden für den Sony World Photography Award 2015 eingereicht. Allein in der Kategorie »Handyfoto« haben sich 10.200 Fotografen – Profis und Laien – beworben. Die besten zeichnen sich durch den sorgfältigen Umgang mit Licht und den kreativen Einsatz von Filtern aus. Das Siegerfoto sehen Sie auf der folgenden Seite.

Speichermedium: Die richtige Technik für mehr Bildqualität

Formate: Wählen Sie das richtige Format. Während Instagram das quadratische Bild populär gemacht hat, geht der aktuelle Trend in Richtung Letterbox-Format (auch »Briefschlitzformat«, 2,39:1).

Welches Format Sie auch wählen – entscheidend ist, dass Ihre Kunden Bilder auf unterschiedlichen Ausgabegeräten betrachten werden – ob Smartphone oder Tablet. Ihre Bilder müssen auf allen Bildschirmen – vor allem auch auf kleinen – gut funktionieren.

Fotocollagen: Nutzen Sie nicht nur Einzelbilder, sondern setzen Sie Bildserien und Bildkollagen für Ihr visuelles Storytelling ein. Journalisten wählen gerne aus einer Serie von Bildern mit unterschiedlichen Formaten und Blickwinkeln aus, und auch Online-User klicken sich gern durch Bildgeschichten.

Abbildung 4-33 ▶

Turi Calafano setzte sich im Sony Photography Award 2015 gegen 10.200 Mitbewerber in der Kategorie »Mobile Photography« mit diesem Motiv durch.

 Tipp Das Fotomagazin LenseCulture prämierte 2014 die besten 25 »Visual Storyteller« anhand ihrer Fotoserien. Anzusehen auf *www.lensculture.com/2014-lensculture-visual-storytelling-awards-winners*.

Qualität: Achten Sie auf die technische Qualität der Fotos, insbesondere bei Pressefotos. Druckfähige Bilder sollten mindestens 300 dpi (dots per inch) aufweisen. Internetfähige Bilder können eine geringere Auflösung haben. Achten Sie aber auch bei Smartphone-Bildern auf eine hohe Aufnahmequalität. Gängige Dateiformate sind *.jpg*, *.eps* und *.tiff*.

Bildrechte: Checken Sie die Bildrechte, bevor Sie Fotos einsetzen oder auch an andere weiterleiten. Prüfen Sie diese Rechte mit dem jeweiligen Fotografen bzw. der Bildagentur. Beachten Sie dabei besonders die Persönlichkeitsrechte der abgebildeten Personen.

Beschriftung: Vergessen Sie bei Pressefotos nie Bildbeschreibung und Bildunterschrift.

Kostengünstige Tools rund ums Foto

- Professionelle Fotos erhält man selbstverständlich bei Bildagenturen wie Getty Images oder iStock. Günstiger kann es auf Fotoplattformen wie flickr oder foap (*foap.com*) werden. Dort sollten Sie sehr genau die Bildrechte prüfen.
- Umsonst gibt es hochauflösende Bilder bei Unsplash. Die Plattform bietet jeden Tag zehn Fotos kostenlos an (*https://unsplash.com*).
- Mit der App Skitch lassen sich Änderungen in Fotos markieren (*https://evernote.com/intl/de/skitch*).
- Fotos selbst editieren und bearbeiten kann man mit Apps und Plattformen wie Pixlr (*https://pixlr.com*), Picmonkey (*http://www.picmonkey.com*), Fotor (*http://www.fotor.com/de*) oder Befunky (*http://www.befunky.com*).
- Fotocollagen lassen sich leicht erstellen mit Bazaart (*http://www.bazaart.me*) oder Diptic (*http://www.dipticapp.com*).

Und dann ... lassen Sie die Fotos laufen

Animated Gifs erwecken statische Bilder zum Leben und setzen sie kreativ in Bewegung. In dem animierten Format werden mehrere Einzelbilder in einer Datei abgespeichert, die wie eine Animation interpretiert werden und als Minifilm ablaufen.

Minifilme entstammen ursprünglich der »Independent-Pop-Kultur« und greifen Themen rund um TV-Shows, Prominente, Hollywood-Blockbuster und Musikvideos auf, werden aber auch mehr und mehr von innovativen Unternehmen und Marken für visuelles Storytelling eingesetzt. Coca-Cola setzte Weihnachten 2014 auf eine Serie von Gifs unter dem Motto »12 Days of Gifs are here«, die auf dem tumblr-Blog von Coca-Cola zu sehen waren (*http://bit.ly/1c4L-*

▼ **Abbildung 4-34**
Gucci präsentiert seinen Werbespot »Special Delivery« mit Animated Gifs als Minigeschichte.

Gucci
by Tapestry

VuV) und die Luxusmarke Gucci nutzte die kleinen Bewegtsequenzen, um ihren Werbespot »Special Delivery« auf der Plattform Tapestry, einer Storytelling-Plattform für Smartphones, in Kurzform zu erzählen (*http://tapestrylabs.com/gallery*).

Animated Gifs selbst gestalten

Folgende Tools helfen Ihnen dabei, Gifs selbst zu animieren:

- Giffing Todols (*www.giffingtool.com*)
- Gifboom (*gifboom.com*)
- Cinemagram (*cinemagr.am*)
- Gif Brewery (*gifbrewery.com*)
- Gif Shop (*gifshop.tv*)
- Gifninja (*gifninja.com*)
- Picasion (*picasion.com*)

Anspruch der visuellen Storyteller

Ob Porträtfotografie oder Produktbild, ob Foto oder Gif, visuelle Storyteller haben zukünftig die Aufgabe, bewusst Fotos einzusetzen, die dem Rezipienten einen Mehrwert bieten. Bilder, die einen narrativen Kontext unterstützen. Bilder, die Interesse wecken. Bilder, die inspirieren. Bilder, die bewegen. Ein Anspruch, den Jonathan Klein, CEO von Getty Images, für die Fotobranche proklamiert, der aber auch weit darüber hinaus gilt:

»In meiner Branche glauben wir, dass Bilder die Welt verändern können. (...) Daher suchen wir nach mehr. Wir suchen nach Bildern, die die Aufmerksamkeit auf kritische Themen lenken, Bildern, die grenzübergreifend sind, die Religionen überschreiten, Bildern, die uns anregen, aufzustehen und etwas zu tun, mit anderen Worten: zu handeln. (...) Wenn wir mit einem aufrüttelnden Bild konfrontiert werden, haben wir alle die Wahl: Wir können weggucken oder uns mit dem Bild befassen. Bilder bewegen uns (...) dazu, unsere inneren Grundsätze und unsere Verantwortung füreinander zu überprüfen. (...) Anselm Adam sagte, aber ich stimme dem nicht zu: ›Man nimmt ein Foto nicht auf, sondern man macht es.‹ Meines Erachtens ist es nicht der Fotograf, der das Foto macht, sondern wir selbst. Wir bringen in jedes Bild unsere eigenen Werte und Überzeugungen ein, mit dem Resultat, dass das Bild in uns nachschwingt.«

 Videotipp   Jonathan Klein, CEO von Getty Images zu »Photos, that changed the world«, zu sehen auf *http://bit.ly/1E51vNz*.

Werkzeug 4: Mit Videos Geschichten in Bewegung bringen

Am Samstag, den 23. April 2005, ließ sich Jawed Karim vor dem Elefantengehege des Zoos in San Diego 19 Sekunden lang filmen. Der 26-Jährige kommentiert die Länge der Elefantenrüssel hinter sich und schließt seine kleine Ansprache in die Kamera mit den Worten »… and that's pretty much all there is to say.«

Aber es war noch lange nicht alles gesagt. Denn dies war erst der Anfang. »Me at the zoo« war das erste Video, das auf YouTube hochgeladen wurde, jene Plattform, die Chad Hurley, Steve Chen und Jawed Karim wenige Wochen vorher gegründet hatten, am 15. Februar 2005. Der Name des Unternehmens war Programm, denn »Tube« war ganz klar eine Anspielung an die Röhre des damaligen Fernsehers und »YouTube« war und ist bis heute wortwörtlich zu verstehen als »du sendest«.

Videotipp Anlässlich des zehnjährigen Jubiläums von YouTube stellte Luc Beregon die 200 bekanntesten, spektakulärsten und lustigsten YouTube-Filme zusammen. Zu sehen auf YouTube unter *http://bit.ly/1vzJXMi*. Die Playlist dazu gibt es hier: *http://bit.ly/1AoPl4V*.

Die neue Plattform stellte die Filmindustrie auf den Kopf. Vorbei ist das Monopol von großen Filmstudios, die nur mit aufwendigem Kamera-Equipment Unterhaltung machten, vorbei die Zeit der Musiksender, die durch die exklusive Präsentation von Musikvideos ihr Geschäft machten, und vorbei auch die Zeit der Industrie- und Unternehmensfilme, mit denen Unternehmen und Marken ihren Kunden die Welt ausschließlich aus ihrer Perspektive präsentierten.

YouTube brach mit allen Formen und Formaten, und seine User entwickelten neue Inhalte wie »Katzen-Content« oder Flashmobs (wie Harlem Shake oder Icebucket Challenge), neue Genres wie »Tutorials« (Erklärfilme), »Trivia« (Kuriositäten) oder »Let's-Play«-Videos (Filme, in denen Computerspiele präsentiert und kommentiert werden), und auch eine neue Optik und Ästhetik für das Bewegtbild, zum Beispiel extreme Zeitlupenaufnahmen (Time- und Hyperlapse).

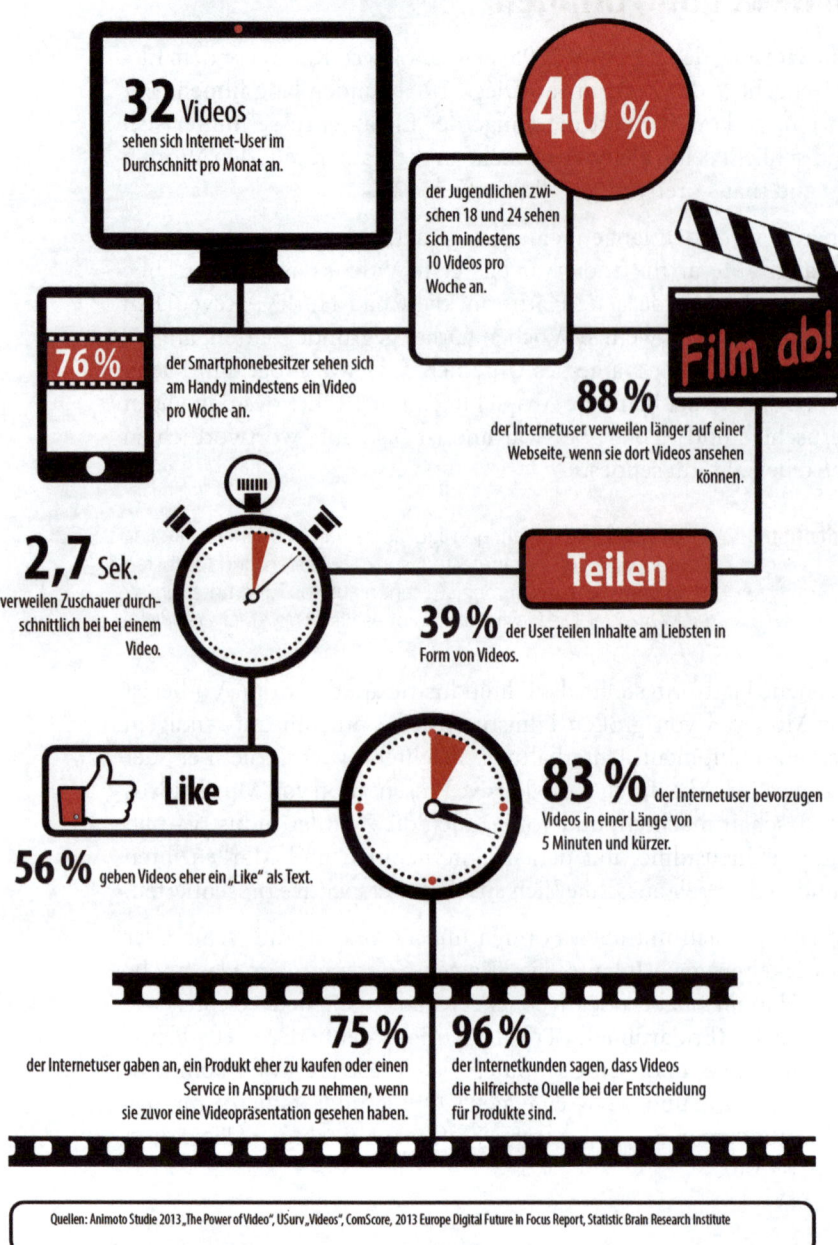

▲ **Abbildung 4-35** Infografik zur Videonutzung

Die einfache Bedienung machte YouTube in nur wenigen Jahren zum ultimativen Erfolgskonzept, zur demokratischen Abspielfläche, die jedem offen steht. Heute ist die Plattform zudem das größte Videoarchiv und Bildgedächtnis, das es jemals gegeben hat.

Internetnutzer lieben Videos – obwohl ihre Rezeption ähnlich komplex ist wie die von Texten. Im Gegensatz zu Fotos, die man auf einen Blick erfassen kann, laufen Filme chronologisch ab. Videos kann man nur linear rezipieren.

Doch allzu viel Zeit lässt sich der durchschnittliche Videobetrachter im Internet nicht. 2,7 Sekunden verweilen Zuschauer durchschnittlich bei einem Video. Die meisten User fällen ihre Entscheidung für oder gegen ein Video bereits nach 10 Sekunden (laut Visible Measures, einer Monitoring-Agentur, die auf Erfahrungen aus 14.000 Online-Kampagnen zurückgreifen kann).

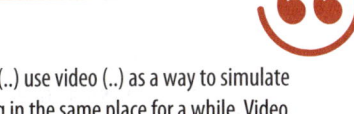

„We (..) use video (..) as a way to simulate being in the same place for a while. Video is as mundane as turning on a light. You fade up the lights, and you fade up the video"

Robin Sloan, Current TV

Narrative Konzepte können die Verweildauer bei Videos erheblich steigern, doch gelten für das visuelle Storytelling auf YouTube andere Regeln als für herkömmliche Geschichten.

Spielregeln für visuelles Storytelling in Videos

Liraz Margalit, Webpsychologin bei ClickTale, beobachtet in ihrer Arbeit zwei ganz verschiedene Verhaltensweisen bei Webbesuchern: »Goal-oriented visitors and unintentional visitors. (...) Visitors who are goal-oriented, who come to your website with a specific need or cause in mind are much more willing to use up cognitive resources (...). They know exactly what they are looking for. (...) Visitors who are in a ›browsing‹ state of mind will pass through a website just to see what's on offer. Their goal is more to be entertained. This visitor takes in information passively, relying on limited cognitive resources (...). Due to emotion-based processing, this visitor will pay attention to colorful images, embedded video, attractive headlines and catchy slogans. Visitors in a browsing state of mind will tend to prefer video over text.« (»Zielorientierte und unschlüssige Besucher: Zielorientierte Besucher wissen sehr genau, warum sie Ihre Website besuchen. Sie sind daher bereit, sich mit den Informationen kognitiv auseinanderzusetzen. Besucher, die ›einfach so vorbeischauen‹, sind eher auf der Suche nach Inspiration. Ihr Ziel ist es, sich unterhalten zu lassen, daher sind diese Besucher passiver in der Informationsaufnahme und nicht bereit, komplexe Themen zu konsumieren. Deshalb schenken diese Besucher farbenfrohen Bildern, eingebauten Videos, plakativen Headlines und reißerischen Slogans mehr Aufmerksamkeit. Unschlüssige Besucher ziehen Video Text vor.«)

Neue Strukturen: Achterbahn statt Berg- und Talfahrt

Um eben diese »unschlüssigen« Webbesucher von einer »Visual Story« zu überzeugen und sie möglichst schnell für ein Video zu interessieren, benötigt die Geschichte eine viel dynamischere Struktur als den bekannten, klassischen Aufbau.

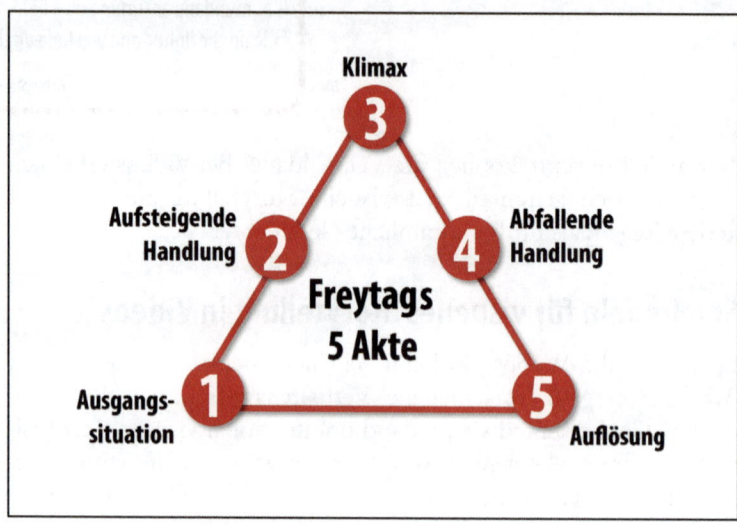

Abbildung 4-36 ▶
Die »klassische« narrative Struktur der 5 Akte nach Gustav Freytag (1816 – 1859)

Anstelle des pyramidalen Verlaufs der 5 Akte, den Aristoteles und später Gustav Freytag definierten, gleicht die Struktur eines YouTube-Videos eher einer Achterbahnfahrt. Statt ausführlich die Ausgangsszene darzulegen und den Zuschauer langsam in die Geschichte einzuführen, haben virale Videos in der Regel einen Kickstart, der nach nur wenigen Sekunden zum ersten Höhepunkt kommt.

Und anstelle weniger Highlights, die auf einen langen Spannungsbogen folgen, bieten Videos eine ganze Reihe von Mini-Highlights und einen Wechsel zwischen spannenden und ruhigen Momenten, um das Publikum möglichst lange interessiert zu halten.

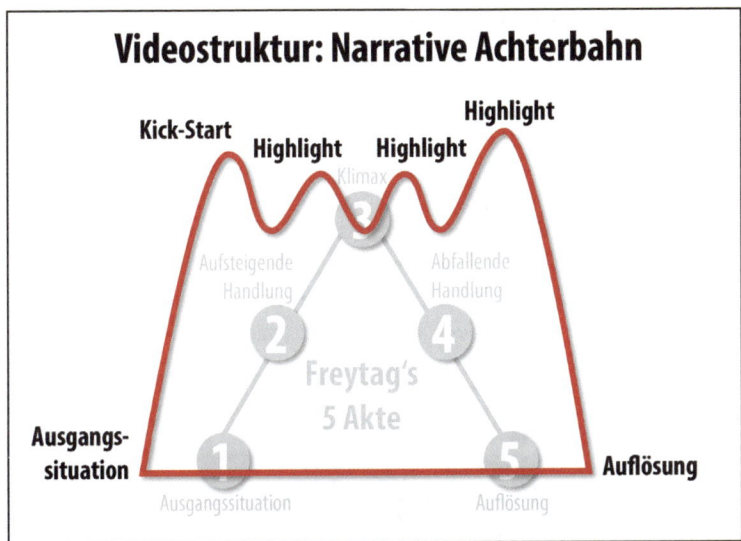

◄ Abbildung 4-37
Die narrative Struktur eines Videos: eine emotionale Achterbahnfahrt

Die Erzählstruktur des Videos unterscheidet sich also deutlich vom klassischen Aufbau narrativer Konzepte, wie er in der Literatur, im Film, aber auch in textbasierten Corporate Storys genutzt wird. Stellen Sie sich also um: statt behutsamer Entwicklung der Story besser mit einem »Hotstart« einsteigen; statt eines sorgfältigen Spannungsbogens besser eine emotionale Berg- und Talfahrt anbieten.

Ein schönes Beispiel für diese moderne Erzählstruktur liefert DB Schenker Rail, das in seinen Geschichten Logistiklösungen interessant präsentiert, zum Beispiel in einem Film über Schrott.

◄ Abbildung 4-38
Das Video »Schrott ist meine Leidenschaft« – eine Geschichte des Logistikunternehmens DB Schenker Rail, zu sehen auf der Website von DB Schenker unter
http://bit.ly/1K6flaJ.

Neue Formate: Von 6 Sekunden bis 20 Minuten

83 Prozent der Internetuser bevorzugen Videos von einer Länge zwischen zwei und fünf Minuten. Herausragenden Geschichten gelingt es zwar, ihr Publikum länger am Bildschirm zu halten, doch je länger das Video ist, umso höher wird der Erwartungsdruck.

Die kürzesten Formate des visuellen Storytelling finden sich im Videonetzwerk »Vine«, das Minifilme bis zu einer Länge von nur sechs Sekunden und als Dauerloop zulässt. Lange Zeit galt die Plattform als Experimentierfläche für Kreative und Künstler wie den 19-jährigen Studenten Logan Paul aus Ohio, dessen Vine-Filme mittlerweile über sieben Millionen Menschen abonniert haben. Doch auch Marken wie der amerikanische Keksklassiker Oreo entdecken mit Erfolg die kreative Kraft der kleinen Storys. Oreo präsentiert auf Vine witzige Episoden mit simplen Rezeptideen und Behind-the-Scene-Clips.

Abbildung 4-39 ▼
Oreo erzählt visuelle Minigeschichten in sechs Sekunden auf Vine.

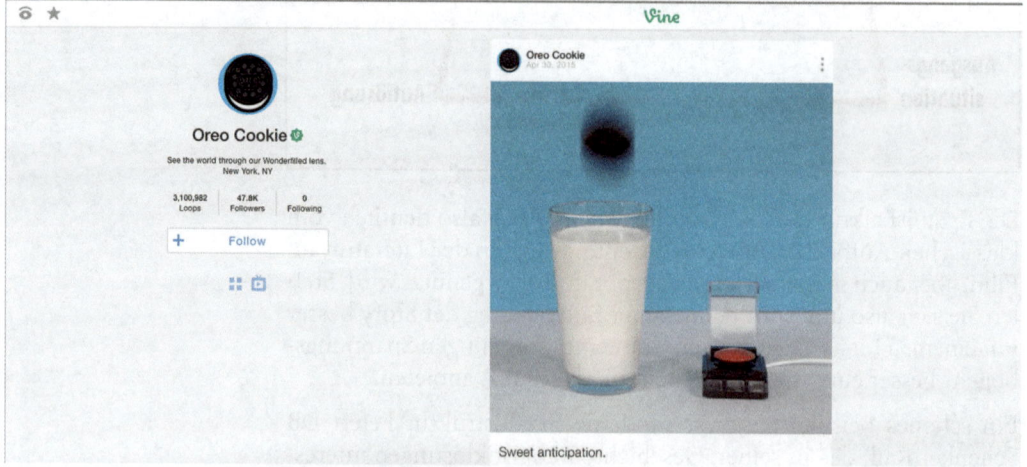

Wenn Sie sich etwas mehr Zeit lassen wollen, nutzen Sie Instagram, wo Videos bis zu 15 Sekunden zugelassen sind. Oder Sie gehen gleich zu YouTube, dort gibt es kein Zeitlimit.

Noch mehr Zeit – zwischen drei und 20 Minuten – nehmen sich Profis wie Erik Range (»Gronkh«), die Comedytruppe Y-Titty und der Berliner Student LeFloid. Sie zählen zu den erfolgreichsten »YouTubern« in Deutschland, denn ihre Klickraten liegen regelmäßig zwischen zwei und drei Millionen. In Deutschland gibt es bereits 600 dieser jungen Filmemacher, deren Shows von über einer Million Zuschauern abonniert wurden. Und das Interesse an »Let's-Play-Videos«, in denen man mitverfolgen kann, wie jemand Computerspiele spielt, an »Do it yourself«-Filmen und Tutorials, aber auch an »Unboxing-Videos«, in denen Produkte ausgepackt und getestet werden, scheint noch lange nicht erschöpft zu sein. Die meisten dieser Formate orientieren sich an TV-Formaten wie Talkshow, Comedy-Show oder Late-Night-Show und nutzen nur in Teilen Elemente des visuellen Storytelling. Der Aufbau dieser Shows ist jedoch narrativen Videostrukturen sehr ähnlich (siehe oben).

Neuer Eskapismus: Emotional werden

„Engaging with a movie is a form of escape."

Liraz Margalit

Wenn wir Filme ansehen, geben wir häufig ein kleines Stück der Kontrolle auf. Wir überlassen uns und unsere Gefühle dem Erzählstrang, lassen uns treiben und fallen hinein in den Plot der Geschichte.

Genau diesen passiv-entspannten Zustand nutzen Kommunikatoren, wenn sie statt auf rationale Fakten auf Geschichten setzen, um ihre Zielgruppe zu überzeugen. Geschichten schaffen eine emotionale Auszeit, und visuell erzählte Storys fördern diesen mentalen Eskapismus umso mehr, denn nirgends finden Technik und Gefühl so gut zusammen wie im Film. Der Weg eines Films von der Idee bis zum fertigen Video wird durch die Emotionen bestimmt, die geweckt werden sollen. Was wir wann empfinden, wird dabei oft von winzigen Details bestimmt, die wir kaum wahrnehmen, wie Farben, Gesten, Geräusche und Musik. Das Storyboard, das all diese Details festlegt, ist daher das wichtigste Instrument für die Erstellung eines Films, es ist der Bauplan der Gefühle einer visuellen Story.

Wer sich auf das Abenteuer »Visuelles Storytelling mit Bewegtbild« einlässt, muss sich mit allen Möglichkeiten des Films auseinandersetzen, die einen Einfluss auf die Emotionen des Rezipienten nehmen – wie Kameraeinstellung (Blickachsen, Größenverhältnisse), Kameraführung (wie Parallelfahrten, Frosch-, Vogelperspektive), Beleuchtung (wie High-Key-Stil mit extrem hellen Tonwerten oder Low-Key-Stil mit dunklen Akzenten) bis hin zur Montage und Animation eines Films.

Abbildung 4-40 ▶

Auf Emotionen setzt der Technologiekonzern Bosch mit seiner Bewegtbildkampagne. #PushForward : *http://bit.ly/1FrK906*

Die Mise en Scène, die bildkompositorische Inszenierung eines Films, ist eine komplexe Kodierung, die den Wahrnehmungsprozess des Zuschauers maßgeblich bestimmt, auch wenn sich dieser dessen gar nicht bewusst ist. Die unterschiedlichen filmsprachlichen Mittel sind dazu in der Lage, intensive Gefühle beim Rezipienten zu erzeugen, die Text eher verwehrt sind. Zu diesem Schluss kommt auch Claudia Grimm in ihrer Dissertation, in der sie die Gefühlsdarstellung zwischen Buch und Film vergleicht: »Ohne die Wirkung des geschriebenen Wortes unterschätzen zu wollen, kann gesagt werden, dass der Film auf Grund der Vielgestaltigkeit seiner Mittel, die einzeln oder kombiniert zum Einsatz kommen, über bedeutend größere Möglichkeiten zur Manipulation der Wahrnehmung des Rezipienten verfügt, da er in der Lage ist, tief in der Psyche des Rezipienten gelegene Schichten anzusprechen und wirkmächtig werden zu lassen.«

Abbildung 4-41 ▶

Mehr Emotion geht nicht: Budweiser erzählt eine berührende Story mit »Lost Dog« und begeistert die Zuschauer des Superbowl 2015 in der Werbepause.

And The Next Big Thing: Real Time Video

Am Montag, dem 9. März 2015, besteigt der Journalist Jörgen Camrath den Turm des Frankfurter Doms. Nicht weiter erwähnenswert, wenn er nicht 3.755 Follower live im Gepäck mit dabei hätte. Camrath ist einer der ersten Journalisten, der die Real-Time-App Meerkat in Deutschland testet. Mit dem kostenlosen Mini-Streaming-Dienst kann heute jeder in Sekunden eine Liveübertragung aufbauen, die in früheren Fernsehtagen teuer per Satellitenschaltung koordiniert werden musste.

Bereits 2009 prophezeite das in Palo Alto ansässige Institute for the Future, dass sich mit Real-Time-Videos eine vollkommene neue Art der Kommunikation verbreiten werde, die es jedem ermöglicht, live zu senden. Ob im Fußballstadion, im Livekonzert, im Urlaub auf Safari oder auch im Bewerbungsgespräch, überallhin kann man zukünftig sein privates, eigenes Publikum in Echtzeit mitnehmen und dazuholen.

Real-Time-Videos werden einen entscheidenden Einfluss darauf haben, wie Journalisten, aber auch Unternehmenskommunikatoren in Zukunft arbeiten. Die einfache Bedienung dieser Apps ermöglicht es Unternehmen und Marken, Kunden und auch Mitarbeiter in Echtzeit zu kontaktieren und damit visuelles Storytelling auf interaktive Event- und Live-Formate auszuweiten. Veranstaltungen, die bisher auf wenige Teilnehmer beschränkt waren, können für ein vollkommen neues Publikum geöffnet werden.

»Real-time video communication is becoming an integral part of the way we talk to each other and watch each other (...). It is bringing people and communities closer together, keeping loved ones within reach, and enriching millions of people's everyday lives«, so das Institute for the Future. (»Real-Time-Videokommunikation wird ein selbstverständlicher Teil davon, wie wir miteinander sprechen und uns gegenseitig beobachten. (...) Sie bringen Menschen und Communities enger zusammen, helfen uns, diejenigen, denen wir nahestehen, nicht aus den Augen zu verlieren und bereichern den Alltag von Millionen von Menschen.«)

Die Zukunft wird zeigen, welche positiven – und auch negativen – Auswirkungen dieser neue Trend haben wird. Dass Real-Time-Videos einen Einfluss auf unsere private und auch die professionelle Kommunikation von Unternehmen und Marken haben werden, ist heute schon gewiss.

> **Toolbox für Videos**
>
> Sie wollen Film und Animation selbst ausprobieren? Auch hier gibt es im Netz einige Tools, die hilfreich sein können:
>
> - Animoto – Make great videos. Easily. *www.animoto.com*
> - Powttoon – Create animated videos and presentations. *www.powtton.com*
> - VideoScribe – Make your own whiteboard videos, fast. *www.videoscribe.co*
>
> - Eine schnelle Zusammenfassung, wie man Videos mit dem Smartphone aufnehmen kann, gibt das Onlinemagazin »Social Media Examiner« unter *www.socialmediaexaminer.com/create-social-videos-smartphone*.
> - Amazon hilft Filmemachern online bei der Erstellung ihrer Drehbücher in den »Amazon Studios«. *http://studios.amazon.com/storyteller*
> - Realtime-Video-Apps sind Meerkat (*https://meerkatapp.co*) und Periscope (*https://www.periscope.tv*).

Werkzeug 5: Medienmix mit Multimedia

Im März 2013 gelingt dem Profi-Snowboarder Iouri Podladtchikov erstmals ein Cab Double Cork 1440. Ein Jahr später wird er mit diesem schwierigen Sprung bei den olympischen Winterspielen in Sotchi die Goldmedaille in der Halfpipe gewinnen und seinen langjährigen Rivalen, die amerikanische Snowboardlegende Shaun White, vom Thron stoßen.

Im Juni 2014 gewinnen der Autor Christof Gertsch und sein Multimediateam für die Neue Zürcher Zeitung den Grimme-Preis: für das Multimedia-Portrait des Schweizer Olympiasiegers Iouri Podladtchikov. In »Du fliegst nur einmal« gelingt es Gertsch, einfühlsam und amüsant die außergewöhnliche Persönlichkeit des russischstämmigen Schweizers zu porträtieren und unter anderem auch den Cab Double Cork 1440, den Podladtchikov selbst »Yolo-Flip« nennt, anschaulich zu erklären. Natürlich könnte man mit Worten beschreiben, dass es sich bei dem kompliziertesten Sprung der Halfpipe um einen zweifachen Rückwärtssalto mit vierfacher Schraube handelt, aber zu den Vorzügen eines Multimediaprojekts gehört, dass man derart komplexe Dinge einfach bildlich darstellen und »selbst nacherlebbar« machen kann.

So präsentieren Gertsch und sein Team in ihrer Story unter anderem eine Infografik, in der man mit dem Finger auf dem Screen selbst abspringen und zusammen mit Podladtchikov springen kann – ein Augenschmaus, nicht nur für Snowboardfans.

▲ **Abbildung 4-42**
Was ist ein Cab Double Cork 1440? Die Multimedia-Story von Gertsch zeigt den kompliziertesten Snowboardsprung in allen Details. Grimme-Preis 2014 für »Du fliegst nur einmal« – eine Multimediareportage der Neuen Zürcher Zeitung – im Netz unter: *http://iouri-in-sotschi.nzz.ch*.

Wenn Text, Graphik, Infographik, Foto und Film zusammenkommen, entstehen Erzählwelten, die inhaltlich, technisch und ästhetisch den Ansprüchen des modernen Rezipienten gerecht werden.

Mit neuen Erzählweisen und Medientechnologien ergänzt Multimedia nicht nur Text oder reichert ihn visuell an, sondern schafft vollkommen neue Rezeptionserfahrungen. Dies ist der Grund, warum Medienexperten in Multimedia die Zukunft des Journalismus und auch der Unternehmenskommunikation im Netz sehen.

Visuelles Storytelling kommt in Multimedia-Formaten voll zur Entfaltung. Und doch gelten auch hier die gleichen Regeln des Storytellings wie für herkömmliche Geschichten: ein Held, ein Spannungsbogen, Emotionalität, Viralkraft und ein guter Grund, die Geschichte zu erzählen.

»The challenges of crafting multimedia to complement a text-based story (are) the same challenges faced in any storytelling endeavor. We focus (...) on the pacing, narrative tension and story arc—all while ensuring that each element gave the user a different experience of the story. (»Die Herausforderungen, um aus einer textbasierten Geschichte eine Multimediastory zu machen, sind die gleichen wie in jedem anderen Storytelling-Projekt. Wir verdichten die Geschichte zu einem narrativen Spannungsbogen – und achten darauf, dass jedes Element dem User einen anderen Blickwinkel auf die Geschichte bietet.«), so beschreibt Catherine Spangler, Videojournalistin, den Entwicklungsprozess für die vielfach prämierte Multimediastory »Snowfall« der New York Times.

Die ersten Multimediastorys lösten in der Medienbranche so große Begeisterung aus, dass in ihrer Folge eine ganze Flut an Tools, Plattformen und Apps entwickelt wurden, die dabei helfen, Multimedia-Storys zu entwickeln. Viele dieser Instrumente wie Storyfull, Storyteller oder Storehouse sind zunächst nur Aggregatoren, die dem User helfen, Texte, Bilder, Filme, aber auch Tweets oder Facebook-Posts zu kuratieren und optisch ansprechend zusammenzustellen.

Für Unternehmen und Marken kann es lohnenswert sein, sich mit einigen dieser Tools vertraut zu machen, da man mit geringem Budget visuell schöne Ergebnisse erzielen kann und sich die Endprodukte gut verlinken und »sharen« lassen. Die strategische Arbeit einer Corporate oder Brand Story übernehmen diese Tools jedoch nicht.

Das entscheidende Erfolgsgeheimnis einer guten Multimedia-Story liegt nicht in den technischen Tools, sondern ist immer noch die Aufgabe der jeweiligen Autoren: die Auswahl der richtigen Medien.

Steve Duenes, Graphics Director der NY Times, betont dies auch für die Entstehung von »Snowfall«: »As we started to collect our ideas for the structure of the project, the multimedia group agreed that we didn't want to create a bunch of different overlapping pieces and hang them all off the text. We wanted to make a single story out of all the assets, including the text. So the larger project wasn't a typical design effort. It was an editing project that required us to weave things together so that text, video, photography and graphics could all be consumed in a way that was similar to reading—a different kind of reading.« (»Als wir mit der Ideensammlung zur Struktur des Projektes begannen, waren wir uns einig, dass wir nicht einfach einen Haufen an unterschiedlichen, ähnlichen Materialien zusammentragen und an den Text dranhängen wollten. Wir wollten alles zu einer einheitlichen Geschichte verbinden, einschließlich des Textes. Das gesamte Projekt war also kein typischer Designjob. Es ging vielmehr darum, Text, Video, Fotographie und Graphik so miteinander zu verweben, dass sie wie beim Lesen aufgenommen werden konnten – eben durch eine andere Art des Lesens.«)

 Tipp t3n hat 25 beeindruckende Multimediastorys zusammengestellt. Zur Inspiration anzusehen hier: *http://bit.ly/1ckKmlU*.

Zwei anschauliche Beispiele, wie Unternehmen mit Multimedia umgehen, bieten Bosch und Airbnb.

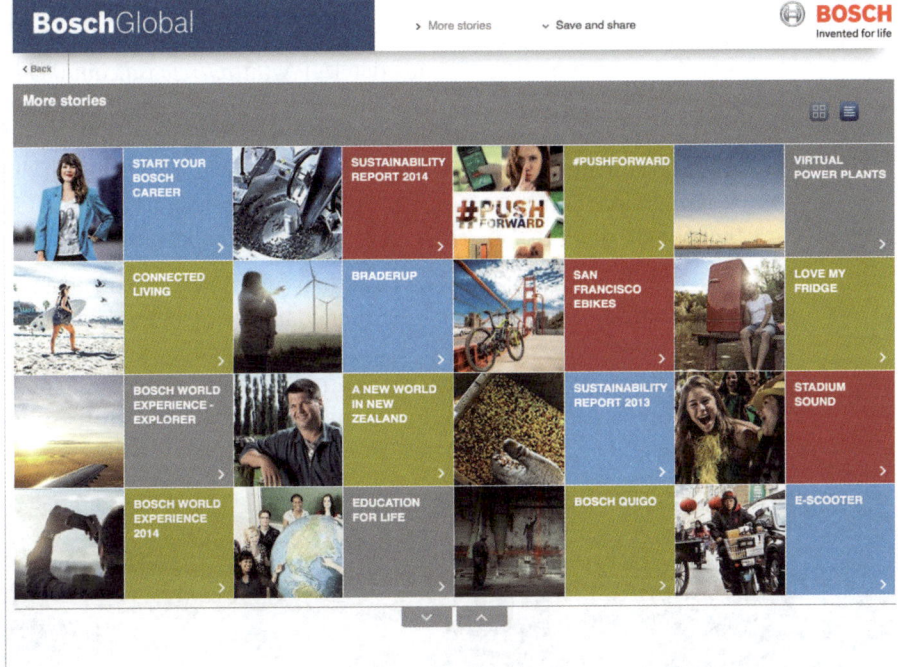

▲ **Abbildung 4-43** Bosch Multimedia Stories – jede der zahlreichen Geschichten verbindet Text, Bild, Infografik und Bewegtbild multimedial miteinander, um dem User Mehrwert zu bieten.

Wie gutes Pressematerial auch eine journalistisch herausragende Multimediastory inspirieren kann, zeigt die PR-Arbeit der IATA, der internationalen Luftfahrt-Vereinigung, die am 1. Januar 2014 das 100jährige Jubiläum des Personenflugs feierte.

Abraham C. Peil war am 1. Januar 1914 der erste zivile Fluggast, der in Tampa Bay, Florida, ein Flugticket in Händen hielt und zu dem

▲ **Abbildung 4-44**
Unter dem Motto »Belonganywhere« präsentiert die Tourismus-Plattform Airbnb Geschichten von Gastgebern und Gästen in aller Welt: bild- und textstark, multimedial auf www.belonganywhere.com.

Piloten Tony Jannus ins Cockpit stieg. Der Beginn einer Industrie, die heute über drei Milliarden Flugtickets weltweit pro Jahr verkauft. Der digitale Presseraum der IATA (*http://releasd.com/0411*) enthielt umfangreiches Text-, Bild- und Filmmaterial, Interviews, Zitate von Zeitzeugen, Statistiken, Fakten und Hintergrundmaterial zur Luftfahrtindustrie der letzten 100 Jahre sowie Ausblicke auf die kommenden. Solide Pressearbeit, präsentiert in leicht verdaulichen Portionen, die Journalisten je nach Bedarf nutzen konnten.

Das Multimediateam von The Guardian fühlte sich von dem Material besonders inspiriert und gestaltete daraus eine bemerkenswerte Multimedia-Story, die in vier Kapiteln Vergangenheit und Zukunft der Personenluftfahrt präsentiert. Aufmacher und zentrales Element der Story ist eine animierte Infografik, die den weltweiten Flugverkehr zeigt. Faszinierend anzusehen.

Abbildung 4-45 ▲
100 Jahre Personenflug: Anlass für den Guardian, eine Multimedia-Story zu entwickeln. Ein PR-Erfolg für die IATA, die Internationale Luftverkehrsvereinigung: *www.theguardian.com/world/ng-interactive/2014/aviation-100-years*.

Multimedia-Storys werden in wenigen Jahren zum selbstverständlichen Look journalistischer Onlinemagazine gehören und auch den Auftritt von Unternehmen und Marken im Netz bestimmen. Bausteine ihres Erfolgs sind eine sorgfältige Medienauswahl, ein hoher visueller Anteil durch Fotos und Filme, kreative Infografiken, die smarte Verknüpfung aller Elemente zu einer ununterbrochenen, einzigartigen Rezeptionserfahrung und vor allem: eine gute Story.

Multimedia-Tools

Unzählige Tools, Plattformen und Apps helfen bei der Erstellung von Multimedia-Storys. Hier eine Auswahl:

- »Adobe Slate« wirbt mit dem Slogan »Turn any document into a beautiful visual story« (*https://standout.adobe.com/slate*).
- Auf ein minimalistisches Design setzt »Storehouse« von Apple und verspricht »Mit Storehouse kannst du Geschichten mit deinen Fotos und Videos erzählen« (kostenlose iOS-App auf iTunes).
- Auch Google+ bietet unter dem Motto »Mit Fotos Geschichten erzählen« ein Tool (*https://www.google.com/photos/about/?page=home*).
- Pageflow heißt die Storytelling-Plattform des WDR (*http://pageflow.io/de*).
- Auch der Bayerische Rundfunk bietet ein Storytelling-Tool an: »Linius« (*http://story.br.de/linius*).
- Einen guten Überblick über zahlreiche weitere Tools gibt Marvin Oppong unter *http://bit.ly/1K0YuVj*.
- Weitere Storytelling-Plattformen wie Creatavist, Medium oder Stellar finden Sie hier beschrieben: *http://bit.ly/1e2ViNp*.
- Und noch mehr Tools listet Christian Dingler in seinem Blog genuin4 auf (*http://bit.ly/1AYDiZn*).

Werkzeug 6: Spielerisch erzählen mit interaktiven Medienformaten

◀ **Abbildung 4-46**
»John Lennon – The Bermuda Tapes«: visuelles Storytelling, das Multimedia und Gamification kreativ vereint:
http://lennonbermudatapes.com

Ein Umschlag: »For Jack's eyes only«. Im Juli 1980 trifft Yoko Ono den Musikproduzenten Jack Douglas an einem Wassertaxi-Pier.

»John is in Bermuda, but I have this for you.« Sie überreicht Douglas einen gelben Umschlag, darin zwei Musikkassetten mit unveröffentlichten Aufnahmen von John Lennon, unter anderem den Songs »Starting all over« und »Woman«.

Wenige Wochen zuvor war John Lennon zum ersten Mal in seinem Leben in ein Segelboot gestiegen, die Megan Jaye. Auf der Überfahrt zu den Bermudas überraschte ihn und seine Mitsegler ein mächtiger Sturm. Mit knapper Not überlebten die Männer die Fahrt. Angekommen auf der karibischen Insel und noch mitgenommen von den Eindrücken auf See, beginnt Lennon nach langen Jahren der Abstinenz wieder musikalisch zu arbeiten. Das Ergebnis dieser Kreativzeit auf den Bermudas wird Jack Douglas wenig später als Album produzieren. »Double Fantasy« wird zehn Jahre nach der Trennung der Beatles eines der erfolgreichsten Soloalben John Lennons. Und sein letztes. Sieben Monate nach seiner inspirierenden Reise wird er am 8. Dezember 1980 von dem geistig verwirrten Mark David Chapman auf offener Straße erschossen.

Weitere 25 Jahre später bekommen der Filmemacher Michael Epstein und der Digital Artist Mark Thompson die Bermuda-Tapes mit den Originalaufnahmen sowie Fotos und Briefe der Reise in die Hände. Sie wollen das Material nutzen, um Lennons Reise nachzuerzählen. Doch beiden ist klar, dass ein einfacher Dokumentarfilm oder eine Multimedia-Story der Kreativität Lennons nicht gerecht werden würden.

Stattdessen kreieren sie eine interaktive Storytelling-App, die den Zuschauer auf die Reise mitnimmt und ihn in alle Kapitel interaktiv einbezieht. Der Zuschauer wird zum Akteur. Er kann selbst das Boot durch den Sturm steuern, kann den Hafen auf den Bermudas mit einer 360°-Aussicht erkunden, kann durch einen botanischen Garten streunen und eine »Pflanze mit eigenen Wünschen« pflanzen. Er kann sich auf die Story konzentrieren oder nur die Musik genießen. Er kann den Verlauf der Geschichte im eigenen Tempo bestimmen und die Teile der Geschichte, die ihn interessieren, selbst festlegen.

Präsentiert wird die Story in bezaubernden Farben und Aquarellen, inspiriert von der Volkskunst der Bermudas und angelehnt an die Fotos, die John Lennon selbst auf der Reise gemacht hat.

Das Projekt wurde 2015 als wegweisend für visuelles Storytelling mit dem Communications Arts Award ausgezeichnet. Es gilt als eines der Pionierprojekte dieser Art des Erzählens außerhalb der Gaming-Szene.

◀ Abbildung 4-47
Nur wenige Unternehmen außerhalb der Computerspiele-Branche testen bereits interaktives Storytelling. »John Lennon: The Bermuda Tapes« ist ein Pionierprojekt: *www.lennonbermudatapes.com*.

Die Möglichkeiten der Interaktion und Immersion im Bereich Storytelling werden derzeit von keiner anderen Branche mehr erforscht und erprobt als der Computerspiele-Industrie. Erste Mischformen zwischen Literatur und Videospiel gab es bereits in den 80ern, doch der Erfolg blieb aus, denn die Leser blieben lieber beim Buch und die Gamer an der Konsole. Heute sind die Voraussetzungen andere, und so bauen Spielehersteller mehr und mehr narrative Inhalte in ihre Spiele ein und eBooks spielen mehr und mehr mit interaktiven Elementen, die aus Computergames entlehnt sind.

◀ Abbildung 4-48
»Device6« ist ein surrealer Thriller, in dem die Wörter zu Wegweisern werden. Der Leser muss das Tablet immer wieder drehen, um an die Lösung des Romans heranzukommen – ein Wortspiel für Literaten und Ästheten. Als App erhältlich unter *http://simogo.com/work/device-6*.

Abbildung 4-49
Einmal selbst Phileas Fogg sein und in 80 Tagen um die Welt reisen: Jules Vernes Roman »In 80 Tagen um die Welt« kann man nun als interaktive Story selbst spielen und erleben. Die App gibt es für 4,99 Euro auf iTunes.

Weit über den spielerischen Umgang mit Literatur hinaus geht das interaktive Storytelling-Projekt »Pry«. Hauptfigur der Geschichte ist ein amerikanischer Soldat, ein Irakkrieg-Veteran, dessen Erlebnisse an der Front und in der Heimat miteinander verknüpft werden. Der Plot der Handlung wird in Film und Bild präsentiert, Gedanken in Textform. Der Medienmix fasziniert Koautor Danny Canniziaro, so kommentiert er in einem Interview mit der Süddeutschen Zeitung: »Man kann sich als Collagenkünstler fragen: Wie können sich Buch, Film und Spiel gegenseitig verstärken?« Der Leser treibt letztendlich die Story selbst voran, indem er mit den Fingern den Bildschirm auf und zu zieht – gleichsam die Augen des Helden öffnet und schließt. Zieht man den Sehschlitz auf, geht die Handlung voran, führt man die Finger zusammen, geben Bilder und Texte das Unterbewusstsein des Helden wieder.

Die immersive Einbeziehung des Rezipienten und die Öffnung der Erzählstruktur sind die wichtigsten Neuerungen des interaktiven Storytelling, denn Spiel und Story verstärken sich hier gegenseitig.

Ohnehin sind die Unterschiede zwischen Geschichte und Spiel fließend. Neurowissenschaftler sehen im Gehirnscan eines Rezipienten, der eine Geschichte liest, nicht den eines »Beobachters«, sondern den Gehirnscan eines »Teilnehmers«. Gute Geschichten involvieren ihr Publikum so stark, dass es gleichsam mitfühlt und miterlebt. Der Schritt zum tatsächlichen Miterleben im Spiel ist daher bloß ein kleiner. Ein Effekt, der für Unternehmenskommunikation und Marketing in der Zukunft eine immer größere Rolle spielen wird.

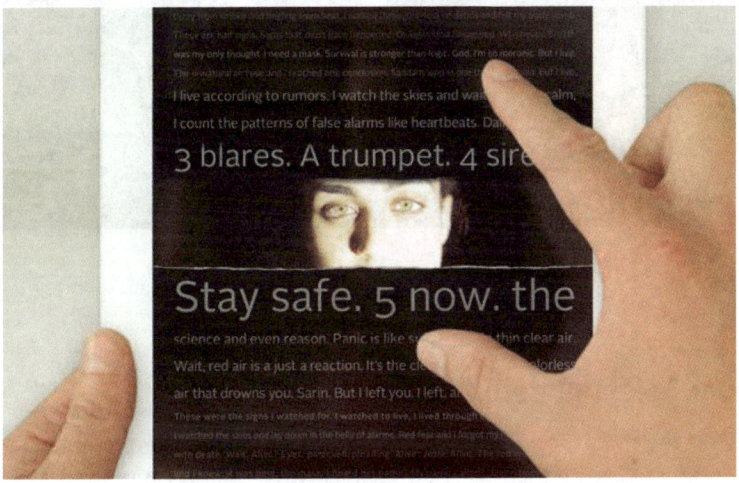

◀ **Abbildung 4-50**
»Pry«, produziert von dem innovativen Studio Tender Claws, geht weit über die Möglichkeiten eines eBook hinaus. Die Geschichte lädt ein, das Unterbewusstsein des Protagonisten zu entdecken, eines Irakkrieg-Veteranen.

Doch auf das Grenzland zwischen Spiel und Text wagen sich erst wenige Unternehmen. Eine erste Annäherung machen einige Pioniere über das Design. Inspiration kommt dabei aus anderen Bereichen visuellen Erzählens, zum Beispiel dem Comic und der Graphic Novel. Einige Medien und auch Marken gehen hier erste Schritte – wie etwa der Spiegel oder die Automarke Peugeot.

◀ **Abbildung 4-51**
»Mein Vater der Werwolf« – der Spiegel bringt die Geschichte von Autor Cord Schnibben über seinen eigenen Vater als animierte Graphic Novel im sogenannten »Scrollytelling«-Format: *http://bit.ly/1m6n9eu*.

Abbildung 4-52 ▶

Visuelles Storytelling in Form einer interaktiven Graphic Novel präsentiert Peugeot, um das Model HYbrid4 zu bewerben. Der User kann sich die Story aus vier verschiedenen Perspektiven ansehen.

 Tipp   Das Blog der School of Visual Arts New York lädt zum entdecken visueller Storys ein: *http://mfavisualnarrative.sva.edu/#/*.

Das Spiel mit dem Unbekannten

Unternehmenskommunikatoren und Produktmanager vergessen oft, dass Geschichten von der Neugier ihrer Zuhörer und ihrer Lust am Entdecken abhängen. Der Reiz des Unbekannten und das Vergnügen, etwas Bekanntes zu entdecken, mit dem man sich identifizieren kann, tragen wesentlich zum Erfolg von Geschichten bei.

Im Spiel werden diese Effekte sogar noch verstärkt. Während man als passiver Rezipient einer Geschichte vom Spannungsbogen des Erzählstrangs abhängig ist und sich auf dessen Tempo einlassen muss, hat man als aktiver Spieler das Entdeckungsmoment selbst in der Hand.

Die Spieleentwicklerin Jane McGonigal vergleicht dieses Spiel mit der Neugier mit einem Rausch, den wir körperlich spüren und dem wir uns nur schwer entziehen können: »Wenn wir unsere Neugier anregen, indem wir uns intransparenten visuellen Eindrücken ausliefern – etwa einem verpackten Geschenk oder einer angelehnten Tür –, wecken die für unser Interesse verantwortlichen biochemischen ›körpereigenen Opiate‹ unser Verlangen, das Verborgene aufzudecken. Zu diesen zählen die Endorphine, die unser Macht- und Kontrollempfinden verstärken, sowie das Beta-Endorphin, ein Neurotransmitter mit Wohlfühleffekt, der 80-mal stärker wirkt als Morphin.« In ihrem Buch »Besser als die Wirklichkeit! Warum wir von Computerspielen profitieren und wie sie die Welt verändern« vertritt McGonigal die Meinung, dass uns spielen glücklich macht, denn »gute Spiele verschaffen uns Belohnung«.

Mit kleinen mentalen Belohnungsmodellen arbeiten die ersten Testversuche interaktiver Storys von Unternehmen und Marken wie Honda oder Geox. Sie bieten Geschichten, die den Zuschauer einladen, unterschiedliche Varianten einer Geschichte zu entdecken.

Honda zum Beispiel präsentiert in »The Other Side« eine Geschichte aus zwei Perspektiven, um das Automodel Civic Type R bekannt zu machen. Drückt der Zuschauer die »R«-Taste, wechselt er die Blickachse und Perspektive auf die Story.

◄ **Abbildung 4-53**
Eine Geschichte, spielerisch erzählt aus zwei Perspektiven: In »The Other Side« lässt Honda den Zuschauer den Blickwinkel selbst wählen: http://hondatheother-side.com/d.php.

Bei Geox kann der Zuschauer das Wetter auswählen und so den Lauf der Geschichte ein klein wenig beeinflussen.

◄ **Abbildung 4-54**
Wird sich das Liebespaar eher finden, wenn die Sonne scheint oder wenn es regnet? Geox-Schuhe passen für jedes Wetter, ganz gleich, welches der Zuschauer auswählt: http://bit.ly/1A2AO1i.

Landrover will von seinen Fans wissen, ob sie ein »Abenteuer-Gen« haben, und fragt »Welchen Weg wählst du?« Die Abstiegsroute vom Berg ist dementsprechend abenteuerlich oder gemächlich.

Abbildung 4-55 ▲
Steiler Abstieg oder gemütlich zurück? Unten am Berg wartet immer der Landrover auf die User. Eine interaktive Story von Landrover sucht das »Adventure-Gene«: http://bit.ly/1Bqfdgf.

Jedes Detail zählt

Von der Spieleindustrie kann man lernen, was visuelles Storytelling tatsächlich ausmacht. Nicht die Erzählung allein ist entscheidend, sondern auch jedes Detail, jeder Autoreifen und jede Pizzaschachtel – wie Glen Schofield, Geschäftsführer von Sledgehammer Games, in einem Interview mit Golem.de über visuelles Storytelling betont: »›Wir müssen bei jedem Gegenstand aufpassen, was seine Geschichte ist. In unseren Spielen können sich Spieler hinter einem Reifen verstecken, die Spieler sehen diese Reifen ganz genau‹, so Schofield. ›Darum müssen wir wissen: Was erzählt der Reifen für eine Geschichte?‹ Beim Gestalten (muss) nahezu jedes Detail im Hinblick auf das Visual Storytelling beachtet werden, damit es zum Szenario passt und die Geschichte unterstützt, oder zumindest nicht stört.«

Diese Liebe zum Detail zeigt das Alternate-Reality-Game »Lost Ring«, das McDonalds zusammen mit dem Olympischen Komitee 2008 entwickelte, um mehr Jugendliche für die Olympischen Spiele und ihre Idee zu begeistern.

Erzählt wird die fiktive Geschichte einer Sportart, die einst Teil des olympischen Programms war, aber über die Jahrhunderte in Vergessenheit geraten ist. Innerhalb von sechs Monaten suchten über 10.000 Spieler aus 100 verschiedenen Ländern nach den Spielregeln der »alten« Sportart. Teilnehmer legten ein eigenes Wiki mit 730 Audio-, Video- und Bilddaten und 943 Artikeln dazu an. User lernten die Sportart tatsächlich zu spielen und trainierten, um sich mit den 100 besten Spielern am letzten Tag der Olympischen Spiele vor Ort in Peking miteinander zu messen.

▼ Abbildung 4-56
In »The Lost Ring« erzählen McDonalds und das Olympische Komitee 2008 die Geschichte einer vergessenen Sportart, um mehr Jugendliche für die Olympischen Spiele zu begeistern.

Für McDonalds erwies sich diese Art des Storytelling als Marketinghit. Die Fastfood-Marke konnte mit »The Lost Ring« ein Onlinepublikum von 2,9 Millionen Menschen weltweit erreichen.

Videotipp Eine Zusammenfassung von »The Lost Ring« können Sie sich auf Vimeo ansehen (*https://vimeo.com/7639389*). Das dazu passende Wiki finden Sie unter *http://olympics.wikibruce.com/Story#Prologue*.

Auch sehenswert: Susan Bonds von Entertainment42, einem Pionier der Alternate-Reality-Games im Marketing, spricht auf der »Future of Storytelling Konferenz 2014« über die Erfordernisse des interaktiven Storytelling in Online- und Offline-Spielen. Zu sehen auf der Website der FoSt-Konferenz *http://futureofstorytelling.org/video/connected-immersion*.

Noch stehen Unternehmenskommunikation und Marketing erst am Anfang dieser Entwicklung, doch Kreative wie Mark Tutsell, Creative Director von Leo Burnet, sehen zukünftig große Chancen im interaktiven Storytelling: »Ich glaube, wir müssen vermehrt Ideen entwickeln, die sich interaktiv umsetzen lassen und Partizipation ermöglichen. Die Konsumenten wollen keine passiven Empfänger mehr sein. Sie wollen die Marken selbst entdecken. Daher müssen wir sie in unser Leben einführen. Marken müssen ihre Kunden in die Markenwelt einladen und ihnen die Möglichkeiten zum Gespräch geben.«

Die nächsten Experimentierfelder des visuellen Storytelling: Augmented und Virtual Reality

Und das nächste Experimentierfeld ist schon eröffnet. Journalisten wie Nonny De La Pena testen Augmented und Virtual Reality, um journalistische Storys moderner und attraktiver aufzubereiten und vor allem für den Leser besser nachvollziehbar zu machen.

Das mediale Erlebnis einer Geschichte mithilfe einer Virtual-Reality-Brille geht weit über die Seherfahrung des 3-D-Kinos hinaus. VR-Storys gehen buchstäblich »unter die Haut«, denn der Rezipient versetzt sich dank Rundumsicht direkt in das Geschehen der Story hinein.

Das World Economic Forum sponserte aus diesem Grund eine Story, die Nonny De La Pena über einen Bombenangriff in Syrien machte. Der Zuschauer soll nicht nur passiv und unbeteiligt per Text oder Film über die Kriegszustände in Syrien informiert werden, sondern De La Pena setzt den Zuschauer selbst dem Erlebnis eines Bombeneinschlags aus (*www.immersivejournalism.com*).

Immer mehr Journalisten nutzen diese simulierten Liveerfahrungen, um ihr Publikum trotz Nachrichtenüberfluss wachzurütteln und zum Handeln zu animieren.

Auch innovative Unternehmen loten die Möglichkeiten von VR für ihre Kommunikation aus. So zum Beispiel GE. Katrina Craigwell, Global Manager of Digital Marketing bei GE, erläutert, warum der Maschinenbauer zur Eröffnung seines Wissenschaftscenters in Rio de Janeiro auf 3-D-Filme setzte: »One of the challenges that we have is that we operate in locations and environments that not many people get to go to. With things like the visual content on Instagram, video and now virtual reality, we have been able to take people to these environments and bring them into the world of GE.« (»Wir haben oft die Schwierigkeit, dass wir an Orten und in Umfeldern operieren, die nur wenigen Menschen zugänglich sind. Mit visuellen Medien wie Instagram, Videos und jetzt auch Virtual Reality können wir Menschen in diese Umfelder bringen und sie mit der Welt von GE vertraut machen.«)

◀ **Abbildung 4-57**
Mithilfe eines »Oculus Rift«-Headsets können Besucher des GE-Forschungslabors in Rio die Unterwasser-Ölförderungstechnologie des Unternehmens selbst entdecken.

Tipp	Interessiert an noch mehr Blicken in die Zukunft? Apelab arbeitet am ersten voll interaktiven VR-Film. Unter *http://apelab.ch/projet/sequenced* kann man sich schon erste Szenen des Films mit dem Namen »Sequenced« ansehen.
	Noch futuristischer ist das Projekt »Clouds« von James George, der interaktive Grafik, virtuelle Effekte und visionäre Filmkunst kombiniert: *http://jamesgeorge.org/CLOUDS*.

Das Kasperletheater war eine der ersten interaktiven Formen des Geschichtenerzählens. Seitdem wurde dieses Format mit jeder Menge Technik aufgerüstet und zu einer eigenen Kunstform des Erzählens entwickelt. Wer visuelles Storytelling zukünftig betreiben will, muss diese technischen Raffinessen kennen, vor allem aber der Kunst des Spiels mehr Beachtung schenken: »Wir können es uns nicht länger erlauben, Spiele als ein Vergnügen zu betrachten, das unabhängig ist von unserem echten Leben und unserer echten Arbeit. (…) Spiele lenken uns nicht vom echten Leben ab, sondern bereichern es mit positiven Emotionen, positiven Aktivitäten, positiven Erfahrungen und positiven Stärken. Spiele führen nicht den Untergang der menschlichen Zivilisation herbei, sondern helfen uns, sie neu zu erfinden.« Bloß leider, so die Spielvisionärin Jane McGonigal, fehlt es heute noch an guten Spielen, die das leisten.

»Ich glaube es erst, wenn ich es gesehen habe«

Psychologen des Stanford Persuasive Technology Labs befragten 2.440 Testpersonen, an was sie die Glaubwürdigkeit einer Website festmachen. Etwa die Hälfte der Testteilnehmer, 46,1 Prozent, gab an, dass der visuelle Auftritt einer Seite das wichtigste Kriterium sei, ob sie den Informationen auf dieser Seite Glauben schenken oder nicht.

Nach 40.000 Jahren, in denen wir uns mündlich Geschichten erzählen, nach 5.000 Jahren, in denen wir das gesprochene Wort schriftlich festhalten, und nach 560 Jahren, in denen wir Text auch drucken können, vertrauen wir immer noch lieber den Bildern, die wir sehen.

Wir Menschen sind also doch Augentiere. Was wir mit eigenen Augen sehen, das glauben wir. Daher ist die Kraft des visuellen Storytelling eine so große, und deshalb sind seine Werkzeuge so mächtig.

Der Sprachforscher Gunter Kress, Professor an der University of London, verglich den Anteil von Text und Bild in Lehrbüchern von 1936 bis 1988 und stellt schon seit Beginn des 20. Jahrhunderts einen schleichenden Wechsel fest. Heute überwiegen Bilder nicht nur in Lehrbüchern, sondern in fast allen Formen unserer Kommunikation. In Medien offline und online, aber auch im Verpackungs- und Shopdesign, in der Architektur von Museen, Restaurants und Einkaufszentren spielen visuelle Elemente eine immer größere Rolle. Überzeugungs- und Kommunikationsarbeit bedient sich mehr und mehr der Werkzeuge des visuellen Erzählens.

Mike Parkinson bringt dies in seinem Blogbeitrag »The Power of Visual Communications« auf den Punkt: »The ability of visual stimuli to communicate and influence is undeniable and inescapable. Through evolution, human beings are compelled to view and disseminate visuals. Recognizing the importance of visual communication is key to your success. Allen Ginsberg, poet and author, stated, ›Whoever controls the media – the images – controls the culture.‹« (»Die Fähigkeit visueller Reize zu kommunizieren und zu beeinflussen, ist unbestreitbar und unausweichlich. Durch die Evolution können wir Menschen nicht anders, als Bilder zu sehen und zu verbreiten. Die Anerkennung der Bedeutung visueller Kommunikation ist heute der Schlüssel Ihres Erfolges. Allen Ginsberg, Dichter und Schriftsteller, sagte dazu: ›Wer die Medien – die Bilder – kontrolliert, der kontrolliert die Kultur.‹«)

Strategien des visuellen Storytelling

5

Im Januar 2006 ist die Bergsteigerszene in heller Aufregung. Über 250 Nachrichtenportale und Bergsteigermagazine, aber auch Tageszeitungen, Radio- und Fernsehstationen in aller Welt berichten, dass eine 85-jährige Engländerin den Mount Everest besteigen wolle. Mary Woodbridge aus Greenfield will die erste Seniorin sein, die den höchsten Gipfel der Welt bezwingt.

Abbildung 5-1 ▶
Mary Woodbridge, 85, kündigt im Januar 2006 an, die erste Seniorin auf dem Mount Everest zu sein. Visual Storytelling von Mammut – mit Hintergedanken.

Die Community der Alpinisten diskutiert wochenlang in Foren und Onlineplattformen, wie realistisch oder wie fahrlässig dieser Plan sei. Dass die rüstige Lady ihren Dackel mit auf Tour nehmen wolle und eine ganz eigene Route ohne Zwischenhalt plane, da sie nicht gern campiere, befeuerte die Diskussion noch mehr.

Dies und die Tatsache, dass der alten Dame die Idee zu dem waghalsigen Vorhaben durch den Kauf einer Jacke der Marke Mammut gekommen war, hätte die Fachwelt misstrauisch machen müssen.

Aber die Bilder auf der von »Enkel Phil« erstellten Website, die Videos, in denen Miss Woodbridge ihren Plan erläuterte, sowie die E-Mails mit der Bitte um Unterstützung, die sie an zahlreiche Bergsportausrüster verschickte, erschienen so authentisch, dass viele der Story Glauben schenkten.

Bis zwei Monate später schließlich der Bergsportausrüster Mammut reagierte. Das Schweizer Unternehmen nahm Bezug auf die Jacke von Miss Woodbridge und veröffentliche folgenden Warnhinweis: »Warnung: Mit so guter Ausrüstung kann man sich leicht zu sicher fühlen.« Damit deckte es zur Erheiterung der Bergsteigerszene die Geschichte als Marketingkampagne auf.

◀ **Abbildung 5-2**
Eine visuell großartig erzählte Story, anzusehen auf der Website www.mary-woodbridge.co.uk, deren Viralkraft vor allem in der Liebe zum Detail, der fantastischen Geschichte, ihrer mutigen grafischen Umsetzung sowie den authentisch anmutenden Fotos und Videos begründet ist. Eine Zusammenfassung der Kampagne findet sich auf YouTube unter http://bit.ly/1Fmb3sV.

Grafik, Fotos und Videos, von Mammut im oben genannten Beispiel als visuelle Story hervorragend eingesetzt, sowie animierte Gifs, Multimedia-Storys und Virtual Reality Games – alle Werkzeuge, die im vorherigen Kapitel vorgestellt wurden, sind Ausrüstungsgegenstände des visuellen Storytelling.

Doch wie bei Mary Woodbridge gilt auch hier: Mit hervorragender Ausrüstung kann man sich leicht zu sicher fühlen. Denn was helfen einem die besten Werkzeuge, wenn man keinen Plan hat, der zum Ziel führt? Was helfen Tools und Instrumente, wenn es an Ideen, Strategien und Umsetzungsvermögen fehlt?

Dieses Kapitel soll Ihnen dabei helfen, visuelles Storytelling tatkräftig, planvoll und strategisch in Angriff zu nehmen. Und da »Strategie« ein abstrakter Begriff ist, den unser visuelles Gedächtnis nicht speichern kann, wollen wir gedanklich bei der Gipfelbesteigung bleiben. Wir laden Sie zu einer Bergtour ein.

Es gilt nicht, den Mount Everest zu bezwingen, sondern den Gipfel des visuellen Storytelling. Und mehrere Bergrouten – Strategien –, die wir im Folgenden beschreiben, führen zum Ziel.

Zunächst jedoch starten wir in einem Trainingscamp. Denn vor dem Aufstieg sollten Sie Ihre ganz persönlichen visuellen Fähigkeiten trainieren und Ihre Storytelling-Muskeln aufwärmen. Ihr Etappenziel: Bevor Sie Ihr Unternehmen und Ihr Kommunikationsteam vom visuellen Storytelling überzeugen, wenden Sie die Technik zunächst selbst in der eigenen Kommunikation und in Präsentationen an. Werden Sie selbst zum visuellen Storyteller.

Dann machen wir uns auf ins Basislager, zum Startpunkt der Route, wo wir Ihnen die Grundausstattung für das visuelle Storytelling in der Unternehmens- und Produktkommunikation zeigen. Ihr Etappenziel: die für Ihr Unternehmen oder Ihre Marke passende visuelle Sprache zu definieren.

Unterwegs ins Hochlager knüpfen Sie neue Seilschaften. Denn gute, visuell erzählte Storys inspirieren und motivieren Kunden, Freunde und Fans dazu, sich anzuschließen und Ihrem Unternehmen und Ihrer Marke zu folgen. Ihr Etappenziel: Die Viralkraft visueller Geschichten zu nutzen, um neue Kunden, Freunde und Fans zu gewinnen.

Und schließlich geht es zum Gipfel des visuellen Storytelling: zu den Highlights Ihrer Strategie. Das sind Storys und Kampagnen, mit denen Sie unverwechselbar werden und die Aufmerksamkeit Ihres Publikums auf sich ziehen. Ihr Etappenziel: »Über-Images« zu schaffen, Bildstorys, die aus dem Tsunami an Visuals herausragen.

Abbildung 5-3 ▶
In vier Etappen zum Gipfel: Strategien des visuellen Storytelling

Doch beginnen wir am Fuße des Berges mit Ihrem ganz persönlichen Fitnessprogramm.

Im Trainingscamp: Werden Sie zum visuellen Storyteller

»Visual storytelling is not new. During the very first media pitch I did, for the very first job I had in PR, about a decade ago, I heard a phrase that I would hear time and time again: ›What are the visuals?‹ What will the reader or viewer be able to see as they read/listen to this story? As I got better at my job, I learned to build visual communications right into the media stories we were trying to get traction for.« (»Visuelles Storytelling ist nicht neu. Während meines ersten Medienpitches, meines ersten Jobs in der PR vor etwa zehn Jahren, hörte ich zum ersten Mal einen Satz, den ich immer wieder hören sollte: ›Was für Bilder gibt es dazu?‹ Was wird der Leser oder Zuschauer sehen, während er diese Geschichte liest bzw. hört? Als ich in meinem Job besser wurde, lernte ich, visuelle Kommunikation in Mediastorys ganz selbstverständlich zu berücksichtigen, um den Storys die nötige Zugkraft zu geben.«). Für David Hall, PR-Profi und Kreativen, ist visuelles Arbeiten also ganz selbstverständlich.

»Bildhaftes Denken ist bei den meisten Profis aus Werbung, Film, 3-D-Animation oder Game Development eine besonders ausgeprägte kreative Fähigkeit«, bestätigt auch der Kreativexperte Mario Pricken, der sich auf Kreativitätstechniken für ein visuelles Denken spezialisiert hat.

Dann können Sie Grafik, Datenvisualisierung, Bildbearbeitung und Filmanimation ja in Ruhe den Profis überlassen. Wirklich? So einfach ist es nicht, denn visuelles Denken lässt sich nicht delegieren. Wie wollen Sie die Spezialisten beauftragen, wenn Sie deren Sprache nicht sprechen? Wie wollen Sie Ihre Wünsche in Briefings formulieren, wenn Ihnen die Vorstellungskraft dazu fehlt?

Trainieren Sie daher Ihre Imagination und Ihr bildhaftes Denken und legen Sie damit das Fundament für Ihr visuelles Storytelling – den Rest können Sie dann getrost den Profis überlassen.

Lernen Sie sehen

Sehen ist angeboren. Die Verarbeitung visueller Reize durch unser Gehirn ist, unabhängig von unserem IQ, jedem gleich gegeben. Wir müssen das Sehen eigentlich nicht erlernen (abgesehen von dem einen Jahr der Ausreifung des Sehsinnes als Kleinkind). Daher empfinden wir diesen Sinn als selbstverständlich.

Unserer Fähigkeit zu sehen schenken wir oft erst Beachtung, wenn die Sehkraft nachlässt, was wir dann durch diverse Sehhilfen auszugleichen versuchen. Doch über die Jahre verlernen viele von uns noch etwas anderes: die Fähigkeit, bewusst zu sehen – und hier können weder Brille noch Kontaktlinse Abhilfe schaffen.

Wir sehen nur »flüchtig« hin und nehmen unsere Umgebung, aber auch deren Bilder, nur oberflächlich und grob wahr.

Wir sehen »bequem« hin oder gar weg und verlassen uns auf eingeschliffene Sehgewohnheiten – ähnlich wie bei vorgefertigten Gedankenmustern und Vorurteilen. Wir sehen nur noch, was wir kennen, und ignorieren neue Sehweisen und unbekannte Bildwelten.

Oder aber, wir sehen nur im Ausnahmefall hin. Visuelle Reize lösen grundsätzlich zwei Reaktionsmuster aus: Hin- oder Wegsehen. Bekannte und gewohnte Bilder scheinen es nicht wirklich wert zu sein, hinzusehen. Unser visuelles Gehirn ist darauf konditioniert, visuelle Informationen auf Unbekanntes hin zu scannen und uns zu alarmieren, wenn Gefährliches in unser Blickfeld tritt. Wenn wir Neues allerdings nur als »alarmierend« wahrnehmen, besetzen wir neue Eindrücke von Anfang an als negativ und bleiben alten Denkmustern verhaftet.

Abbildung 5-4 ▲
Hören Sie die Welt mit anderen Augen: eine Anzeigenkampagne der Süddeutschen Zeitung, bei der man genauer hinsehen sollte

»Training the eye is very important. You can not come up with ideas without seeing«, mahnt die Grafikdesignerin und Professorin Inge Druckrey, die ihren Studenten zunächst die Kunst des Sehens beibringt, bevor sie nur einen einzigen Pinselstrich aufs Papier setzen dürfen.

Als visuelle Storyteller sollten Sie Ihrem Sehsinn daher große Beachtung schenken. Sehen Sie genau hin. Schärfen Sie Ihre Wahrnehmung für Details, Konturen, Farben, Räume und Perspektiven. Konzentrieren Sie sich auf das tatsächliche Sehen sowie auf das imaginäre Sehen, Ihre Vorstellungskraft. Nehmen Sie Ihre inneren Bilder bewusst war.

»Richtiges« Sehen ist mindestens so wichtig wie »gutes« Zuhören und sollte dementsprechend trainiert werden. Dazu rufen auch die Bildwissenschaftler auf. Sie fordern, dass wir kritischer hinsehen und bewusster mit visuellen Informationen umgehen sollten, die täglich auf uns einströmen.

Wie gut ist also Ihre Beobachtungsgabe? Wie genau betrachten Sie Bilder und erforschen deren visuelle Botschaft?

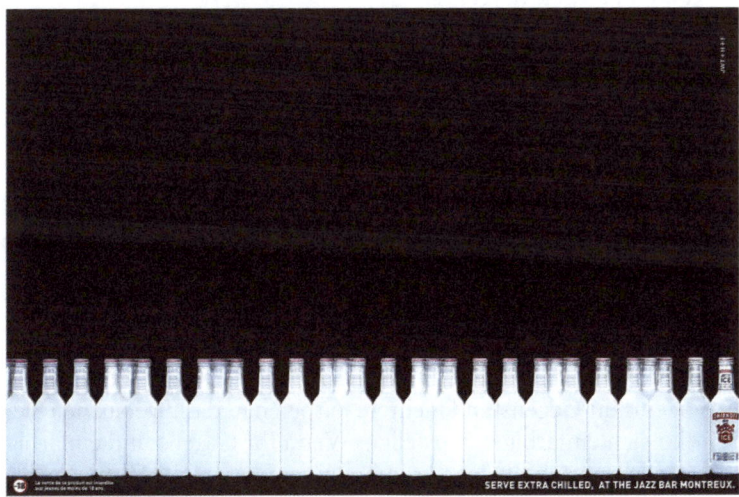

◀ **Abbildung 5-5**
Ein Anzeigenmotiv, das mit unserer Wahrnehmung spielt und vermittelt, dass Smirnoff Ice auch in der Jazz Bar in Montreux serviert wird.

Heute, wo wir von Bildern überflutet werden, sollten wir ganz besonders lernen, wieder gut hinzusehen. Nicht nur, um kritisch zu hinterfragen, sondern vor allem auch, um die Sprache des visuellen Wahrnehmens neu zu erlernen und selbst anwenden zu können.

Doch wie kann man »Sehen« üben? Wie sieht so ein Trainingsprogramm aus? Hier kommt Ihr persönlicher Sehtest. Sechs Übungen, mit denen Sie beginnen können:

1. **Sehen statt Schauen**
   Blicken Sie sich um. Wo sitzen Sie gerade, während Sie dieses Buch lesen? Nehmen Sie Ihre Umgebung bewusst wahr – vor sich, neben sich, hinter sich. Identifizieren Sie aus dieser Umgebung einen Gegenstand: einen Stuhl, eine Tasse, eine Lampe, was immer Sie möchten. Konzentrieren Sie sich auf diesen Gegenstand, lösen Sie ihn aus seiner Umgebung und stellen Sie Ihre Augen »scharf«. Schauen Sie nicht nur, sondern sehen Sie

genau hin. Beschreiben Sie mit Worten, was Sie sehen. Sprechen Sie ruhig laut vor sich hin oder notieren Sie alle Details, die Ihnen auffallen.

2. **Mit den Augen zugreifen**

Lassen Sie den Gegenstand stehen, wo er ist, doch greifen Sie mit den Augen nach ihm und ziehen Sie ihn gedanklich zu sich heran. Können Sie so seine Oberfläche genauer sehen bzw. sich vorstellen? Drehen Sie den Gegenstand vor Ihrem geistigen Auge. Sehen Sie ihn sich von hinten an, von der Seite und von unten. Schärfen Sie Ihre Vorstellungskraft durch diesen imaginären Perspektivwechsel.

3. **Nachbilder betrachten**

Schließen Sie Ihre Augen und betrachten Sie dann das »Nachbild« Ihres Gegenstandes. Je länger Sie den Gegenstand betrachtet haben, desto deutlicher sehen Sie das Abbild auf Ihrer Netzhaut, das allerdings nach wenigen Sekunden verblasst. Nutzen Sie diese Sekunden bei geschlossenen Augen, um nochmals genau hinzusehen, und versuchen Sie, das »Nachbild« so lange wie möglich vor Ihrem inneren Auge zu halten.

4. **Farbe ins Spiel bringen**

Betrachten Sie Ihren Gegenstand nochmals. Welche Farbe hat er? Wie ist die Farbe des Schattens, den der Gegenstand wirft? Wenn Ihr Gegenstand mehrere Farben hat, dann versuchen Sie, ihn sich einfarbig vorzustellen. Wenn Ihr Gegenstand einfarbig ist, dann wechseln Sie vor Ihrem inneren Auge die Farbe. So, als ob Sie sich eine Tomate blau vorstellen oder Wasser in Rot. Regen Sie Ihre Fantasie mit diesen Farbspielen an.

5. **Visuell umformen**

Der Gegenstand vor Ihnen ist real. Doch wie würde er aussehen, wenn er gezeichnet wäre? Versuchen Sie, sich Ihren Gegenstand als Teil eines Comics vorzustellen. Oder als Graffiti an eine Wand gesprayt. Spielen Sie mit verschiedenen Darstellungsformen.

6. **Mit den Augen Geschichten erzählen**

Der Gegenstand, den Sie sich ansehen, steht als Ding vor Ihnen. Doch was wäre, wenn er Arme und Beine hätte? Vielleicht hat er sogar einige Formen an sich, die wie Kopf, Hände oder Füße aussehen. Können Sie Ihren Gegenstand vor Ihrem inneren Auge zum Leben erwecken? Wie würde er aussehen, wenn er eine Persönlichkeit wäre? Können Sie sich vorstellen, dass er sich bewegt, plötzlich umkippt oder vom Tisch fällt? Versuchen Sie, sich eine kleine Actionszene mit dem Gegenstand vorzustellen – vielleicht gerät er in Streit mit seiner Umgebung und es kommt zu einem Kampf. Oder können Sie sich vorstellen, dass sich Ihr Gegenstand in einen anderen verliebt? Wie würde er sich bewegen, wenn er verlegen in die Ecke guckt und rot wird vor Scham?

Trainieren Sie Ihre Vorstellungskraft – durch aktives Sehen. Und so wird aus einem Bürostuhl, einer Tasse und anderen Alltagsgegenständen schnell ein Actionheld oder ein Liebespaar.

Tipp   Sie wollen noch mehr Training? Diese Übungen sind inspiriert von Mario Prickens Buch »Visuelle Kreativität«. Lassen Sie sich dort mit weiteren Kreativitätsübungen in neue Bildwelten entführen.

Und noch ein Buch, das Sie in die Kunst des Sehens einweist: »Learning to Look: A Handbook for the Visual Arts« von Joshua C. Taylor.

Wenn Sie allerdings für all das keine Zeit haben, bitten wir Sie wie auch das Kreativmagazin FastCompany, um nur eine Sache: »If you do one thing watch this 40-minutes crash course ›Teaching to See by Inge Druckrey‹« – Sehen Sie sich den 40-Minuten-Crashkurs »Teaching to See« der Grafikdesignerin Inge Druckrey an. Dann werden Sie die Welt wirklich mit anderen Augen sehen (*https://vimeo.com/45232468*).

Lernen Sie zeichnen

„Pictures trivialize, drawings are silly, doodles patronize, art is decoration. These are the things we´re told in school."

Dan Roam

Im Alter von eineinhalb Jahren setzen wir die ersten Striche bewusst aufs Papier – vorausgesetzt, Papier und Stifte sind vorhanden. Die Erfahrung, selbst eine Spur auf etwas zu hinterlassen, ist für Kinder faszinierend, und viele Eltern haben die leidvolle Erfahrung gemacht, dass sich das nicht nur auf Papier beschränkt. Eine der ersten Basisformen, die Kinder zeichnen, ist ein Kreis. Die Form folgt der natürlichen Bewegung, die wir mit Schultern, Arm, Handgelenk,

Hand und Finger machen (in der Übung im Kapitel 3 haben Sie das selbst probiert).

Nach wenigen Wochen des Kritzelns entdecken Kinder das Phänomen der Symbolik. Sie lernen auch durch die Reaktion der Betrachter ihrer Bilder, dass man »etwas erkennen kann«, dass das Gezeichnete etwas bedeutet. Der Kreis, zwei Punkte und ein Strich werden plötzlich zu einem Gesicht oder eben zu »Papa«, »Mama« oder auch »Oma«.

Die Kreisform wird beibehalten und im Alter von zwei bis drei dafür genutzt, auch Arme und Beine darzustellen. Auch mit vier bleibt der Kreis die beherrschende Grundform, danach werden die Bilder komplexer. Hände und Füße bekommen Finger und Zehen, Körper bekommen Kleidung mit Knöpfen oder Reißverschlüssen.

Zwischen vier und fünf werden Kinder zu visuellen Storytellern. Sie nutzen ihre Bilder, um Geschichten zu erzählen – Begebenheiten aus ihrem Leben, Wünsche, aber auch Traumata werden bildlich verarbeitet. Ein Jahr später, zwischen fünf und sechs, sind Kinder dann mit so vielen Symbolen vertraut, dass sie Landschaften und Szenerien zeichnen können – mit Himmel und Erde, Sonne und Blumen, Gartenzäunen und Autos. Sie haben gelernt, dass der Himmel oben und die Erde unten ist, und die Art und Weise, wie sie ein Haus malen, wird bei den meisten von da an für immer gleich bleiben.

Abbildung 5-6 ▶
Noch ein Selbstversuch

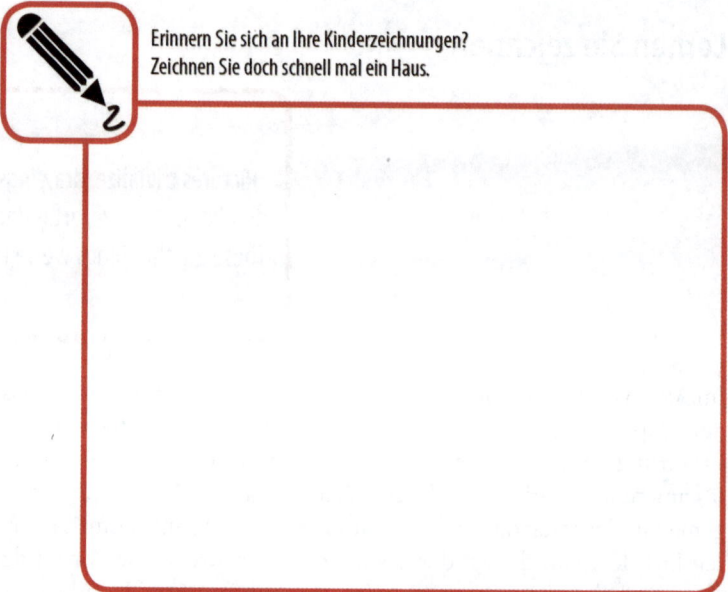

Wenn Sie nicht Architekt oder Künstler sind, haben Sie ein Haus so oder so ähnlich schon im Alter von sechs Jahren gemalt.

Mit zehn wollen Kinder schließlich sehr genau und realistisch malen. Es soll »richtig« aussehen. Da sie jedoch nicht mit den Techniken perspektivischen Zeichnens vertraut sind, geben viele an dieser Stelle frustriert auf und beendend ihre bisherige Entwicklung.

Viele Erwachsene zeichnen heute wie Zehnjährige.

Sie auch? Kein Grund, sich zu entschuldigen. Es geht vielen so wie Ihnen. Doch kann es nicht schaden, sich ein klein wenig weiterzuentwickeln oder einfach Mut zu beweisen und die Fähigkeiten des Zehnjährigen selbstbewusst einzusetzen.

Die Kunstlehrerin Betty Edward sieht zwei Gründe dafür, dass wir plötzlich mit dem Malen aufhören und diese Fähigkeit nicht weiter ausbauen: 1. Wir sind nicht mit den Regeln der visuellen Sprache vertraut. 2. Wir denken viel zu »links«.

Das ABC der visuellen Sprache

In der Schule lernen wir ausführlich die Regeln von Sprache und Schrift. Wir lernen das Alphabet, die Zusammensetzung von Buchstaben zu Wörtern, von Wörtern zu Sätzen, Satzzeichen, Silbentrennung und Vieles mehr. Doch wir lernen fast nichts über das ABC der visuellen Sprache.

Aber Maler, Grafiker, Fotografen und Bildgestalter wissen um die fünf Grundlagen der Wahrnehmung, die für die Deutung von Bildern ähnlich entscheidend sind wie Phonetik, Syntax und Grammatik für Text:

1. Die Wahrnehmung von Kanten: Die Fähigkeit, zu erkennen, wo Dinge aufhören und beginnen.
2. Die Wahrnehmung von Raum: Die Fähigkeit, zu erkennen, was vorne, hinten und daneben liegt.
3. Die Wahrnehmung von Beziehungen: Die Fähigkeit, Proportionen und Perspektiven zu erkennen.
4. Die Wahrnehmung von Licht und Schatten: Die Fähigkeit, Helligkeit und Farbwerte wahrzunehmen.
5. Die Wahrnehmung von »Gestalt«: Die Fähigkeit, Details und gleichzeitig die Form als großes Ganzes zu erkennen.

Das alles sind Fähigkeiten, die Sie mit den Sehübungen auf Seite 185 trainiert haben.

Mehr noch als unsere Unkenntnis über die visuelle Sprache sieht Betty Edwards jedoch unsere »Linkslastigkeit« als Grund dafür, dass wir nicht richtig sehen und damit auch nur eingeschränkt in der Lage sind, zu malen.

Die Dominanz des L-Modus überwinden

Wir trainieren im Alltag regelmäßig unsere linke Gehirnhälfte, die für Text, Sprache und logische Zusammenhänge zuständig ist. Dagegen vernachlässigen wir unsere rechte, intuitive Gehirnhälfte, die für Visuelles und Bildhaftes verantwortlich ist.

Malen und Zeichnen sieht Edwards als ideales Trainingsfeld, um die rechte Gehirnhälfte zu trainieren und dadurch unser Fähigkeit zur besseren Wahrnehmung zu schulen.

»Learning to draw is really a matter of learning to see – to see correctly – and that means a good deal more than merely looking with the eye«, zitiert sie den Künstler Kimon Nicolaides in ihrem Bestseller »Drawing on the right side of the brain«. (»Beim Zeichnenlernen geht es eigentlich um das Sehenlernen – richtig hinzusehen –, und das bedeutet weit mehr, als nur mit den Augen zu sehen.«)

> „Often people hesitate to take a drawing class because they don´t already know how to draw. That is like deciding not to take a Spanish class because you don´t already speak the language."
>
> Betty Edwards

Die Kreativitäts- und Zeichentrainerin Betty Edwards betont, wie stark wir von unserer linken, »logischen« Gehirnhälfte im Alltag dominiert werden: »A caution: as all of our students discover, sooner or later, the left hemisphere is the Great Saboteur of endeavors in art. When you draw, it will be set aside – left out of the game. Therefore, it will find endless reasons for you not to draw: you need to go to the market, balance your checkbook, phone your mother, plan your vacation, or do that work you brought home from the office. What is the strategy to combat that? The same strategy. Present your brain with a job that your left hemisphere will turn down.« (»Eine Warnung: Wie alle unsere Studenten früher oder später bemerken, ist die linke Gehirnhälfte die große Saboteurin künstlerischer Bemühungen. Wenn Sie malen, fühlt sich die linke Gehirnhälfte vernachlässigt – unbeachtet. Deshalb wird sie unendliche Gründe dafür finden, warum Sie nicht malen sollten: Sie müssen einkaufen gehen oder eine Überweisung machen, Ihre Mutter anrufen, Ihren Urlaub planen oder die Arbeit erledigen, die Sie aus dem Büro mitgebracht haben. Was ist die beste Strategie, um das zu umgehen? Dieselbe Strategie. Geben Sie Ihrem Gehirn eine Aufgabe, die die linke Gehirnhälfte ablehnen wird.« Geben Sie Ihrem Gehirn eine Aufgabe, bei der sich die linke Gehirnhälfte ausklinken kann. Beginnen Sie zu zeichnen!

Interessiert es Sie vielleicht, wie dominant Ihre linke Gehirnhälfte tatsächlich ist? Betty Edwards hat dafür eine passende Übung entwickelt.

◀ **Abbildung 5-7**
Mit diesem Vexierbild testen Sie, wie dominant Ihre linke, logische Gehirnhälfte ist. Eine Zeichenübung von Betty Edwards aus Ihrem Buch »Drawing on the Right Side of the Brain«.

Sehen Sie sich die Vase in Abbildung 7 an. Ein Vexierbild, auf dem auch die Profile zweier Menschen zu sehen sind. Doch nun zur Übung:

1. Nutzen Sie eine der Zeichenvorlagen unten (links für Linkshänder, rechts für Rechtshänder) oder laden Sie sich die passende Zeichenvorlage aus dem Internet herunter (Rechtshänder: *http://bit.ly/1bZFTeY*, Linkshänder: *http://bit.ly/1JSVzfU*).

Abbildung 5-8 ▶
Linkshänder nehmen die linke Seite der Zeichnung, Rechtshänder die rechte.

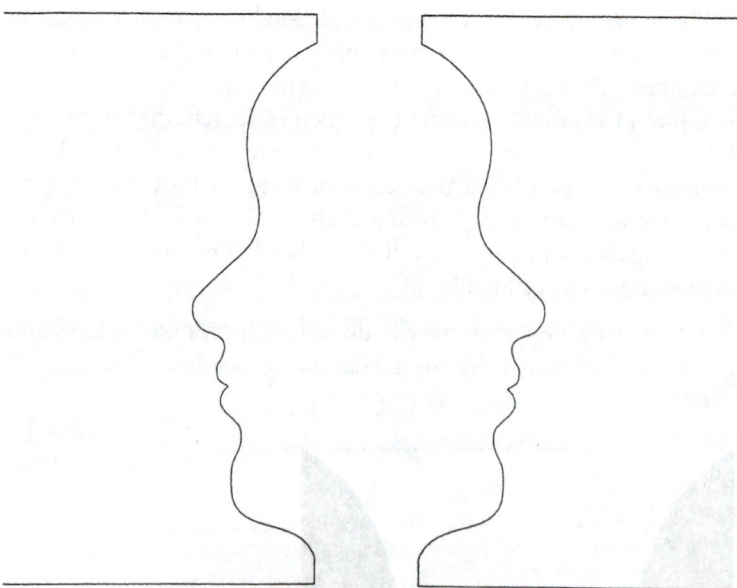

2. Fahren Sie jetzt mit dem Stift die gezeichnete Silhouette entlang und benennen Sie dabei laut jedes Detail des Gesichts wie Kinn, Unterlippe, Oberlippe, Nasenspitze, Nasenrücken, obere Stirn, Haaransatz, so detailliert wie möglich.
3. Zeichnen Sie dann selbst das fehlende Profil auf der anderen Seite und benennen dabei wieder jedes Detail des Gesichts.

Was passiert? Durch die detaillierte Beschreibung des Gesichtes im ersten Teil der Übung wird Ihr logisches, strukturelles Denken bewusst aktiviert. In diesem Modus wechseln Sie nun zum zweiten Teil der Aufgabe, dem Zeichnen. Der Wechsel fällt in der Regel nicht leicht. Denn obwohl Sie für diese Aufgabe die volle Aufmerksamkeit Ihres »visuellen« Hirnzentrums benötigen, ist Ihr »logisches« noch voll aktiv. Vielleicht haben Sie bemerkt, wie die beiden Gehirnhälften in Konflikt geraten, denn erst nach einer Weile gelingt es, sich auf das Zeichnen zu konzentrieren.

 Tipp   Mehr zu dieser Übung finden Sie unter http://www.learn-to-draw-right.com/right-brain-left-brain.html.

Wenn wir uns logisch – mit der linken Gehirnhälfte – vor Augen führen, was wir zeichnen, dann konzentrieren wir uns nicht auf das tatsächliche Bild vor uns, sondern malen nach unserem inneren

Bild, dem »Konzept« des Gegenstandes, das wir in unserem visuellen Gedächtnis gespeichert haben.

Erst wenn wir diese logisch denkende Seite unterdrücken, gelingt es, unvoreingenommen wahrzunehmen und nicht das zu zeichnen, was wir zu wissen glauben, sondern das zu zeichnen, was wir wirklich sehen. Probieren Sie es aus. Nehmen Sie dafür ein Foto oder eine grafische Darstellung und drehen Sie das Bild auf den Kopf. Malen sie es dann nach. Ihr Gehirn wird eine Weile rebellieren, weil die Ansicht »falsch« ist. Wenn Sie sich aber ausschließlich auf die Details des Bildes konzentrieren, kann es klappen.

»I firmly believe that given good instructions, drawing is a skill that can be learned by every normal person with average eyesight and average eye-hand coordination.« (»Ich glaube fest daran, dass die Fertigkeit des Malens mit der richtigen Anleitung von jeder normalen Person mit durchschnittlich guten Augen und durchschnittlicher Hand-Auge-Koordination erlernt werden kann.«) – Betty Edwards geht fest davon aus, dass jeder Mensch zeichnen kann. Das tut auch Dan Roam, der in seinem Buch »Auf der Serviette erklärt« weit weniger künstlerische Ambitionen hat als Betty Edwards. Doch auch er will seine Leser zu mehr visuellem Denken ermuntern: »Visuelles Denken heißt, Ihr inneres Sehvermögen zu nutzen – sowohl mit den Augen als auch mit Ihrer Vorstellungskraft –, um Ideen zu entdecken, die sonst unsichtbar sind, diese Ideen schnell und intuitiv zu entwickeln und anderen dann so zu vermitteln, dass sie sie leicht begreifen.«

Aus diesem einfachen Grund zeichnet Roam Ideen in schlichten Comics und bedient sich dabei eines einfachen Tricks: »Simplify the Story« – Simplifizierung.

Um Ideen, aber auch Aufgabenstellungen oder Herangehensweisen visuell darzustellen, muss Dan Roam diese zunächst durchdenken und auf ihre Grundkomponenten reduzieren. Eine Übung, die ihn diszipliniert und ihm darüber hinaus hilft, Komplexes zu vereinfachen. Dabei bedient sich Roam auch einer sehr einfachen Bildsprache, die zum Nachahmen animiert.

Simplifizierung ist auch eine Arbeitsweise, von der Ihre visuellen Storytelling-Fähigkeiten profitieren können. Versuchen Sie sich in Ihrem nächsten Meeting doch einmal am Flipchart als visueller Storyteller.

Abbildung 5-9 ▶

So einfach können grundlegende Ideen gezeichnet werden. Dan Roam behandelt die Kraft visuellen Denkens in seinem Buch »Auf der Serviette erklärt.«

Doch nicht so schnell. Vorher sollten Sie folgende Schritte berücksichtigen:

1. Durchforsten Sie den Text Ihres Vortrags nach bildhafter Sprache. Verwenden Sie Wörter, die sich direkt in Bilder übertragen lassen. Storyteller sprechen aktiv und plakativ.
2. Übersetzen Sie abstrakte Wörter in bildstarke Begriffe. Nutzen Sie Analogien (Ähnlichkeiten) und Metaphern (Vergleichbares). Markieren Sie die wichtigsten Momente Ihres Vortrags und finden Sie dafür die passenden Symbole – simple Bilder, die Sie schnell und einfach kritzeln (»doodeln«) können.

 Tipp   Visuelles Storytelling kann auch Brainstormings bereichern: Sunny Brown zeigt in ihrem Buch »The Doodle Revolution. Unlock the Power to Think Differently« Kreativitätstechniken mit Doodles. Und noch ein Buchtipp: Auch Wolf W. Lasko hilft beim Brainstormen und Präsentieren mit seinem Buch »Wie aus Ideen Bilder werden«.

▲ Abbildung 5-10
Übersetzen Sie abstrakte Sprache in Bilder.

Und keine Angst vor Ihrem 10-jährigen Alter Ego. Übung macht den Meister, und die Kollegen können es meist auch nicht viel besser. Zur Übung zeichnen Sie doch einfach noch einen Pinguin.

▲ Abbildung 5-11
Wie einfach sich ein Pinguin zeichnen lässt, zeigt Oliver Jeffers in The Guardian, zu finden im Netz unter *http://bit.ly/1zRS9oO*. Hier sehen Sie drei von zwölf amüsanten Schritten.

Lernen Sie, visuell zu präsentieren

»Presentations are no longer just for conferences, speeches, and business meetings. Presentations have become an art form, with highly visual layout, content and snappy bits of text. With creative titles and a defined flow of information, the slide-by-slide navigation of a presentation offers a dynamic visual storytelling opportunity – all without the need for a speaker.« (»Präsentationen sind heute nicht mehr nur für Konferenzen, Reden und Meetings da. Präsentationen haben sich zu einer eigenen Kunstform entwickelt, mit anspruchsvollem visuellem Layout, Inhalt und kleinen Texthäppchen. Mit kreativen Überschriften und einem definierten Informationsfluss wird die Navigation einer Präsentation Seite für Seite zu einer dynamischen Visual-Storytelling-Erfahrung – und das alles, ohne dass ein Sprecher benötigt wird.«) Die Marketingexpertin Ekaterina Walter beobachtet schon seit Jahren den Wandel, den Präsentationen durchlaufen. Was einst als simpler Wissensaustausch, unterfüttert mit einigen Grafiken, begann, ist – dank Konferenzformaten wie TED oder auch Onlineplattformen wie SlideShare – zu einem Event- und Showformat geworden.

 Hinweis Die TED-Konferenz (Technology, Entertainment, Design) wurde erstmals 1984 durchgeführt. Heute zählt das Format zu den erfolgreichsten Konferenzkonzepten. Unter dem Motto »Ideas worth spreading« (»Ideen, die es wert sind, verbreitet zu werden«) treten profilierte Sprecher aus unterschiedlichen Wissensgebieten und Fachbereichen auf. Ihre Popularität gewinnt die TED-Konferenz vor allem durch ihre Website. Viele TED-Vorträge werden in zahlreiche Sprachen übersetzt und locken damit ein Millionenpublikum an. Die Hauptkonferenz TEDGlobal hat zahlreiche Ableger wie TEDx und TEDTalk. Weitere Informationen unter *www.ted.com*.

SlideShare ist eine Onlineplattform zum Austauschen und Archivieren von Präsentationen und Wissensformaten. Die Plattform ging 2006 online und erreicht seither 60 Millionen Nutzer pro Monat. Die meistgenutzten Formate sind Powerpoint, PDF und Keynote (*http://de.slideshare.net*).

Die Zuhörer einer Präsentation erwarten heute vom Redner weit mehr als eine trockene Ansprache und ein paar PowerPoint-Folien. Laut Microsoft, das das erfolgreichste Präsentationsprogramm der Welt vor 25 Jahren auf den Markt brachte, ist PowerPoint heute auf über einer Milliarde Computern installiert und jede Sekunden werden weltweit 350 PowerPoint-Präsentationen gegeben. Kein Wunder also, dass das Publikum übersättigt ist und immer höhere Ansprüche stellt.

Beantworten Sie die Erwartung Ihrer Zuhörer bei der nächsten Gelegenheit doch einfach mit einer bildstarken Story anstatt einer Präsentation, und bedienen Sie sich dabei der Rezepte des visuellen Storytelling. Drei Tipps, mit denen wir uns im Folgenden befassen, lassen sich schnell und effizient umsetzen.

Mit einer Achterbahn zum Präsentationserfolg

Nehmen Sie sich ein Beispiel an der Struktur von Geschichten, die in Videos erzählt werden: Achterbahn statt einer einmaligen Berg- und Talfahrt.

Herkömmliche Präsentationen beginnen mit einer Situationsanalyse und führen langsam zum Höhepunkt des Vortrags, um dann mit zahlreichen Details die Kernthese zu unterfüttern.

◀ **Abbildung 5-12**
Klassischer Aufbau einer Präsentation: Berg- und Talfahrt

Ganz ähnlich verhalten sich die Aufmerksamkeitskurve der Zuhörer und das Energielevel des Vortragenden.

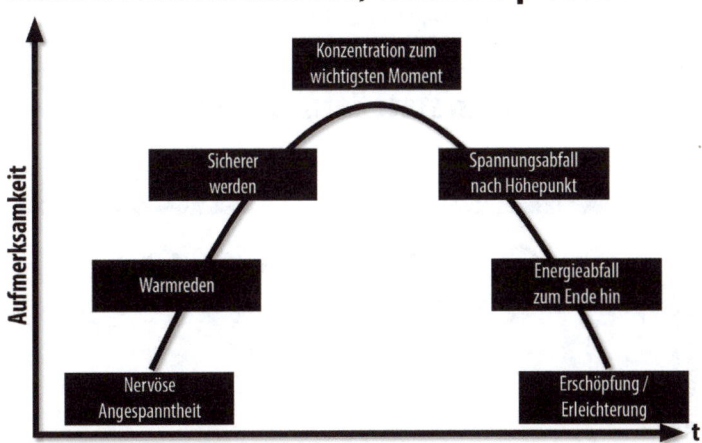

◀ **Abbildung 5-13**
Der Vortragende geht während einer Präsentation vom Gipfel der Aufmerksamkeit wieder hinunter ins Tal.

Doch was macht das Publikum während eines herkömmlichen Vortrags? Anders, als so mancher Vortragende denken mag, hört kein

Publikum hochkonzentriert während des gesamten Vortags zu. Vielmehr nimmt bereits nach 20 Minuten die Aufmerksamkeit um bis zu 90 Prozent ab!

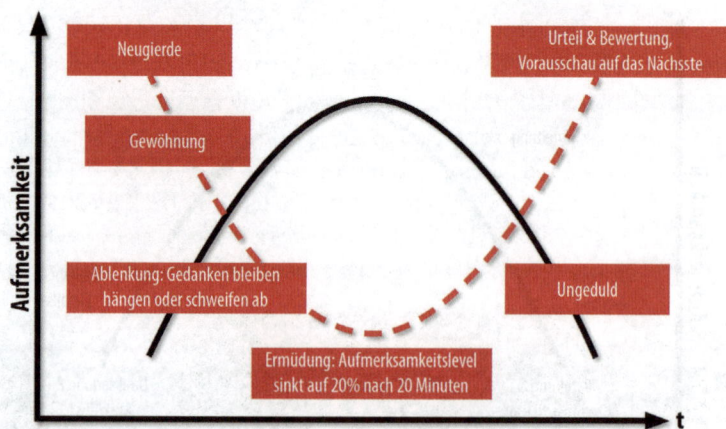

Abbildung 5-14 ▶
Keiner hört zu: Die Aufmerksamkeitskurven des Vortragenden und seines Publikums verlaufen während einer klassischen Präsentation vollkommen konträr zueinander.

Um diesen konträren Verlauf zu vermeiden und das Publikums auf einem möglichst hohen Niveau interessiert zu halten, lohnt es sich, die Storystruktur von Videos zu kopieren: eine emotionale Achterbahn mit einem schnellen Hotstart, der das Publikum sofort packt, gefolgt von immer wieder eingestreuten kleinen Geschichten und Anekdoten, die dazu beitragen, das Energielevel zu halten.

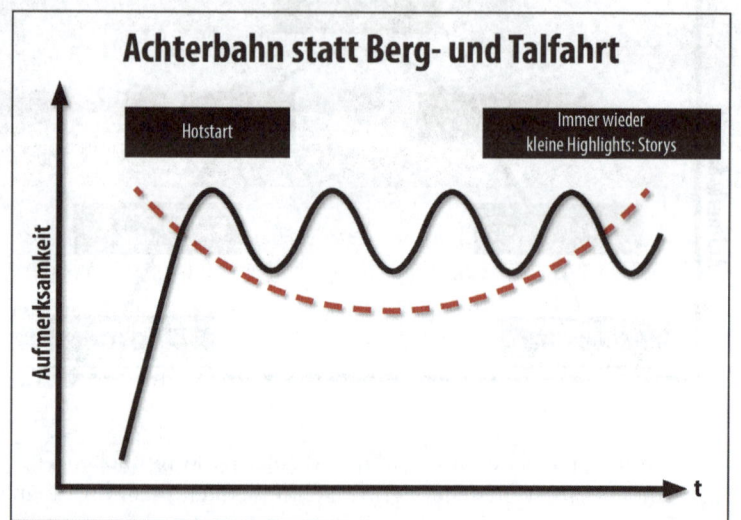

Abbildung 5-15 ▶
Fallen Sie mit der Tür ins Haus und packen Sie Ihr Publikum mit einem »Hotstart«. Lassen Sie es in Ihrem Vortrag dann nicht mehr los, bauen Sie laufend kleine Highlights in Form von Storys und Anekdoten ein.

Tipp Nancy Duarte erläutert in ihrem Buch »resonate« ausführlich, wie man eine Präsentation mit packenden Storys fesselnd inszeniert (Wiley-VCH Verlag, 2012).

Mit Wörtern Kino im Kopf auslösen

In Ihrer Präsentation sitzen unterschiedliche Typen: auditive, visuelle, kommunikative und motorische. Gemeint sind Lerntypen. Jeder von ihnen lernt auf unterschiedliche Weise – durch Zuhören, durch Lesen und Sehen, durch Diskussion mit anderen oder durch eigene Erfahrung.

Hinweis Wenn Sie wissen wollen, welcher Lerntyp Sie selbst sind – hier geht's zum Lerntyptest: *http://bit.ly/1L4SXvv*.

Für Ihren Vortrag stehen Ihnen alle diese Möglichkeiten offen, doch den besten Effekt erzielen sie, indem Sie die Eindrücke kombinieren. Die Erinnerungsquote steigt deutlich an, je mehr Sinne am Lernprozess beteiligt sind: nur hören 20 % – nur sehen 30 % – sehen und hören 50 % – sehen, hören und diskutieren 70 % – sehen, hören, diskutieren und selbst erfahren 90 %.

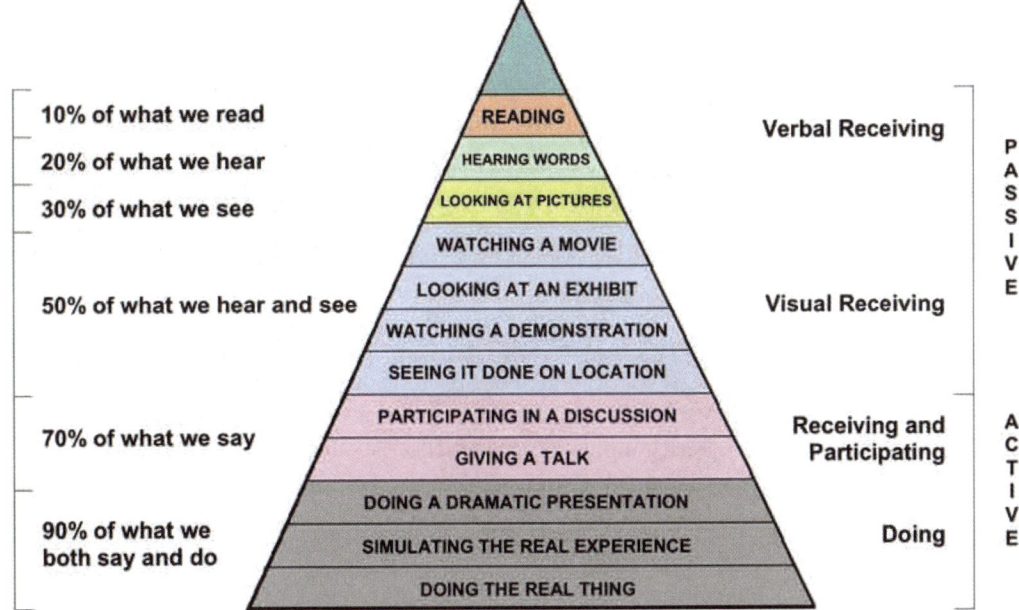

▲ **Abbildung 5-16** Zu 50 % besser lernen wir durch Hören und Sehen, 90 % durch Selbstreden und -machen. Paul John Phillips, Professor an der University of Texas, war einer der ersten, der in den 40 Jahren des letzten Jahrhunderts auf diese Statistiken aufmerksam machte.

Hören und Sehen steigern den Lerneffekt bei Ihren Zuhörern bereits um 50 %, daher sollten Sie Bilder als Informationsanker für Ihren Vortrag nutzen – und zwar nicht nur tatsächliche Bilder, sondern auch innere Bilder.

Visuelles Storytelling entfaltet sich am stärksten, wenn Wort und Bild ideal miteinander verschränkt sind und einander verstärken. Daher achten Sie bei Ihrer nächsten Präsentation auch auf die Wörter, die Sie verwenden. Verwenden Sie eine kraftvolle und aktive Sprache, die Ihre Geschichte zum Leben erweckt und bei Ihrem Gegenüber Bilder im Kopf erzeugt.

Videotipp Martin Sykes, Autor von »Stories that Move Mountains«, spricht über die Vorzüge von Storytelling in Präsentationen und darüber, wie man die passenden Bilder findet: *http://bit.ly/1HoZXTr*.

Verzichten Sie auf Nominalstil, komplexe Satzverschränkungen und passiven Satzaufbau und wechseln Sie zu plakativen Ausdrücken, die Ihre Geschichte freudvoll inszenieren. Ersetzen Sie an den passenden Stellen die komplexe Sprache des Experten durch die pralle, bunte Sprache der Storytellers – so gewinnen Sie die Aufmerksamkeit Ihres Publikums garantiert zurück.

Bild ist die Botschaft

Letztendlich jedoch sollten Sie komplett umdenken: »Don't tell people. Show it to them.« Das ist das Motto, das Steve Jobs zu einem herausragenden Präsentator machte und ihm half, unverwechselbare Bilder im Kopf seines Publikums zu verankern.

Videotipp Ein visueller Storyteller in Aktion: Steve Jobs präsentiert 2007 das iPhone. Eine legendäre und sehenswerte Präsentation (*http://bit.ly/1D4WaYJ*).

Visuelle Storyteller wie Steve Jobs stellen anstatt des Textes die Bildbotschaft in den Mittelpunkt ihrer Präsentation, beginnend mit der Überlegung, welches visuelle Ziel durch die Präsentation erreicht werden soll. Welches Bild soll letztendlich hängenbleiben – welche tatsächlichen Bilder und/oder welche imaginären?

Beginnen Sie bei der Vorbereitung auf Ihre nächste Präsentation nicht mit dem Text, sondern mit dem Bild, das Sie vermitteln wollen. Planen Sie die visuelle Inszenierung Ihrer Präsentation sorgfältig: Welches Bild soll der Zuschauer als erstes sehen? Welches Bild garantiert Ihnen einen Hotstart? Mit welchen visuellen Reizen können Sie die Aufmerksamkeit des Publikums immer wieder zurückgewinnen?

Helfen Sie Ihrem Publikum auch, die Bilder einzuordnen, denn an jeder Bildwahrnehmung ist die persönliche Vorstellungskraft beteiligt. Prüfen Sie daher, ob die inhaltlichen Prioritäten mit den visuellen übereinstimmen.

„Ein guter Vortrag konzentriert die Blicke auf die Bilderwand und lässt das aufmerksame Sehen zu einer kontrollierten Handlung werden."

Steffen Bogen

Jedes Bild, das Sie zeigen, sollte dabei nicht nur die Geschichte, die Sie erzählen, duplizieren und dekorativ bebildern. Visuelle Storyteller haben den Anspruch, ihrem Publikum Bilder zu zeigen, die mehr als das Oberflächliche zeigen, die einen Mehrwert bieten. Setzen Sie Ihre Visuals daher bewusst und intelligent ein – als Hingucker, als Augenschmaus, als zündenden Funken oder als hintergründige Zitate.

Big Pictures for Small Screens

Und beherzigen Sie letztendlich den Rat von Guy Merrill, Senior Art Director von Getty Images: »Große Bilder für kleine Bildschirme.«

Auch wenn wir Vorträge für die große Leinwand und den Liveeinsatz planen, so landen viele Präsentationen später auf kleinen Bildschirmen wie Laptops oder Smartphones. Gönnen Sie Ihren Bildern Raum: je größer und je weniger, desto bessere Effekte erzielen Sie. Nur dominant präsentierte Bilder bleiben beim Zuschauer haften.

Die durchschnittliche Präsentation auf der Onlineplattform SlideShare umfasst 19 Seiten und 19 Bilder – also ein Bild pro Seite. Und übrigens durchschnittlich 24 Wörter pro Seite.

Hinweis	Während allgemein der Rat gilt, möglichst wenige Präsentationscharts zu verwenden (pro Minute ein Chart), basieren »Rapid Fire«-Präsentationen auf dem genauen Gegenteil: Sie arbeiten in möglichst kurzer Zeit mit möglichst vielen Charts. Das visuelle Erlebnis dieser Präsentation gleicht dem eines Filmes. »Rapid Fire«-Präsentationen illustrieren jede Bemerkung des Präsentators, bauen parallel noch zusätzliche Erzählstränge ein wie Witze, humorvolle Zitate und Referenzen und halten

das Publikum durch ein Feuerwerk an visuellen Eindrücken aktiv. Ein Beispiel – inhaltlich aus dem Bereich Storytelling – ist »The Hero's journey« vom Animationsstudio Extra Credits, zu sehen hier: *http://bit.ly/1vFaSPU*.

Lassen Sie sich visuell inspirieren

Sind Sie jetzt bereit, visuelles Storytelling professionell anzuwenden?

Wir vermuten: noch nicht ganz. Sie haben in diesem Trainingscamp gelernt, aktiv hinzusehen und bewusst wahrzunehmen. Sie haben sich mit dem ABC der visuellen Sprache vertraut gemacht und ihre linke Gehirnhälfte ein wenig im Zaum gehalten. Sie haben möglicherweise zum ersten Mal wieder gemalt, seit Sie zehn Jahre alt waren. Sie haben sich überlegt, mit welchem Big Picture Sie Ihre nächste Präsentation eröffnen können.

Doch bevor wir Sie weiter zum Basislager führen und mit den Grundstrategien des visuellen Storytelling für Unternehmen und Marken vertraut machen, sollten Sie sich die Zeit nehmen und sich visuell inspirieren lassen:

- Segeln Sie auf die Bermudas und pflanzen Sie virtuell eine Blume für John Lennon im Botanischen Garten, mit der App »Bermuda Tapes« (*http://www.lennonbermudatapes.com*).
- Verändern Sie das Wetter und lassen Sie es schneien oder die Sonne scheinen, wie in der Liebesgeschichte von Geox (*http://amphibiox.geox.com/amphibiox2014/de_de/the-film*).
- Drücken Sie die »R«-Taste und wechseln Sie die Perspektive auf der Fahrt mit dem Honda Civic TypeR (*http://hondatheotherside.com/d.php*).
- Malen Sie ein Bild für Johnny Cash: 2010 wurde »Ain't no grave«, die letzte Aufnahme des Countrysängers, posthum veröffentlicht. Um an den Star zu erinnern, kreierte der Interactive-Artist Chris Milk in Zusammenarbeit mit dem Google Creative Lab ein »Crowdsourcing-Musikvideo«, in dem jeder User ein Bild online gestalten kann, das sich anschließend in das Musikvideo von »Ain't no grave« einreiht (*http://www.thejohnnycashproject.com*).
- Gehen Sie in eine Fotoausstellung. Sehen Sie bei Andreas Gursky genau hin, wie er seine Bilder komponiert (*http://bit.ly/1ArwBjB*) und entdecken Sie die Geschichten der inszenierten Fotografie von Jeff Wall (*http://bit.ly/1Ki4HOm*).
- Und sehen Sie sich die bildgewaltige Multimedia-Show von WWF France zum 40-jährigen Jubiläum an (*http://40.wwf.fr/fr*).

Versäumen Sie nicht, so viele Erfahrungen mit visuellen Storys – online und offline – wie möglich zu machen. Nur wenn Sie mit eigenen Augen die Bildgeschichten von Grafikern, Fotografen, Filmemachern, Spieleentwicklern, Journalisten, Künstlern und auch mutigen Unternehmen und Marken sehen, können Sie sich als visueller Storyteller weiterentwickeln.

Und flüchten Sie nicht vor Ihren eigenen, imaginären Bildgeschichten. Träumen Sie und trainieren Sie so Ihre Phantasie. Denn Vorstellungskraft ist ein »Testlauf ohne Risiko«. Viel zu sehr verlieren wir ohnehin die Fähigkeit zum Tagträumen, da wir uns »Totzeit« nicht mehr gönnen und diese Zeit lieber mit dem Blick auf das Handy totschlagen. Träumen Sie und lassen Sie sich von Bildern inspirieren und in neue Welten entführen – wie zum Beispiel von Bildern von Tatsuo Horiuchi. Bilder, die der Japaner erstaunlicherweise mit dem Datenverarbeitungsprogramm Excel erstellt!

◀ **Abbildung 5-17**
Unwirkliche Traumbilder, die Geschichten erzählen – von Tatsuo Horiuchi in Excel erstellt

Auf ins Basislager: Grundstrategien des visuellen Storytelling

Mit »It's all storytelling, you know«, spricht der US-amerikanische Journalist Tom Brokaw aus, was viele Kommunikationsexperten denken. Storytelling scheint zum Allheilmittel der modernen Kommunikation zu werden und fast überall Anwendung zu finden. Doch Brokaws Zitat geht noch weiter: »... and that's what journalism is all about.«

Ob Journalismus, Marketing oder auch PR, die unterschiedlichsten Kommunikationsdisziplinen versuchen den Begriff immer wieder für sich zu vereinnahmen und zu besetzen. Unzählige Definitionen des Fachbegriffs »Storytelling« kursieren und machen die Einordnung dieser Methode nicht einfach.

Doch wo auch immer »Storytelling« letztendlich beheimatet ist, entscheidend ist, dass der Begriff eine Schnittmenge darstellt, die für die Unternehmenskommunikation von höchstem Interesse ist.

Abbildung 5-18 ▶
Storytelling – ein Begriff mit vielen Facetten

Storytelling ist eine Methode der Überredungskunst. Durch Geschichten lassen sich kritische Zuhörer nachweislich besser überzeugen als durch rationale Argumente. Storytelling ist in diesem Zusammenhang als rhetorisches Mittel zu verstehen, und visuelles Storytelling kommt in Reden und Präsentationen bildstark zum Einsatz.

Die ursprüngliche Herkunft des Storytelling liegt in der Kunst. Literatur, Theater und Film sind nur einige der zahlreichen künstlerischen Ausdrucksformen mit narrativer Erzählstruktur. Ob Mythos, Märchen, Roman oder Kurzgeschichte, ob oral, verbal, visuell oder interaktiv erzählt – jedes Zeitalter präsentierte seinem Publikum Geschichten in neuer Form.

Seit Anfang des 21. Jahrhunderts erfährt Storytelling im Journalismus eine Renaissance. Die Skepsis gegenüber dieser subjektiven Form der Berichterstattung ist zwar groß, da sie als zu emotional gilt, doch entpuppt sich das exemplarische Erzählen mehr und mehr als Erfolgskonzept – online wie offline.

Der jüngste Wirkungskreis von Storytelling sind Unternehmenskommunikation und Marketing. Geschichten werden hier als frische Kommunikationstechnik eingesetzt, um interne und externe Zielgruppen wirkungsvoll anzusprechen, wenn altbekannte Rezepte an ihre Grenzen stoßen. Unternehmen nutzen Storytelling dabei nicht mehr nur in der engen Definition der »Corporate Story«, der Darstellung der eigenen Unternehmensgeschichte, sondern sie setzen die Persuasionskraft, die Kunst des exemplarischen Erzählens sowie die künstlerischen Elemente des Storytelling mittlerweile in allen Bereichen der Unternehmenskommunikation und des Marketing ein.

Content – Context – Creation

Unternehmen, die visuelles Storytelling strategisch in ihre Kommunikation einplanen, orientieren sich an den drei »C«: Content, Context und Creation.

1. Content-Management definiert die Inhalte des visuellen Storytelling. Es beginnt mit der Analyse der Corporate Identity und des Markenkerns als Basis zukünftiger Geschichten und reicht bis zur Festlegung visueller Kernelemente wie Form- und Farbsprache von Symbolen und Bildern. Darüber hinaus werden Key-Visuals festgelegt, zentrale Bildelemente, die die Wiederer-

▼ Abbildung 5-19
Strategien des visuellen Storytelling auf einen Blick

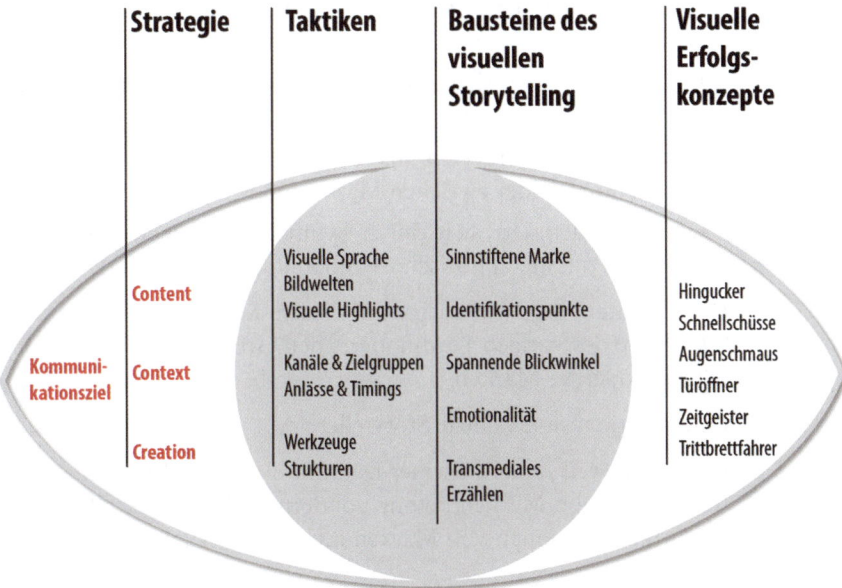

kennung garantieren (visuelle Hubs), sowie Erzähl- und Bildwelten, mit denen das Unternehmen oder die Marke nach innen und außen auftreten (visuelle Highlights).
2. Context-Management bezeichnet Strategien und Taktiken, die die Beziehung des Unternehmens mit seinen Ziel- und Stakeholder-Gruppen gestalten. Hierzu zählt die Festlegung aller Kommunikationsmedien (Owned, Earned, Paid), Kommunikationskanäle und Communities (Facebook, Instagram, Pinterest etc.) sowie der Kommunikationsanlässe (Timings).
3. Creation-Management schließlich bezeichnet die Auswahl und Gestaltung der Werkzeuge, die für visuelles Storytelling zum Einsatz kommen, sowie die interne Organisation der Kommunikationsarbeit. Eine Neuausrichtung ist hier notwendig, denn visuelles Storytelling stellt einige Ansprüche an die Unternehmenskommunikation und das Marketing, die von herkömmlichen Strukturen und dem gewohnten Einsatz Ressourcen abweichen.

Sehen wir uns die einzelnen Bereiche einmal im Detail an.

Die visuelle Sprache finden

Fragt man den Markenguru David A. Aaker, was eine Marke ausmacht, so bekommt man vier Antworten:

- »Marke definiert sich aus dem Produkt.« (Produkteigenschaften, Qualität und Wertigkeit, Anwendungsgebiete und Produktionsort)
- »Marke definiert sich aus dem Unternehmen.« (Unternehmensorganisation, Regionalität)
- »Marke definiert sich als Person.« (Markenpersönlichkeit, Beziehungsfelder zwischen Marke und Kunden)
- »Marke definiert sich durch Symbole.« (visuelle Bildsprache sowie Ton, metaphorische Symbolik und Markenherkunft)

Der »Urvater« der Marke legte mit diesem Modell bereits Mitte der 90er Jahre des vorigen Jahrhunderts den Grundstein für das Storytelling moderner Marken.

Denn Marken sind visuelle Storyteller.

Nicht nur, weil Aaker in seiner Definition die visuelle Symbol- und Bildsprache von Marken betont, sondern auch und vor allem, weil die Grundfunktionen von Marken mit denen visueller Storys übereinstimmen.

Marken sind visuelle Storyteller

Marken	Visuelles Storytelling
Marken geben Orientierung. (Wiedererkennung)	Visuelle Stories geben Orientierung. (Erzählstruktur / Visualisierung)
Marken geben Vertrauen. (Qualität, Verlässlichkeit)	Visuelle Stories geben Vertrauen. (Held als Identifikationsfigur, „Seeing is believing")
Marken fördern Verbundenheit und emotionale Bindung.	Visuelle Stories fördern Immersion und wirken emotional.
Marken stärken das Selbstbild ihrer Kunden und fördern deren sozialen Status.	Visuelle Stories werden weitererzählt und stärken den sozialen Status ihrer Fans.

◀ **Abbildung 5-20**
Marken und die Dimensionen des visuellen Storytelling.

Corporate Identity und Corporate Design sind die Basis der visuellen Sprache eines Unternehmens und einer Marke. Ihre wichtigsten Elemente sind Farben, Formen und Key-Visuals. Hierzu zählt selbstverständlich das farbgebende Logo einer Marke, aber auch typische Produktformen und Muster. Denken Sie etwa an die einzigartige Flaschenform von Coca-Cola oder die Dreiecksform von Toblerone sowie wiederkehrende Symbole und Key-Visuals wie zum Beispiel das Segelschiff der Biermarke Becks oder den Granny-Smith-Apfel der Zahnpasta Blend-a-med.

Effektives visuelles Storytelling nutzt diese definierten Markenelemente und setzt sie narrativ ein.

Modernes Marken-Modelling umfasst allerdings nicht nur feststehende Inhalte (Identity) und Symbole (Design), sondern auch dynamische. Zur visuellen Sprache einer Unternehmensmarke gehört daher auch die Festlegung von Bildräumen und Bildwelten, die mit der Marke assoziiert werden. Gemeint sind die Bildtonalität und Ästhetik einer Marke, die weltweit verstanden und eindeutig zugeordnet werden können.

»Mit austauschbaren Texten und Bildern kann man nicht auffallen, sich unterscheiden und einzigartig attraktiv sein.« Der Kommunikationsexperte Dieter Georg Herbst geht in seinem Buch »Bilder, die ins Herz treffen« mit den Bildwelten und der Bild-PR deutscher Unternehmen hart ins Gericht: »Unternehmen schöpfen die Potenziale von PR-Bildern bislang nicht aus. Ein kostspieliges Versäumnis: Unternehmensbotschaften werden künftig vor allem durch PR-Bilder vermittelt, da Texte an Bedeutung verlieren. Mehr noch: Bilder werden künftig über den Kommunikationserfolg entscheiden.

Wer auf den Einsatz professioneller Bilder verzichtet, verschenkt eine Chance, sich im Wettbewerb zu behaupten.«

Abbildung 5-21 ▶
Was Farben über ihre Absender sagen: Neil Patel von Quicksprout hat einige Marken zusammengestellt: *http://www.quicksprout.com*.

Dabei ist Herbst vor allem der Einfluss auf die »inneren« Markenbilder wichtig: »Ein Image setzt sich aus allen Vorstellungsbildern zusammen, die wir von etwas haben«, denn innere Bilder ...

- setzen Produkte von der Masse ab,
- sorgen für Wiedererkennung,
- emotionalisieren und
- helfen Kunden, sich mit dem Produkt zu identifizieren.

Visuelle Storyteller gehen von einem umfassenderen Markenbegriff aus als der puren Definition von Logo, Formen und Farben. In

Anlehnung ans Computerspieldesign gilt es, als Basis zukünftiger Markenstorys eine »RaumFiktion« zu definieren.

> ### Übung: Auf die inneren Bilder hören
>
> Wie eindeutig sind die inneren Bilder Ihrer Marke? Dazu eine kleine Übung mit drei Fragen:
>
> 1. Welches innere Bild entsteht, wenn Sie »Milka« hören?
> 2. Welches innere Bild entsteht, wenn Sie »Jever« hören?
> 3. Welches innere Bild entsteht, wenn Sie Ihre eigene Marke hören?
>
> Zugegeben, ein sehr plakativer Test. Nicht jedem steht ein finanzstarkes Werbebudget wie Milka oder Jever zur Verfügung, um Bilder zu kreieren. Doch visuelles Storytelling ist auch mit geringen finanziellen Mitteln möglich – vorausgesetzt, man weiß, welche Bilder man verwenden und erzeugen will.

Die »RaumFiktion« eines Computerspiels beschreibt den räumlichen, aber auch optischen und zeitlichen Raum eines Spiels, der die Erzählwelt begrenzt und in dem sich die Spieler bewegen. Sie legt die Regeln fest, die für das jeweilige Game gelten. Die »RaumFiktion« hat damit entscheidenden Einfluss auf die Identifikations- und Immersionskraft des Spiels und somit auf den Erfolg des Spiels.

Ganz ähnlich sollten auch Marken ihre »Erzählwelt«, ihre »RaumFiktion« abstecken. Zwei Bezugspunkte helfen dabei, diese Eingrenzung vorzunehmen:

1. »Heritage«: die Markenherkunft bzw. der Gründungsmythos einer Unternehmens- oder Produktmarke
2. »Core«: der Markenkern bzw. die Vision einer Marke

Markenherkunft und Gründungsmythos sind rückwärtsgewandte narrative Konzepte, basierend auf der Entstehungsgeschichte eines Unternehmens oder einer Marke. Diese Storys zeigen die Gründungsväter und -mütter als »Überfiguren« und beschwören den Gründungsgeist und die Vision, die wegweisend waren und bis in die Gegenwart Gültigkeit haben.

Fantastisch erzählt zum Beispiel Karl Lagerfeld den Gründungsmythos der Marke Chanel mit einer Geschichte, in der er Geraldine Chaplin als Coco Chanel und Pharrell Williams als Liftboy auftreten lässt und nacherzählt, wo Coco Chanels erstmals die Idee zu ihrer berühmten Kostümjacke hatte: in einem Hotel in der Nähe von Salzburg 1954.

Abbildung 5-22 ▶

»Reincarnation« – visuelles Storytelling von Karl Lagerfeld zu Ehren von Coco Chanel. Zu sehen auf YouTube *http://bit.ly/1zJe9ld*.

Noch weiter geht Chanel mit der Videoserie »Inside Chanel«. In 44 Filmen erfährt der Kunde Details zur Geschichte der Marke und wird darüber hinaus dazu eingeladen, in das Innere der Marke vorzudringen, um Markenkern und Markenvision von Chanel zu entdecken.

Abbildung 5-23 ▶

Über 32 Millionen Views für 44 Filme der Luxusmarke Chanel. Die meisten Besucher der Website *www.inside.chanel.com* wollten Marilyn Monroe sehen, einen Teil des Gründungsmythos der Marke.

»Core«, der Markenkern und die Vision einer Marke, verweisen im Gegensatz zum Gründungsmythos nicht auf die Vergangenheit, sondern definieren Gegenwart und Zukunft einer Marke. Wie die Gründungsgeschichte, so gilt es auch diese Werte und Visionen narrativ und visuell zu erzählen.

Apple tat das 2013, zwei Jahre nach dem Tod des Firmengründers, mit einem »Manifesto« in einem für Apple typisch reduzierten Stil, anzusehen auf YouTube unter *http://bit.ly/1HveRri*.

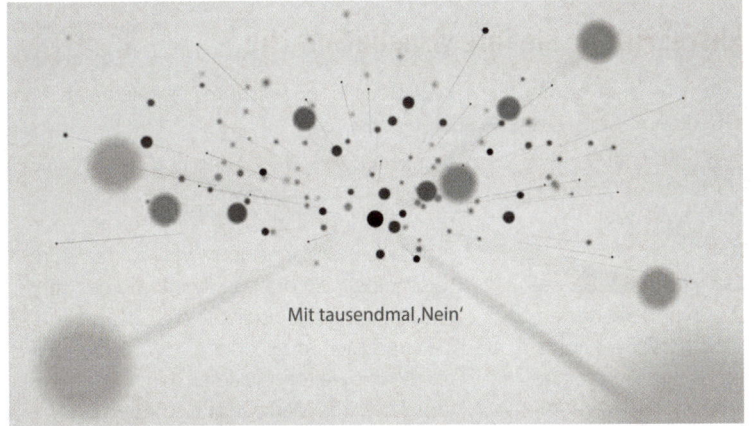

◄ **Abbildung 5-24**
»Designed by Apple in California«, so der Titel des Apple-Manifesto, dargestellt mit reduzierten Bildwelten unter *http://bit.ly/1HveRri*.

Mit einer visuellen Markenstory präsentiert sich auch Montblanc seinen Kunden. Der Schreibwarenhersteller, berühmt für hochwertige Füller, beauftragte 2014 die französische Schriftstellerin Tatiana de Rosnay, eine Geschichte zu schreiben, die die Werte der Marke Montblanc verkörpert. »A Parisian Winter Tale«, die Geschichte einer jungen Frau, die auf der Straße ein Portemonnaie mit alten Liebesbriefen findet, ist eine Hymne an Dinge, die von Hand und mit Liebe gemacht sind, passend zu Montblanc und seinen Produkten. Dabei ist es nicht nur die Geschichte selbst, die Montblanc repräsentiert, sondern vielmehr noch die Art und Weise, in der die Geschichte visuell erzählt wird. Aber sehen Sie selbst: *http://bit.ly/1KlJOSk*.

◄ **Abbildung 5-25**
»A Parisian Winter Tale« – eine Geschichte, die die Werte der Marke Montblanc zeigt – in Form von wunderschön gefaltetem Papier. Unbedingt ansehen: *http://bit.ly/1KlJOSk*.

Checkliste: Finden Sie Ihre visuelle Sprache

- Farben: Welche Farbwelten werden durch das Corporate Design definiert? Sind das Farben, die Ihr Unternehmen und Ihre Marke unverwechselbar machen, oder müssen Sie zur Differenzierung auf andere visuelle Elemente zurückgreifen?
- Design: Bieten Ihre Produkte ein außergewöhnliches Design, Formen und Silouetten, die sich markant vom Wettbewerber abheben und merkfähig sind? Lassen sich solche Formate kreieren? Finden sich andere »typische« Formen, die man in der Kommunikation verwenden kann, z. B. Gebäudeformen, Fahrzeuge etc.? Durchforsten Sie Ihr Unternehmen auf ungewöhnliche Formen und Umrisse, die Ihnen ein Alleinstellungsmerkmal geben.
- Key-Visuals: Welches Bild soll Ihr Kunde im Kopf haben, wenn er an Ihr Unternehmen und Ihre Marke denkt – abgesehen vom Produkt selbst oder dem Logo? Gibt es ein Key-Visual, das Ihnen hilft, Ihre Geschichte zu erzählen?
- Bildwelten: Erstellen Sie ein »Moodboard« (Collage) mit der Bildwelt, die Ihr Unternehmen oder Ihre Marke repräsentiert (ohne die Produkte und das Logo zu verwenden). Unterscheidet sich diese Bildwelt von der Ihrer Wettbewerber? Zeigen Sie die Collage Kunden und Meinungsbildnern und prüfen Sie, ob die Bildwelten tatsächlich Ihr Unternehmen bzw. Ihre Marke repräsentieren.
- Gründermythos: Definieren Sie die Geschichte und die Bilder, mit denen Sie den Gründungsmythos Ihres Unternehmens und Ihrer Marke erzählen.
- Markenkern: Beschreiben Sie den Markenkern Ihrer Unternehmens- und Produktmarke in Worten *und* Bildern (als Grafik, Foto, Moodboard/Collage, Film, Multimediastory oder interaktiv – probieren Sie möglichst viele Werkzeuge des visuellen Storytelling aus).

5 strategische Bausteine des visuellen Storytelling

Sprache allein macht keine Geschichte, und so ist die Definition einer visuellen Sprache kein Garant für ein erfolgreiches visuelles Storytelling. Daher wollen wir an dieser Stelle nochmals an die fünf Bausteine erinnern, die gute Geschichten in der Unternehmenskommunikation und im Marketing auszeichnen.

Sinnstiftende Marke als Grundlage nutzen

»It's not just a coat. That coat has a story – and that story serves as an entry point for Burberry (...) ›People want the soul in things. They want to understand the whys and the whats and the values that surround it.« (»Es ist nicht nur ein Mantel. Der Mantel hat eine Geschichte – und die Geschichte dient als Einstiegspunkt für Burberry. Die Menschen wollen die Seele in Dingen sehen. Sie wollen das Warum, das Was und die Werte drumherum verstehen.«) So erklärt Christopher Bailey, Creative Director und CEO von Burberry, warum seine Marke so viel Wert auf visuelles Storytelling legt.

Videotipp »Why«, »How«, »What« – mit diesen drei Fragen erklärt Simon Sinek in seinem TED-Talk nicht nur das Erfolgskonzept großartiger Redner, sondern auch den Code kommunikativ erfolgreicher Marken: »How Leaders Inspire Action«, Sineks inspirierende Rede gibt es auf YouTube unter *http://bit.ly/1oRRpNH*.

Die Vision einer Marke, also das höhere Ziel, das sie verfolgt, sowie die Werte, für die eine Marke steht, prägen die Storyline guter Markengeschichten. »Visual Thinking« ist erforderlich, um den Grund und Anlass einer guten Geschichte bildstark in Szene zu setzen.

Identifikationspunkte schaffen

Geschichten bieten dem Publikum Identifikationsfiguren. Visuelle Storys – Filme, aber auch Grafiken und Fotos – zeigen Helden: Bezugspunkte, mit denen sich der Zuschauer identifizieren kann und die er deswegen »liket« und »sharet«.

Spannende Blickwinkel bieten

Gute Geschichten beginnen mit einem Konflikt. Besonders visuellen Storys gelingt es, interessante Blickwinkel und Einblicke zu zeigen, die einen packenden Spannungsbogen schlagen. Dabei muss nicht alles ins Bild kommen: »Inspire, don't inform« – narrative Bildelemente bieten dem Zuschauer Mehrwert und animieren ihn, selbst mehr zu entdecken.

Varianz und Medienmix halten den Spannungsbogen. Marken sollten nicht als starre Konzepte verstanden werden und nicht immer gleiche Bilder zeigen. Allzu schnell tritt dadurch ein Gewöhnungseffekt ein – und das Publikum langweilt sich.

Moderne Marken verstehen sich als variable Muster, um spannend zu bleiben – ganz ähnlich einem Musikstück, das wir anhand seiner Melodie oder eines Grundakkords wiedererkennen, der immer wieder leicht verändert anklingt. Die starre Wiederholung immer gleicher Akkorde nehmen wir negativ als monoton war. Daher setzen kreative Marken auf variierende Bildmuster, die ihr Publikum auch immer wieder positiv überraschen.

Tipp Das Markenkonzept »Brand as Patterns« (Marken als Muster) von Marc Shillum ist auf der Website von Method nachzulesen: *http://method.com/ideas/10x10/brands-as-patterns*.

Emotional werden

Geschichten wecken Empathie. Ganz besonders visuelle Geschichten, denn sie sprechen mehrere Sinne an. Storytelling gibt Unternehmen und Marken die Möglichkeit, der Forderung nachzukommen, sich »menschlicher« darzustellen und mehr »Persönlichkeit« zu zeigen. Zuschauer zu erstaunen oder zu Tränen zu rühren, ist kein Zeichen von Schwäche, sondern ganz im Gegenteil eine Stärke, mit der Marken ihre Zielgruppe emotional involvieren und langfristig an sich binden können.

Transmedial erzählen

Gute Geschichten werden weitererzählt. Gute visuelle Storys werden »gesharet«. Zentrales Element einer Storytelling-Strategie sind daher Inhalte, die leicht weitergereicht werden können und »atomisierbar« sind.

Der österreichische Schriftsteller und Journalist Peter Glaser nutzte Anfang 2015 in einem vieldiskutierten Aufsatz in der Zeitschrift

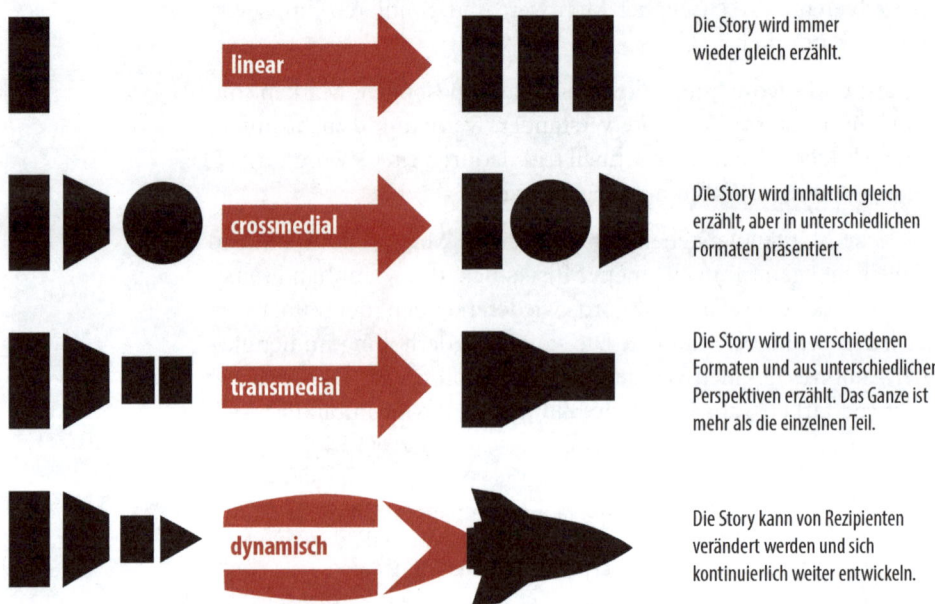

Abbildung 5-26 ▼
Neue Medien ermöglichen neue Erzählformate.

»GDI Impulse« erstmals den Begriff der »Atomisierung der Medienlandschaft«: »Die klassische Struktur der Zeitung zerflimmert im Netz. Sie ruht auf dem Fundament einer festgelegten Sortierung der Welt in Titelseite, Aktuelles, Wirtschaft, Feuilleton und so fort. Aber auch das feste Molekül Zeitung löst sich auf in einzelne Artikel und Text-Tracks, die nun als kybernetisches Konfetti durch die Teilchenbeschleuniger im Netz sausen. Sie werden in den sozialen Medien verteilt, via Facebook empfohlen, retweetet, rebloggt und als Zitate und Ausschnitte noch weiter atomisiert. So ergibt sich ein neues Gewebe aus Nachrichten, das mit der konventionellen Anordnung von Information nur noch wenig zu tun hat. Es ist eine Art flüssige Zeitung. Ein Stream. Und es weist neue, übergeordnete Qualitäten auf, die eine einzelne Zeitung gar nicht hervorbringen kann – eben weil sie nur eine ist.«

»Snackable Content« lautet das Buzzwort für skalierbare Inhalte, die passend für die unterschiedlichen Kommunikationskanäle in kleine Portionen zerteilt werden und so transmediales Erzählen ermöglichen.

Was Bilder strategisch leisten müssen

Bilder tragen heute große Verantwortung. Während sie in der Vergangenheit vor allem zur Ausschmückung und Visualisierung von Textinhalten genutzt wurden, tragen sie in modernen Kommunikationsprogrammen mehr und mehr die Hauptlast der Kommunikationsaufgabe. Sie sollen nicht mehr nur visualisieren und die Zielgruppe informieren, sondern auch inspirieren, motivieren und mobilisieren.

Was Bilder leisten

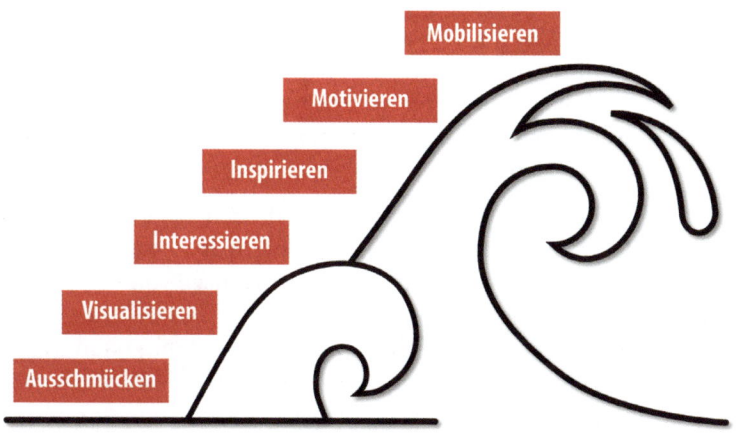

◀ Abbildung 5-27
Bilder tragen Verantwortung: je mehr, desto besser.

Je mehr Aufgaben ein Bildmotiv übernimmt, desto besser gelingt es ihm, aus der Flut der Bilder herauszuragen. So setzte beispielsweise zum 50. Geburtstag der Marke »Barbie« der Spielzeughersteller Mattel auf visuelles Storytelling in der PR und auf ein Bildmotiv, dessen Aufgabe weit mehr war, als nur »auszuschmücken« – ganz im Gegenteil: Mattel stellte der Markenfarbe von Barbie (Pink) die Farben der deutschen Flagge gegenüber – und schuf einen Farbkontrast, wie er nicht krasser ausfallen könnte. Schon deswegen sorgte das Bild für Aufmerksamkeit und wurde zum »Hingucker«.

Abbildung 5-28 ▶
Jedes Mädchen kann werden, was auch immer es sich erträumt. Auch Kanzlerin. Zum 50. Jubiläum kreierte Barbie eine »Merkel-Barbie« und ein Bild, das von den Medien begeistert aufgegriffen wurde.

Darüber hinaus weckte es aber auch Interesse an der Story zum Bild: In den 50 Jahren ihres Bestehens hatte Barbie nicht nur die aufregendsten Kleider getragen und war zu einer Mode-Ikone geworden, sie hatte auch mit zahlreichen Accessoires die verschiedensten Berufe ergriffen. Ob Tierarzt, Ingenieur, Computerspezialist oder Astronaut – Barbie war in alle diese Berufe und viele mehr geschlüpft. Sie wurde damit zum Ansporn für Tausende von Mädchen weltweit, entgegen allen Vorurteilen oder Klischees den Beruf zu ergreifen, den sie sich wünschen. So die Story. Barbie rief den Mädchen gleichsam zu: »Die ganze Berufswelt steht dir offen. Du kannst alles werden, was du nur willst. Sogar Kanzlerin von Deutschland.«

Die »Merkel-Barbie«, das Bild einer (frei) nach dem Vorbild von Angela Merkel erstellten »Kanzler-Barbie«, wurde von Zeitungen und Zeitschriften deutschlandweit in einer Auflage von 405 Millionen Exemplaren abgedruckt. Der Stern zeigte das Bild auf einer Doppelseite, Frauenzeitschriften wie die »freundin« und sogar »Emma« berichteten ausführlich über die Story. Für Barbie wirkte sich die Bildkampagne positiv auf Image und Absatz aus.

„If you inspire fans ...
they will bring you other fans."

Susan Bonds

Der zunehmende Einfluss und das wachsende Aufgabenspektrum von Bildern in der Kommunikation lassen sich noch anschaulicher anhand der »Customer Journey« zeigen, die ein Kunde mit einer Marke durchläuft.

In der Kennenlernphase, dem ersten Kontakt zwischen Kunde und Marke, helfen Bilder, Aufmerksamkeit zu wecken, zu informieren und zu interessieren. Hier steht ganz klar die Aufgabe der Visualisierung im Vordergrund. Doch je mehr ein Kunde mit einer Marke vertraut ist, desto höhere Ansprüche stellt er auch an deren visuelles Storytelling. Um ein »Like« zu generieren und darüber hinaus zum Kauf eines Produkts zu animieren, müssen Bildkampagnen kreativ wirken, inspirieren und motivieren. Imagesteigerung und Umsatz sind die Messgrößen (KPI) für diese Aufgabe.

Bild-Check

Prüfen Sie selbst: Welche Aufgabe übernehmen Ihre Bilder? Betrachten Sie dazu ein zentrales Bildmotiv Ihrer Kommunikationskampagne und gehen Sie diese Checkliste durch:

- Visualisieren
  - Ist es ein »Schmuckbild« oder liefert es dem Betrachter wichtige Informationen und einen Mehrwert?
- Interessieren
  - Handelt es sich um eine Standardaufnahme oder ist es unverwechselbar für Ihr Unternehmen und Ihre Marke?
  - Ist es ästhetisch außergewöhnlich?
- Inspirieren
  - Ist es ein »Hingucker« oder ein »Weggucker«? Ist es gefällig oder provoziert es? Löst es Emotionen aus?
- Motivieren
  - Erzählt es eine Geschichte (Held & Zentralpunkt, Konflikt & Spannungsbogen)?
  - Triggert es eine Geschichte (sinnstiftende Marke)?
- Mobilisieren
  - Eignet es sich für transmediales Erzählen (»Snackable Content«)?
  - Wie stark ist der »Call for action« (Shareability)?

An der Spitze der Customer Journey steht die Loyalität des Kunden. Loyale Verbraucher sind nicht nur Kunden, die regelmäßig auf die Produkte ihrer Marke vertrauen (»Trust-Brand«), sondern auch Kunden, die als aktive Fans ihre Begeisterung über ihre »Love-Brand« mit anderen teilen und so weitere Kunden überzeugen und anwerben. Visuelles Storytelling kann in dieser Phase mobilisieren sowie Viralkraft und »Shareability« entfalten. Starke Bildkonzepte machen Kunden zu Evangelisten der Marke.

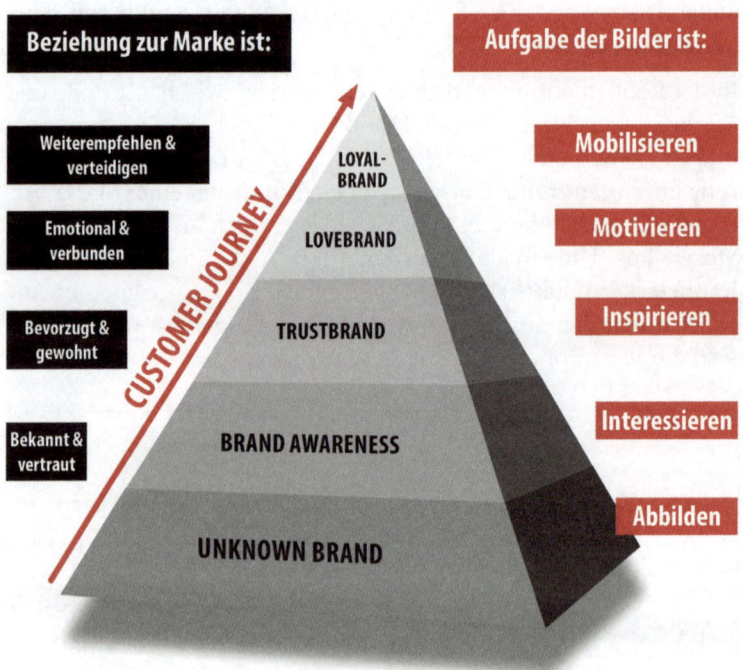

Abbildung 5-29 ▶
Die Aufgabe von Bildern in der Customer Journey

»Visual Turn« im Unternehmen

Die neue strategische Bedeutung von Bildern und visuellem Storytelling in der Unternehmens- und Produktkommunikation erfordert nicht nur ein Umdenken in Bezug auf den Einsatz visueller Elemente, sondern stellt auch neue Anforderungen an die Struktur von Kommunikationsteams, ihre Organisation und ihre Arbeitsweise.

So wie die Bildwissenschaften von der Akademia eine stärkere ikonische Ausrichtung verlangen, so ist auch die Unternehmenskommunikation aufgefordert, dem Medium Bild zukünftig mehr Aufmerksamkeit und Ressourcen zu widmen.

Gefordert ist ein »Visual Turn« in der Unternehmenskommunikation.

Neue Fähigkeiten, Strukturen und Instrumente sowie ein neues Selbstverständnis der Unternehmenskommunikation sind notwendig, um den Wechsel von einer textlastigen Informationspolitik hin zu visuellem Storytelling zu vollziehen.

Neues Selbstverständnis

Um Storytelling konsequent umsetzen zu können, darf sich die Unternehmenskommunikation nicht mehr nur als Vermittlerin von Information verstehen, sondern muss selbstbewusst als Publisher, Mediengestalter und Storyteller auftreten. Zahlreiche B2C-Marken wie Red Bull oder Coca-Cola, aber auch B2B-Unternehmen wie Siemens, GE oder Bosch zeigen heute schon, dass man die unternehmenseigenen Medien (»Owned Media«) mit visuellem Storytelling souverän aufwerten kann, um diese Geschichten dann in den Disziplinen Werbung (»Paid Media«) und PR (»Earned Media«) weiterzunutzen.

◀ **Abbildung 5-30**
Dass man mit einer visuellen Story den Umsatz erheblich stigern kann, bewies Bosch mit seinem Storytelling-Format »Invented for Life« für den Laserpointer Quigo (*http://www.bosch.com/en/com/boschglobal/explore/explore.html*).

Neue Fähigkeiten

Hinter diesem neuen Selbstverständnis stehen aber auch neue Qualifikationen und Fähigkeiten, die ein Kommunikationsteam zukünftig aufweisen muss.

Da ist zunächst die Fähigkeit des Storytelling selbst. Journalistische Erfahrung und eine Marketingausbildung allein sind nicht mehr ausschlaggebend für einen Job in der Kommunikation. Kreative Storyteller, die mit Bild und Bewegtbild umgehen können und narrative Strukturen verstehen, kommen meist aus anderen Bereichen wie zum Beispiel Literatur, Scriptwriting oder Gamedesign.

Multimediaexperten, die vor allem den »kleinen Screen« im Blick haben, ergänzen zukünftig diese Teams. Sie werden zu den wichtigsten Schnittstellen zwischen Strategie und Kreation. Schätzungen gehen davon aus, dass 2015 die mobile Nutzung von Smartphones, Tablets und tragbaren Technologien (»Wearables«) die Nutzung von Desktops übersteigen wird. Kommunikation und Marketing finden in der Zukunft auf kleinen Flächen statt, auf mobilen Benutzeroberflächen. Darauf müssen sich Kommunikationsteams einstellen.

Tipp Google hat in seinem »Mobile Playbook« einen Leitfaden für Mobilstrategien zusammengestellt. Visuell schön präsentiert unter *www.themobileplaybook.com/de*.

Neue Strukturen und Arbeitsweisen

Nicht nur die Qualifikationen der einzelnen Teammitglieder müssen sich verändern, um den »Visual Turn« in der Unternehmenskommunikation voranzutreiben, sondern auch Strukturen und Arbeitsweisen müssen sich anpassen.

Unternehmen wie SAP, Microsoft Deutschland oder die Münchner RE sind einige der Pioniere, die bereits heute neue Teamstrukturen und Formen der Zusammenarbeit testen, um sich auf die Erfordernisse der neuen, visuellen Medienwelt einzustellen.

SAP führte die Funktion eines »Chief Storyteller« und des »Story Editor« ein. Und auch Microsoft testet neue Jobbeschreibungen wie »Themen-/Story-Owner« und »Channel-Owner« – neue Rollenaufteilungen im Team, die es einigen Kollegen ermöglichen, sich voll und ganz auf die Inhalte und die Story zu konzentrieren, während andere die Bedürfnisse der Kanäle und Communities im Blick behalten. Ein »Chef vom Dienst« vermittelt zwischen beiden Gruppen. Die Münchner RE orientiert sich mit ihrer Umstrukturierung am Newsdesk-Modell moderner Zeitungsredaktionen und arbeitet mit einem »Editorial Office«, einem Großraumbüro, das vernetztes Arbeiten erlaubt. Themenkonferenzen und Redaktionskonferenzen (»Morgenlage«), sollen helfen, die Inhalte tagesaktuell und relevant zu halten.

Neben all diesen neuen Strukturen sind drei Arbeitsweisen neu und abweichend von der herkömmlichen Kommunikationsarbeit:

1. Das Prinzip »Outside in statt inside out«: Die Themenfindung orientiert sich nicht so sehr an internen Prioritäten, sondern passt sich der externen Nachrichtenlage an. Eigene Unternehmensnachrichten werden gemäß der öffentlichen Relevanz justiert.

2. Multicasting: Unternehmensnachrichten werden nicht mit maximaler Aktualität einmalig veröffentlicht. Stattdessen werden Storys so produziert, dass sie in kleine Sub-Storys aufteilbar sind und zeitunkritisch weiterverwendet werden können. Statt »Ankündigungsjournalismus« bietet Multicasting die Möglichkeit, Texte und Bildmaterial – in unterschiedlichen Kontexten – immer wieder und weiter zu verwenden.

3. »Culture of Content«: Standen in der Vergangenheit zeitlich terminierte Kampagnen im Zentrum der Kommunikationsstrategie, gibt es heute mehr und mehr einen kontinuierlichen Strom an Inhalten und Storys. »Culture of Content« steht auch für den offenen Austausch mit kommunikativen Bezugsgruppen, die Einfluss auf die unternehmenseigenen Storys nehmen und sogar eigene Geschichten beisteuern (User-generated-Content).

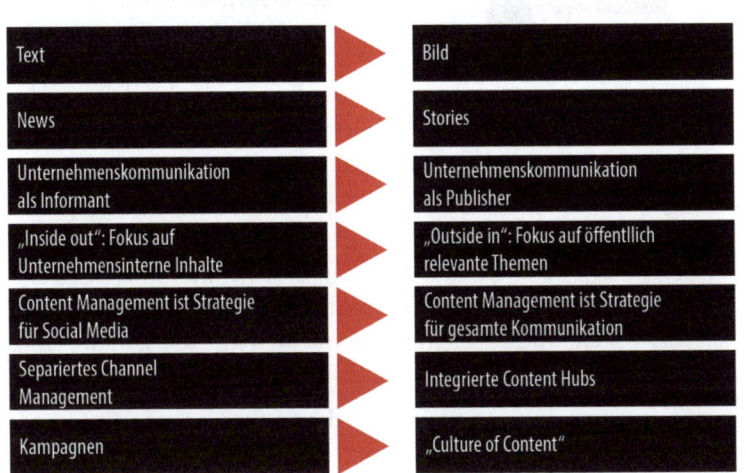

Abbildung 5-31
Der »Visual Turn« in der Unternehmenskommunikation erfordert Veränderungen in Strategie, Organisation und Arbeitsweise.

Tipp Sie wollen Erfahrungen zum visuellen Storytelling direkt vom Unternehmen hören? Dann empfehlen wir die Präsentation von Katrina Craigwell, Director of Global Content and Programming von GE (*http://bit.ly/1Hm9Vm5*).

Sie suchen weitere Inspiration für Storytelling-Strategien und Konzepte? Dann schauen Sie doch mal bei Google vorbei unter *https://www.thinkwithgoogle.com*.

Neue Seilschaften: Visuelles Storytelling als Knotenpunkt viraler Netzwerke

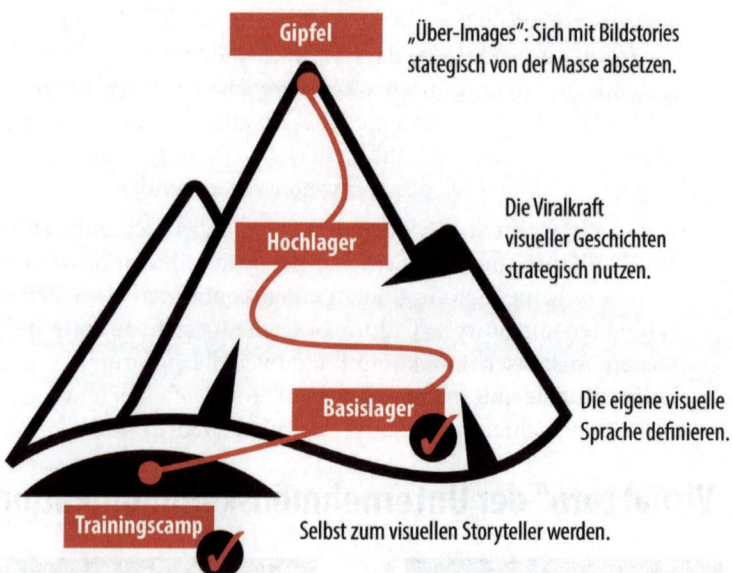

Abbildung 5-32 ▶
Weiter geht's auf den Gipfel des visuellen Storytelling.

Schon lange ist das klassische »Sender-Empfänger-Modell«, in dem Unternehmen Botschaften versenden und Kunden brav empfangen, einem komplexen Netzwerkmodell gewichen, in dem jeder zum Sender wird und die Empfänger die Botschaften selbstbestimmt filtern.

Visuelles Storytelling kann sich in diesem wettbewerbsreichen Medienumfeld zwar leichter durchsetzen als pure Nachrichten, Fakten und Daten, doch auch gute Geschichten müssen sich die Gunst ihrer Rezipienten erarbeiten.

Lernen kann man hier von Netflix, dem Filmstreaming-Dienst, der Storytelling mithilfe des Trackings von Benutzerdaten komplett neu definiert. Todd Yellin, Vice President of Product Innovation von Netflix, nennt auf der Konferenz »Future of Storytelling« 2014 in New York drei Gründe, aus denen Zuschauer ganz bestimmte Geschichten mögen:

1. »Simple Escapism«: schlichte Unterhaltung und die Flucht aus dem Alltag
2. »Broadening Horizons«: vom Sofa aus die Welt entdecken
3. »Social Currency«: genau das ansehen, was andere auch ansehen, um sich der Gemeinschaft zugehörig zu fühlen

Videotipp Wie Netflix Storytelling neu definiert – Todd Yellin, VP of Product Innovation, über die Arbeitsweise von Netflix: *http://bit.ly/1F1w73p*.

Relevanz als soziale Währung

Geschichten, die unterhaltsam sind, den Horizont erweitern und soziale Verbindungen knüpfen – ist es tatsächlich so einfach? Selbstverständlich nicht, denn besonders die »soziale Währung« einer Geschichte, die Frage, wann eine Geschichte als sozial relevant angesehen wird, ist nicht einfach zu analysieren.

Aufschluss geben der Kontext, in den eine Geschichte eingebunden ist, und die Relevanz, die ihr dadurch zugesprochen wird. Dieser Kontext kann zeitlich, inhaltlich und räumlich hergestellt werden:

1. Zeitlicher Kontext: Storys, die auf einen bestimmten Termin, einen konkreten Anlass oder ein Ereignis Bezug nehmen, zum Beispiel Weihnachten (Beispiel: »A Parisian Winter Tale« von Montblanc), werden als relevanter angesehen und häufiger »gesharet« als Geschichten ohne Bezug.
2. Inhaltlicher Kontext: Storys, die sich auf menschliche Wünsche und Grundbedürfnisse (Gemeinschaft, Freiheit, Selbstverwirklichung, Sicherheit usw.) beziehen oder offensichtliche menschliche Wahrheiten (»Consumer Insights«) thematisieren, die Rezipienten überraschen und in denen diese etwas über sich selbst erfahren, werden als extrem relevant eingestuft (Beispiel: Barbie – »Mädchen sollte jeder Beruf offen stehen«).
3. Räumlicher Kontext: Storys, die individuell auf den »Raum« zugeschnitten sind, in dem sie erzählt werden, werden als relevant wahrgenommen. Als »Räume« sind hierbei unterschiedliche Medien und Kanäle zu verstehen, die online wie offline als Storytelling-Plattformen dienen. Jede der zahlreichen Plattfor-

men hat andere Vorzüge und Erfordernisse. Einige davon sind in Tabelle 1 zusammengefasst.

Tabelle 5-1 ▶
Ausgewählte Onlineplattformen

Plattform	Facebook	Twitter	Snapchat
Typ	Soziales Netzwerk	Microblogging-Dienst	Instant Messaging-Plattform
Wegbereiter für	Like-Button	Hashtag	Kurzlebige Feeds
Besonderheiten	• Individuelle Storys bieten • Zum Dialog einladen/ Fragen stellen • Offen für User-generated Content • Den Blick hinter die Kulissen bieten • Humor zeigen	• Mit Twitter Storys ankündigen/ teasern (z. B. wurde »Snowfall« von NYT via Twitter angekündigt) • Retweeten: Interesse an den Inhalten anderer zeigen	• Liveberichterstattung in Echtzeit • Nur für Sekunden sichtbar; »Snapchat-Storys« bleiben 24 Stunden online • Authentisch, echt • Ungefiltert und sehr persönlich
Beispiele	Die Facebook-Kampagne »What's in your bag« von Moleskine fragt nach dem Inhalt von Handtaschen (www.facebook.com/moleskine).	Die Twitter-Kampagne »Push Forward« von Bosch fragt User nach dem besten »Knopfdruck« (http://bit.ly/1vydJky).	Borussia Mönchengladbach (»vflborussia1900«) Casey Neistat's Snapchat Stories: www.youtube.com/snapstories

Tabelle 5-2 ▶
Ausgewählte Onlineplattformen

Plattform	Instagram	Pinterest	Vine
Typ	Foto- und Video- App	Foto-Bookmarking-Dienst	Video-App
Wegbereiter für	Fotofilter	Kacheloptik	Dauerschleife
Besonderheiten	• Ikonisch und ästhetisch • Überraschend und unvorhersehbar • begeisternd und voll Leidenschaft • Interessiert an anderen: Folgen Sie Followern • Andere Instagrammer für sich posten zu lassen	• Ein »Moodboard« • Kreativ • Interessant • Begehrenswert • Im Trend • Ein Blick auf den Wunschzettel • Das Sammelbecken der Sehnsüchte	• Eine Kunstform in sechs Sekunden • Ministorys im Bewegtbild • Phantasievoll und kreativ • Eskapismus in Kleinformat • Freude am Detail • Sound & Musik als Erfolgsfaktoren
Beispiele	Einer der Pioniere: BMW, seit 2012 aktiv (https://instagram.com/bmw); der Business-Case von BMW dazu: http://bit.ly/1PAQjEk	Business-Cases von Pinterest: https://business.pinterest.com/en/success-stories	Oreo auf Vine (https://vine.co/v/MhlnOj7IHJH)

All diese Plattformen können als Ausgangspunkte und Hubs für visuelles Storytelling genutzt werden – wie auch YouTube, Tumblr, Google+ und sogar SlideShare sowie selbstverständlich die eigene Corporate-Website bzw. die Homepage einer Veranstaltung. Entscheidend ist, dass die Geschichte inhaltlich und visuell an die Erfordernisse des Mediums angepasst ist, kontinuierlich weitererzählt wird und von dort aus transmedial andere Plattformen in das Storytelling einbezieht.

Der Kunde wird zum Storyteller

»Audiences today are assuming the role they had before the advent of mass media in the 19th century: They are becoming active participants in the storytelling process rather than passive consumers. They expect to share their involvement online, and smart marketers will come up with innovative ways to encourage them.« (»Das Publikum nimmt heute die gleiche Rolle ein wie vor dem Auftauchen der Massenmedien im 19. Jahrhundert: Anstatt passiver Konsument zu sein, ist es aktiver Teilnehmer am Storytelling-Prozess. Zuschauer erwarten, einbezogen zu werden und diese Erfahrung auch sofort online zu teilen. Smarte Marketingmanager werden innovative Wege finden, das zu fördern.«) So formuliert es der Medienwissenschaftler Frank Rose, der »Digital Storytelling« an der Columbia University School of the Arts unterrichtet.

Eine Aussage, die übrigens nicht nur auf das Marketing zutrifft. Auch Theaterregisseure suchen nach neuen Wegen, das Publikum aktiver einzubeziehen, um die Aufmerksamkeit während der Vorstellung nicht an Facebook und Co. auf dem Handy zu verlieren. (Ein schönes Beispiel dafür, wie modernes Theater mit dem Phänomen des Aufmerksamkeitsverlusts umgeht und deshalb das Publikum aktiv – »immersiv« – einbezieht, sind die »Grimm Tales« in London, zu sehen unter *www.grimm-tales.co.uk*.)

Der Königsweg des digitalen Storytelling ist, die Zielgruppe selbst zu Geschichtenerzählern zu machen, also die User in Unternehmens- und Markengeschichten kreativ einzubeziehen und ihre Storys in die eigene Storytelling-Strategie einzubinden.

Dafür stehen drei Möglichkeiten zur Verfügung:

1. **Interaktives Storytelling**
   Bieten Sie Ihrem Publikum die Möglichkeit, Ihre Storys durch kleine Aktivitäten selbst zu entdecken, oder überlassen Sie

Ihrem Publikum die Auswahl. Zum Beispiel die Auswahl des Wetters in der Liebesgeschichte von Geox (*http://bit.ly/1A2AO1i*).

2. **Visual-Storytelling-Events**

Fordern Sie Ihre Fans auf, selbst kreativ zu werden, und bieten Sie Ihrer Zielgruppe Themen und Gelegenheiten, eigene Geschichten zu erzählen. Dies sind u. a. Hashtag-Kampagnen oder Foto- und Videowettbewerbe wie die Nissan #VersaVid auf Vine (*http://bit.ly/1LkXZEg*).

Abbildung 5-33 ▲
Andrew Jive gewinnt den Vine-Contest #VersaVid von Nissan mit einer Sechs-Sekunden-Story (*http://bit.ly/1LkXZEg*).

3. **Visuelles Kuratieren**

Werden Sie zum Kurator für Ihre Kunden. Sammeln und bündeln Sie deren Storys, verhelfen Sie Ihrer Zielgruppe zu einem größeren Publikum und belohnen Sie ihre Kreativität. Wie beispielsweise Kodak mit der Kampagne »Kodak Moments«, die die Fans dazu aufruft, aus den zig Handyfotos, die jeder auf seinem Smartphone hat, ein Bild auszuwählen, das für einen »ganz besonderen Moment« steht, und diese persönliche Geschichte als »Kodak Moment Story« zu teilen (*www.kodakmoments.eu/de*).

◀ **Abbildung 5-34**
Kodak fragte seine Fans nach Fotos, die von den besten Momenten in ihrem Leben erzählen. Tausende schickten ihr Bild an #KodakMoments: *www.kodakmoments.eu/de*.

Das Publikum hat heute selbst ein Publikum. Statusupdates sind zum Statussymbol der modernen Zeit geworden. Unternehmen und Marken sind daher gefordert, Kunden dabei zu unterstützen, ihren Status über herausragende Bilder und Geschichten zu steigern und die Gunst ihrer Community zu erlangen. Überraschend gut gelungen ist das Nutella, als es seine Fans um Bildgeschichten anlässlich des 50. Geburtstags der Marke bat (*www.nutellastories.com/de_DE*).

„The Audience has an Audience."

Kenyatta Cheese

Danny Raimann aus Hohenlimburg inspirierte die Aktion zu einem süßen Heiratsantrag, den er per Foto und Facebook um die Welt schickte. Innerhalb von 48 Stunden liketen ihn 133.000 Fans. Und Freundin Melanie sagte glücklich »Ja« zu Danny – und wohl auch zu Nutella.

Abbildung 5-35 ▶
»Meli hat Ja gesagt« – Nutella inspirierte zu einem süßen Heiratsantrag per Facebook-Foto.

Abbildung 5-36 ▶
2012 veröffentlichte Intel erstmals ein Magazin, das von den eigenen Mitarbeitern kuratiert wird: iQ.

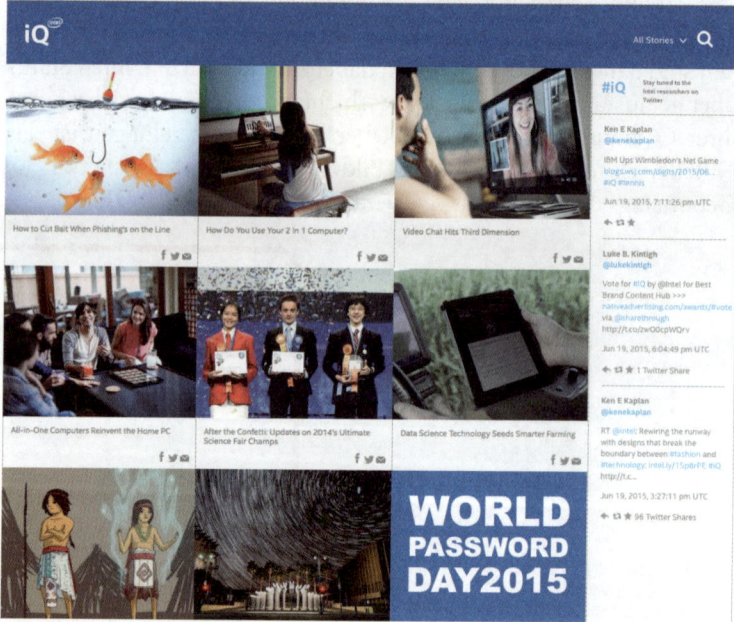

Kapitel 5: Strategien des visuellen Storytelling

Auch intern geben Unternehmen und Marken ihren Mitarbeitern mehr und mehr die Gelegenheit, die Unternehmens-Story in eigenen Worten und Bildern zu beschreiben. Herausragendes Beispiel ist dafür Intel. Es schuf mit iQ ein Magzin, das von Mitarbeitern kuratiert wird (siehe *http://iq.intel.com*).

Am Gipfelpunkt: »Über-Images« – Helden des visuellen Storytelling

»Wir verstehen uns als Geschichtenerzähler, die zufällig Computer als Handwerkszeug benutzen. Es geht (aber) nicht um Technik oder Computertricks, sondern darum, die Menschen wieder das Staunen zu lehren.« Dieses Zitat von John Lasseter, CEO von Pixar, bringt uns endlich zum Gipfel des visuellen Storytelling.

Denn trotz aller Diskussion um multimediale Formate und die Zukunft der Onlinekommunikation und trotz aller Euphorie um digitale Hypes und Plattformen sollten wir die eigentliche Aufgabe von Storytellern nicht vergessen: ein Publikum zu begeistern und zu faszinieren. Wenn Unternehmenskommunikatoren und Markenmanager die Kunst des Storytelling nutzen wollen, dürfen sie diese Grundformel nicht aus den Augen verlieren oder gar ignorieren.

Visuelle Geschichten, die zum Staunen anregen und es schaffen, aus dem Meer an Bildern, die täglich auf uns einströmen, herauszuragen, sind »Über-Images« – Bilder, die uns innehalten lassen, uns zum Nachdenken anregen und uns emotional berühren.

◀ **Abbildung 5-37**
Pharmahersteller Novartis macht mit 500 Kinderbetten und Bären und 50 Kreuzen auf die Kindersterblichkeit durch Meningitis aufmerksam.

Oder sehen Sie sich das folgende Bild an.

Abbildung 5-38 ▶
Reebook lässt seine Sneakers lautlos wie eine Schleiereule gleiten.

Oder das hier …

Abbildung 5-39 ▶
Bergsportausrüster Mammut platziert den Extrembergsteiger Daniel Arnold auf einen »Throne of Axes« in Anlehnung an die US-amerikanische Fantasy-Fernsehserie »Games of Thrones«.

Bilder wie diese, die eine starke visuelle Sprache sprechen, nutzen unterschiedliche Erfolgskonzepte. Sie arbeiten mit Analogien und Vergleichen, zeigen Vertrautes und doch Überraschendes. Sie sind klar strukturiert und zeigen doch Gegensätzliches. Sie lassen sich schnell erfassen und halten doch den Blick, da es mehr zu entdecken gibt.

Mit sechs dieser Erfolgskonzepte des visuellen Storytelling wollen wir Sie im folgenden Kapitel bekannt machen, nämlich mit …

»Hinguckern«

die mit visuellen Reizen nicht geizen …

»Schnellschüssen«

die effizient ins Hirn zielen …

»Augenschmaus«

der ästhetisch das Auge verwöhnt …

»Türöffnern«

die die Phantasie anregen und die Tür zu neuen Welten öffnen …

»Zeitgeistern«

die mit Zitaten und Referenzen Bezug nehmen auf Altbekanntes, und …

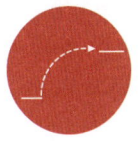

»Trittbrettfahrern«

die spontan auf Trends und Memes aufspringen.

Sixpack des visuellen Storytelling –
Sechs Erfolgskonzepte

6

Am 10. März 2014 kündigte AdAge, Amerikas größte Werbefachzeitschrift, eine neue Werbekampagne der 90 Jahre alten Snackmarke »Honey Maid« an. Die Kräckermarke, die zum Lebensmittelkonzern Mondelez gehört, präsentierte an diesem Tag einen neuen Werbespot unter dem Motto »This is wholesome«. Honey Maid hatte sich mit dieser Kampagne Großes vorgenommen. Es galt, das in die Jahre gekommene und altbackene Image abzustreifen zugunsten einer neuen, modernen Positionierung.

Daher rückte die Marke erstmals nicht die eigenen Produkte in den Vordergrund, sondern zeigte »Real-Life Stories« von Familien in unterschiedlichen Lebenswelten: einen alleinerziehenden Rocker-Daddy, der sich rührend um seinen Sohn kümmert, eine Patchwork-Familie, in der es humorvoll drunter und drüber geht, eine Soldatenfamilie, die ihren Vater nur während seines Heimaturlaubs sieht, und Jason und Tim, die von ihrem Sohn »Dad und Papa« genannt werden, denn die Familie besteht aus drei Männern: zwei Homosexuellen, die gemeinsam ihren Sohn aufziehen.

»We recognize change is happening every day, from the way in which a family looks today to how a family interacts to the way it is portrayed in media.« (»Wir merken, dass permanent Veränderung stattfindet, angefangen von der Art und Weise, wie Familien heute nach außen wirken, über die Interaktion ihrer Mitglieder untereinander bis hin zu der Art, wie sie in den Medien dargestellt werden«.) So beschreibt Gary Osifchin, Senior Marketing Director von Mondelez, den Anspruch von Honey Maid, ein realistischeres Bild der Familie in der Öffentlichkeit zu zeigen, sowie die Bereitschaft der Marke, dieses Bild auch zu vertreten.

Am Premierentag der »Honey-Maid-Stories« kommentierte AdAge die Kampagne mit wohlwollenden Worten und beendete seinen Artikel mit »It's still early and the campaign hasn't generated a ton of feedback yet. But most of the reviews appear to be positive so far.« (»Es ist noch zu früh, denn die Kampagne hat noch nicht viel Feedback erzielt. Aber die ersten Kommentare sehen sehr positiv aus.«)

AdAge sollte sich schwer täuschen.

Einen Tag später brach ein Sturm der Entrüstung los. Honey Maid wurde mit negativen Tweets überschüttet. Ultrakonservative wiesen brüsk zurück, dass Familien heute so aussähen und dass eine amerikanische Marke ein derartiges Familienbild zeichnen dürfe. Die Kritik reichte von Beschimpfungen bis hin zu Häme, Schmähungen und Drohungen im Netz. Anstatt die neue Kampagne wirken zu lassen, musste Gary Osifchin nun plötzlich auf Krisenkommunikation umstellen.

Am 3. April antwortete er – mit einem Bild.

Honey Maid engagierte die Künstlerinnen Linsey Burritt und Crystal Grover, die alle negativen Tweets und Kommentare auf Papier ausdruckten, aufrollten und zu einem einzigen Wort zusammenstellten: »Love«.

◄ **Abbildung 6-1**
Honey Maid begegnet dem Shitstorm auf seine Werbekampagne mit einem starken Bild.

Die Bildantwort, die die Snackmarke auf allen Social-Media-Kanälen spielte, drehte den Hass des »Shitstorms« ins Positive. Die Rückantwort war überwältigend: In den ersten 24 Stunden, nachdem das YouTube-Video online gegangen war, wurde es 3,5 Millionen Mal angeklickt. 274.000 Menschen teilten das Video sofort. Die PR erzielte eine Berichterstattung in einer Auflagenhöhe von 115 Millionen. Doch das beste Ergebnis war, dass Honey Maid für jeden negativen Kommentar nun zehn positive erhielt, die die Kampagne und ihr Anliegen ausdrücklich lobten.

Videotipp   Auf YouTube finden Sie die »Real Stories« von Honey Maid (*http://bit.ly/1fAWnte*) sowie die Kunstaktion von Linsey Burritt und Crystal Grover (*http://bit.ly/1fBs3hS*).

»Love« von Honey Maid ist ein Bild, dessen Erfolgsprinzipien wir im Folgenden als »Hingucker«, »Schnellschuss« und »Augenschmaus« beschreiben werden, denn es lockt unseren Blick auf ungewöhnliche Weise (»Hingucker«), funktioniert auf einen Blick (»Schnellschuss«) und bietet eine herausragende Ästhetik (»Augenschmaus«).

Um dem Geheimnis starker Bilder auf die Spur zu kommen, haben wir insgesamt sechs Tricks der visuellen Verführung identifiziert, die wir Ihnen hier anhand zahlreicher Beispiele vorstellen werden.

„An artist's job is to collect ideas."

Austin Kleon

Lassen Sie sich nicht davon abhalten, diese Rezepte nachzuahmen, zu kopieren und zu adaptieren – ganz im Sinne von Austin Kleon, der in seinem Buch »Steal like an artist« die Kunst des kreativen Plünderns propagiert.

 Videotipp Austin Kleons »Steal like an artist« – eine inspirierend Hommage an Kreativität auf YouTube unter *http://bit.ly/QaiyMZ*.

Hingucker

Das erste Bildkonzept, das wir beschreiben, ist das augenfälligste: »Hingucker«. Das sind Bilder, die uns ins Auge springen, die zum Hinsehen verführen und deren visuellen Reizen wir uns nicht entziehen können.

Hingucker sind Bilder, die überraschen, irritieren und provozieren. Sie durchbrechen unsere Sehgewohnheiten und Konventionen. Hingucker sind visuelle Ausrufezeichen mit »Wow-Effekt«. Erstaunt und neugierig stellen wir uns beim Anblick dieser Art von Bildern die Frage »Was ist denn hier passiert?«

Hingucker lassen sich durch unzählige Techniken gestalten. Zu den erfolgreichsten zählen Point of View, Perspektivwechsel, Wonderlust, Disruption und Wortwitz.

Point of View

Haben Sie auch den Eindruck, dass es auf Facebook unglaublich viele Bilder gibt, auf denen Menschen Ihre eigenen Füße und Schuhe abbilden? Bilder, die von anderen wiederum äußerst gerne kommentiert, geliket und geshared werden. Das liegt an einem Phänomen, das die Bildagentur Getty Images »First Point of View« nennt – die Sehnsucht nach Bildern, auf denen wir die Welt aus den Augen eines anderen sehen.

Tipp   Feet first (*www.tomrobinsonphotography.com/feet-first*): 2005 fotografierte Tim Robbins erstmals seine Füße und die seiner Verlobten. Mittlerweile ist das Paar verheiratet und hat zwei Töchter, deren Füße nun auch mit aufs Bild kommen – egal ob in Gummistiefeln auf den Dünen vor Brigthon, in Badeschlapfen am Strand in Griechenland oder gar in Boots im eigenen Haus, dessen Renovierung ansteht. Robins »Fuß-Selfies« haben zahlreiche Nachahmer weltweit inspiriert.

»Point of View-Stories« sind Bilder und Videos, die uns an Orte mitnehmen, die wir zuvor noch nie gesehen haben, aus der überraschenden Ich-Perspektive anderer Menschen (oder auch Tiere). Ein hoher Identifikationsgrad trägt zum Erfolg dieser visuellen Geschichten bei.

In den letzten fünf Jahren ist die Zahl der »PoV«-Bilder bei Getty Images um 20 Prozent angestiegen, und Technologien wie Google Glass, GoPro oder auch Wearable Technology werden dieses Bildkonzept auch in Zukunft weiter interessant halten.

◀ **Abbildung 6-2**
British Airways lädt mit dem interaktiven PoV-Video »Discover Yourope« ein, Europa selbst zu entdecken (*http://bit.ly/1FuqiPi*).

Videotipp   Wie man zum Diabetiker wird, kann man in der Antidiabetikerkampagne von strong4life aus der Ich-Perspektive wirkungsvoll miterleben (*http://bit.ly/1nGRP44*).

Vor welchen Herausforderungen man bei der Renovierung der Kirchenorgel in Regensburg steht, kann man aus der Perspektive der »Orgelmaus« erfahren. Die Stadtsparkasse Regensburg erzählt diese entzückende kleine Story visuell aus der Sicht der Kirchenmaus (*http://bit.ly/1zfE4Al*).

Perspektivwechsel

Nicht nur die »Ich-Perspektive«, sondern alle ungewöhnlichen Blickwinkel sind ein Erfolgsrezept für »Hingucker«.

Spannende Perspektiven bieten Techniken, die ganz nah ranzoomen oder unter die Oberfläche von Dingen blicken lassen. Schöne Hingucker sind zum Beispiel die Arbeit des Röntgenkünstlers Nick Veasey für VW oder die Kamerafahrt auf der Fingerkuppe durch eine Zuckerstadt, die Brita Wasserfilter inszeniert.

◀ **Abbildung 6-3**
Nick Veasey erstellt Bilder mit Hingucker-Qualität. Einen Einblick in seine Arbeitsweise und sein Röntgenstudio erhalten Sie unter *http://bit.ly/1EpdntW*.

Abbildung 6-4 ▶

Eine Stadt aus 221.314 Zuckerwürfeln baute Brita, um zu zeigen, wie viel Zucker Cola-Trinker im Leben zu sich nehmen – eine eindrucksvolle Perspektive (*http://bit.ly/1vW1yrH*). Noch beeindruckender ist das »Making of« dieser Geschichte (*http://bit.ly/1Bi6mLE*).

Wonderlust

Mit dem Kunstwort »Wonderlust« bezeichnet iStock alle Bilder, die zum Staunen anregen und aus diesem Grund reizvolle Hingucker sind. Ein Großteil dieser Bilder zeigt tatsächlich »Größe«, vor allem Landschaften und Naturwunder, in deren Anblick der Betrachter sich als kleiner Teil eines großen Universums fühlt. »Epic«, ein Begriff aus dem Gamedesign, beschreibt am besten, was diese Bilder auszeichnet: Sie sind atemberaubend, voll von Abenteuer und Magie und stillen unseren Hunger nach »mehr«.

Abbildung 6-5 ▶

Schöffel setzt in seiner Kampagne »Ich bin raus« auf Wonderlust-Bilder – echte Hingucker.

Der Anteil der Bilder dieser Kategorie bei Getty Images ist in den letzten Jahren um 30 Prozent gestiegen. Vor allem aber liefert Instagram hier laufend Bilder und fordert auch Hingucker dieser Art ein.

Disruption

Das Durchbrechen bekannter Sehmuster ist ein weiteres erfolgreiches Prinzip von Hinguckern: Unser Gehirn ist auf Schlüsselreize trainiert und sucht kontinuierlich nach bekannten Mustern. Werden diese durchbrochen, sind wir überrascht. Werden sie intelligent oder gar humorvoll gebrochen, sehen wir zwei Mal hin und sind positiv überrascht.

 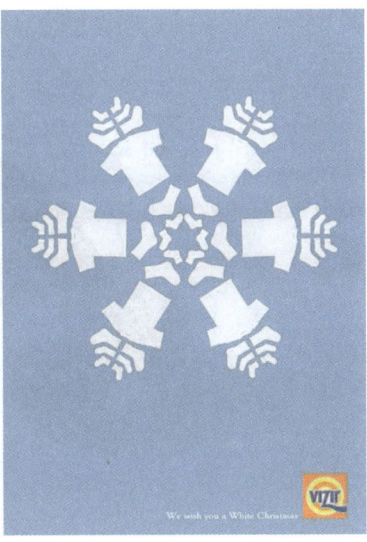

◀ **Abbildung 6-6**
Vizir wünschte 2004 mit diesen überraschenden Schneekristallen seinen Kunden »Weiße Weihnachten«.

Hingucker durchbrechen visuelle Heuristiken, Sehroutinen, mit denen wir uns das Leben erleichtern. In diesem Zusammenhang weist der Kommunikationsberater Dieter Herbst darauf hin, wie wichtig disruptive Bilder für Unternehmen und Marken sind: »Sehen wir ein Bild, prüft unser Gehirn, ob es das Motiv schon einmal gesehen hat und einordnen kann. Gelingt das nicht, weil es alle Unternehmen einer Branche verwenden, wird es dem bekanntesten zugeschlagen – meist dem Marktführer. Dieses Prinzip wird Bekanntheitsheuristik genannt. (...) Dennoch nutzen ganze Branchen austauschbare Bilder.«

Verwenden Sie daher Hingucker, um sich von der Masse abzuheben und Ihrem Publikum intellektuelle Stimulanz zu bieten. Und das ist wortwörtlich zu nehmen.

Wortwitz

Bilder, die bewusst mit der »Bild-Text-Schere« arbeiten, dem Widerspruch zwischen Bild und Text, sind ebenso erfolgreiche Hingucker. Dabei geht es vor allem um Doppeldeutigkeit und Wortwitz.

Abbildung 6-7 ▶
Der neue VW Beetle. Tatsächlich zu sehen? Eine Anzeige von VW aus dem Jahr 2000.

Es sind Bilder, die die Kombination aus Text und Bild nutzen, um dem Rezipienten einen Mehrwert zu bieten. Besonders die Zielgruppe der »Busy Bored«, die im Netz gelangweilt auf der Suche nach Interessantem sind, lässt sich von diesen »Hinguckern« zum Liken und Sharen verführen.

◀ **Abbildung 6-8**
Der Künstler Christopher Locke narrt unseren Sehsinn, indem er veraltete technische Geräte als »moderne Fossile« zeigt. Wortwitz als Hingucker. Mehr gibt es zu sehen auf www.heartlessmachine.com/modern-fossils.

Hingucker sind die »Delighter« unter den Bildkonzepten. Wer mit dem von BWM-Professor Noriaki Kano 1978 entwickelten Kundenzufriedenheitsmodell vertraut ist, weiß, dass das Kano-Modell Produkte, die ihr Leistungsversprechen nicht nur erfüllen, sondern übererfüllen und dem Kunden überraschend Mehrwert bieten, als »Delighter« bezeichnet.

Bilder, die mit dem Prinzip des Hinguckers arbeiten, übererfüllen ihre Aufgabe, fordern den Betrachter intellektuell, auf positive Art und Weise, und bleiben daher stark im Gedächtnis haften.

Hingucker sind ...

- überraschend
- irritierend
- provozierend
- visuelle Ausrufezeichen
- visuelle Überreize
- Bilder mit Wow-Effekt

- jenseits konventioneller Sehgewohnheiten
- Garanten für die Frage »Was ist denn hier passiert?«
- »Delighter«, die überraschenden Mehrwert bieten

Erfolgreiche Techniken: Point of View, Perspektivwechsel, Wonderlust, Disruption, Wortwitz.

Schnellschüsse

Dieses Bildkonzept sollte eigentlich Basis eines jeden Bilds sein. Doch manche Bildkonzepte – Grafiken, Fotos, Videos – sind komplex und erst auf den zweiten Blick verständlich. »Schnellschüsse« hingegen funktionieren sofort. Sie helfen auf den ersten Blick, vermeintlich komplexe Dinge zu erkennen und zu verstehen. Bilder dieser Art sind minimalistisch in der Darstellung, klar aufgebaut und schnell zu erfassen. Sie sind reduziert und fokussiert.

Jede gute Infografik hat den Anspruch, ein »Schnellschuss« zu sein, doch auch Bilder, Fotos und Videos können kondensieren und simplifizieren und so mit dieser Technik arbeiten.

Kondensieren

Manchmal ist weniger mehr. Statt ausschweifend zu erklären, sollte man einfach zeigen. Das ist zum Beispiel das Prinzip, mit dem Intel auf Facebook arbeitet. Intel postet regelmäßig Ministorys rund um das Motto »Becoming smarter« auf sehr einfache und anschauliche Weise.

Abbildung 6-9 ▶
Intel ist mit einfachen, effizienten Visual Statements und Miniinfografiken extrem erfolgreich im Social Web.

 Tipp Sie brauchen Hilfe für das Prinzip »weniger ist mehr«? Dann lassen Sie sich mit 69 Geschichten helfen: *http://www.lessisbeautiful.co.*

Auf nur eine einzige Aussage kondensiert auch der Internetprovider Diveo seine Bildmotive und dringt damit schnell zu seiner Zielgruppe durch. Der WLAN-Anbieter verzichtet auf alle technischen Hintergrundinformationen und konzentriert sich ausschließlich auf sein Alleinstellungsmerkmal: »Schnell, ohne Komplikationen« – und lässt das doodeln, was in der folgenden Abbildung zu sehen ist.

▼ **Abbildung 6-10**
»More speed, less complication« ist die kompensierte Aussage dieser Bildmotive des WLAN-Anbieters Diveo.

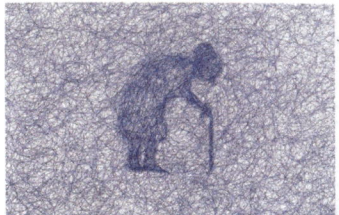
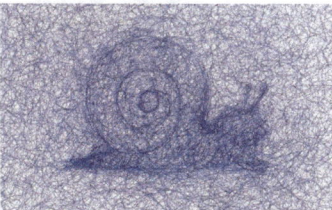
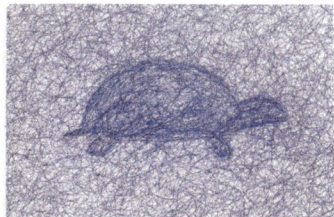

Vereinfachen

Manchmal sind es die einfachsten Storys, die überzeugende Bilder liefern. Tom Dickson zum Beispiel, Unternehmensgründer von Blendtec, stellt seit 2006 auf YouTube die Kraft seiner Küchenmaschinen auf simple Art und Weise unter Beweis: Alles kommt in den Mixer und er fragt das Publikum »Will it blend?« (»Lässt es sich mixen?«). Dickson liefert mit diesem simplen Prinzip spektakuläre Bilder und packende Storys. Schauen Sie selbst rein bei *www.willitblend.com*.

▼ **Abbildung 6-11**
Einer der Pioniere der Erklärvideos – seit 2006 demonstriert Unternehmensgründer Tom Dickson die Kraft seiner Mixer auf simple Art und Weise: Alles kommt in den Mixer.

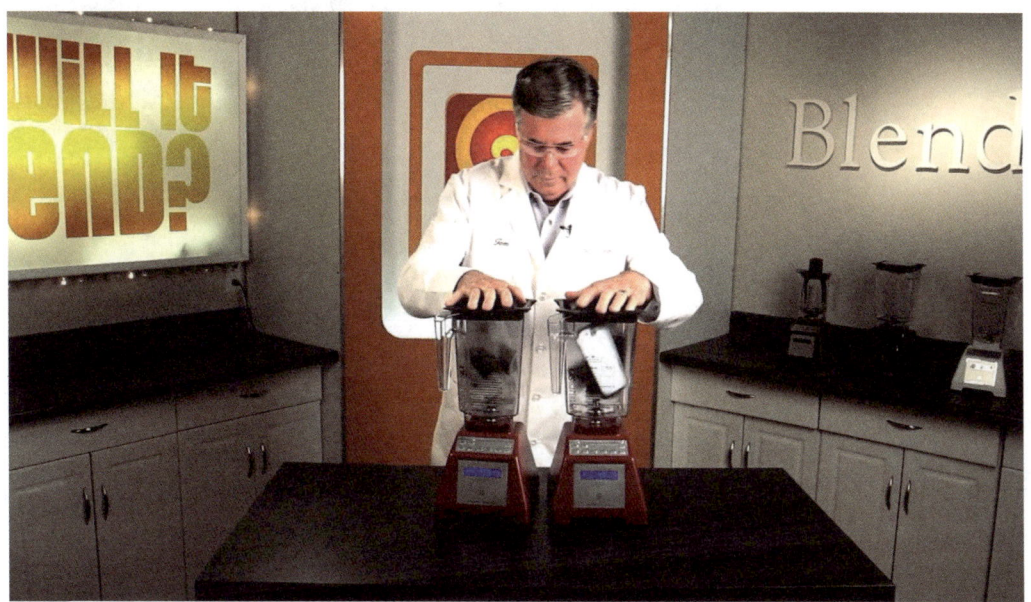

Dass man Kochrezepte schnell erfassen und auch visuell einfach darstellen kann, zeigt der Tomatenhersteller Hunts, der in einer Facebook-Kampagne Rezepte visuell in ihre Zutaten zerlegt. Mit Erfolg: Downloadraten für die Rezepte und auch die Verkaufszahlen sind deutlich angestiegen.

Abbildung 6-12 ▶
So einfach kann eine Zutatenliste sein: Die Tomatenmarke »Hunts« macht das Kochen mit diesen Rezepten einfach.

Schnellschüsse sind ...

- schnell
- effizient
- simpel
- reduziert
- logisch
- fokussiert

- Garanten für die Aussage: »So ist das also. Habe verstanden!«
- Erfolgreiche Techniken: Kondensieren, Vereinfachen, Strukturieren.

Der »Augenschmaus« spricht die Ästheten unter Ihren Kunden an – und davon gibt es mehr, als Sie denken. Augenschmaus-Bilder tun unserer Seele gut, beruhigen uns und helfen, den Alltag zu vergessen. Sie sind Stresskiller und kleine Wellnessoasen. Die Bilder sind optisch sorgfältig gestaltet und bestechen durch Bildmotive mit außergewöhnlichen Kontrasten, Farben und Formen.

Einen Augenschmaus gönnen wir uns und beschenken damit auch unsere Freunde und Fans.

Visuelle Storys, die mit Grafiken, Bildern und Filmen als Augenschmaus arbeiten, demonstrieren Leidenschaft und Liebe zum Detail.

Formsprache

Unsere Augen können Formen nachzeichnen, als würden wir sie tatsächlich fühlen. Diesen Umstand machen sich viele erfolgreiche Bildkonzepte zu eigen, wie die Anzeige für die Autozeitschrift »Auto Esporte« zeigt, die sowohl ein Hingucker als auch ein Schnellschuss ist.

Abbildung 6-13 ▶
Eine Heftkante, so glatt wie die Straße: Die Anzeige der Autozeitschrift Auto Esporte ist ein »Augenschmaus« mit starker Formsprache.

Und selbst so etwas Alltägliches wie Toilettenpapier kann durch Formsprache zum »Augenschmaus« werden, zu sehen in dem Video »Sculptures« der Marke Level (*http://bit.ly/1OGp2g3*).

◀ Abbildung 6-14
So schön kann Toilettenpapier sein: ein Augenschmaus und Fest für die Sinne, Toilettenpapier der Marke Level.

Farbrausch

Farben wirken – psychologisch und sogar physisch. Warme Farben wie Gelb und Rot hellen unsere Stimmung auf und regen uns an, kalte Farben wie Blau und Violett wirken beruhigend. Und Farbmischungen? Sie können uns ganz schön aufregen.

Selbstverständlich spielt Farbe für eine Wandfarbenmarke wie Dulux eine ganz besondere Rolle. Aber die Kampagne »Colourless Future« präsentiert Dulux vor einem realen Hintergrund, nämlich der Sorge, dass die Welt der Zukunft ausschließlich weiß sein wird. Die bildstarke und interaktive Science-Fiction-Story setzt Farbe daher ganz besonders in Szene – weiß ist die Farbe einer seelenlosen Zukunft, in der weitere Farben verboten sind. Doch einige Rebellen wagen den Aufstand und bringen Farbe ins Spiel. Zu sehen auf YouTube unter *http://bit.ly/1FG8rGy*.

◀ Abbildung 6-15
Wird die Welt der Zukunft nur noch sauber und weiß sein wie so mancher Apple Store? Dulux erzählt eine Story, in der Farbe verboten ist (*http://bit.ly/1Bv9l6A*).

Auch die japanische Parfümmarke Lux nutzt das Prinzip Farbe, um die Aufmerksamkeit ihrer Kunden zu wecken und die Welt etwas bunter zu machen. Lux entwickelte eine App, mit der User Google Street View »hacken« und ihr Straßenbild mit blühenden Kirschbäumen besetzen können. Ein zauberhafter Blütentraum in Rosa, der selbstverständlich den Duft und die Frische der Marke Lux symbolisiert (*http://bit.ly/1cbotfB*).

Und auch der Erfolg des »Tree Concert« in Berlin, das 2013 mit dem Cannes-Löwen ausgezeichnet wurde, hat seinen Erfolg visuellem Storytelling und der Ästhetik der Farbe Grün zu verdanken.

Abbildung 6-16 ▶
Mit Google Maps und Street View die eigene Häuserzeile ansteuern und dann mit der App der Parfümmarke Lux ein Meer an Kirschblüten darüber streuen: visuelles Storytelling in Rosa.

Abbildung 6-17 ▶
Eine Kastanie singt für sich selbst und bittet um Spenden. Der BUND machte mit einer Membrankonstruktion rund um eine Berliner Kastanie auf das Thema Stadtbegrünung aufmerksam. Selbstverständlich in Grün (*http://bit.ly/1fniG3F*).

Super Sensory

Neben Form und Farbe sorgt derzeit aber noch ein weiterer Bildtrend für Furore: Super Sensory.

Smartphones werden mit dieser Art Bildern nicht nur zum visuellen Storyteller-Device, sondern auch zum haptischen. So weit möchte man fast gehen, wenn man sich die erfolgreichsten Bilder ansieht, die in puncto Ästhetik derzeit geliket und geshared werden. Es sind Bilder, die alle unsere Sinne ansprechen, die Textur zeigen, um uns fühlen zu lassen, die Farben und Formen nutzen, um uns riechen und schmecken zu lassen.

So lässt uns zum Beispiel Levis den Jeans-Stoff mit seinen »Cut Portraits« förmlich spüren – und bewirbt gleichzeitig noch seinen »Bootcut«-Stil.

▼ Abbildung 6-18
Levis bewirbt seine Bootcut-Jeans mit einer ganz besonderen Art von Scherenschnitten.

Food ist eine der erfolgreichsten Kategorien des Bildkonzepts »Super Sensory«. Ob Facebook, Instagram oder Pinterest, Bilder mit

Abbildung 6-19 ▼
Frühstück zu zweit – ganz schön aufwendig, was Mark van Beek und Michael Zee auf @symmetrybreakfast treiben. Doch der Aufwand lohnt sich: Nach 400 Bildern haben sie 260.000 Follower und jede Menge Anfragen von Firmen aus der Lebensmittelbranche.

sogenanntem »Food Porn«, ästhetisch außergewöhnlich schön dargestellten Speisen, finden besonders viele Follower.

Beispielhaft sei hier der Instagram-Channel @*symmetrybreakfast* von Mark van Beek und Michael Zee genannt, die seit April 2013 Bilder von ihrem Frühstück posten. Doch zeigen sie nicht irgendwelche Frühstücksbilder, sondern kunstvoll arrangierte Mahlzeiten (die weit über »Frühstück« hinausgehen) – immer symmetrisch für beide angerichtet. Das Ergebnis ist ein Fest für die Augen – ein »Augenschmaus« eben.

 Videotipp Lust auf mehr »Food Porn«? Dann schauen Sie doch mal bei Lurpack Butter rein – auch ein Augenschmaus. Danach sind Sie garantiert Kochfan (*http://bit.ly/1GdG69j*).

Augenschmaus steht für

- Ästhetik
- Schönheit
- Gefälligkeit
- Wohlfühlen
- Klarheit

- Passion
- Liebe zum Detail
- ein Fest für die Sinne

Erfolgreiche Techniken sind Formsprache, Farbrausch und Super Sensory.

Der »Türöffner«, ein weiteres Erfolgskonzept des visuellen Storytelling, geht einen Schritt weiter als Hingucker, Schnellschuss und der ästhetische Augenschmaus: Sie regen gezielt die Fantasie des Publikums an und öffnen gleichsam Türen in eine neue Welt.

Türoffner triggern in besonderem Maße narrative Konzepte. Sie machen uns neugierig auf die Geschichte hinter dem Bild. Sie sind Projektionsfläche unserer eigenen Träume und Wünsche, Absprungpunkte für Tagträume, Geistesblitze und Zündfunken für interessante Storys.

Und oft genügt schon ein einziges Bild, um uns neugierig zu machen.

Momentaufnahmen

Die Süddeutsche Zeitung öffnet die Tür zu ihrer Story-Plattform »SZ.de/Leser« mit Bildern, die Leser zeigen – mit ihren Ansprüchen an die Zeitung. Einer dieser Leser ist der österreichische Fotograf, Bühnenbildner und Maler Joseph Gallus Rittenberger, der im Bild mit der leicht provokanten Aussage zitiert wird: »Ja, ich hab mich schon über Artikel geärgert.« Wie die Süddeutsche mit Kritik umgeht und Rittenberger antwortet, das erfährt der Zuschauer erst, wenn er tiefer in die Story einsteigt und die Geschichte hinter dem Bild mit einem Klick auf *sz.de/leser* erforscht.

Abbildung 6-20 ▼
»Mit der Süddeutschen Zeitung kann man nicht Mittag essen«, sagt der Leser Joseph Gallus Rittenberger in einer der Leser-Storys der SZ. Momentaufnahmen laden dazu ein, die Geschichten hinter den Bildern zu erfahren.

Umwidmung

Andere Bilder dagegen öffnen die Tür zu unserer Fantasie, indem sie Dinge zeigen, die wir so nicht erwartet hätten. Produkte werden aus dem gewohnten Zusammenhang gerissen, bildlich umgewidmet und in neue Welten gesteckt – ein Spiel mit unserer Vorstellungskraft, bei dem Fahrradhelme plötzlich zu harten Tierpanzern werden können, wie Giro Helmets in seiner tierischen Kampagne zeigt.

▼ **Abbildung 6-21**
Giro Helmets widmet Helme zu Tierpanzern um – ein fantastisches Spiel mit unserer Vorstellungskraft.

Imagination

Das Spiel mit der Imagination ist eines der wichtigsten Bauprinzipien der visuellen »Türöffner«. Streetart-Künstler Bansky, Meister dieser Kunst, zaubert mit nur wenigen visuellen Elementen kleine Geschichten auf Mauern, auf Häuser und an andere Orte, wo wir es nicht erwarten würden.

Sein berühmtes Graffity-Motiv »Girl with Balloon« nutzte ein NGO-Zusammenschluss von 150 humanitären Organisationen, um auf das Leid des Bürgerkriegs in Syrien aufmerksam zu machen (siehe Abbildung 6-22). #WithSyria erzählt in eindringlichen Bildern – als Foto- und Videostory – das Schicksal dieses Landes und ruft zu Spenden auf (*http://bit.ly/1F7UH3I*).

Die Vorstellungskraft von Mitarbeiterkindern steht bei einer Kampagne von GE im Mittelpunkt. »Childlike Imagination« zeigt in fantasievollen Bildern, wie sich Kinder die Produkte vorstellen, an denen ihre Mütter beim Technologiekonzern mitarbeiten. Zu sehen sind Flugzeuge, die miteinander sprechen können, Züge, die mit Bäumen befreundet sind und Krankenhäuser, die man in der Hand halten kann. Alles Technologien, die nicht der Vorstellungskraft von Kindern entstammen, wie die Bilder suggerieren mögen, sondern die tatsächlich existieren – von GE.

▲ **Abbildung 6-22** #withSyria präsentiert eindringliche Bilder inspiriert vom Streetart-Künstler Bansky (*http://bit.ly/1F7UH3I*).

▲ **Abbildung 6-23** In »Childlike Imagination« zeigt GE scheinbar fantastische Technologien, die aber Realität sind (*http://bit.ly/MdnNcA*).

Spielerisches Entdecken

Letztendlich wecken »Türöffner« unsere Neugier und lassen uns spielerisch eine neue Welt entdecken. Ein Erzählprinzip, das Bilder und Videos nutzt, deren Oberfläche der Zuschauer spielend absucht, um Spannendes zu entdecken.

▼ **Abbildung 6-24**
Wo ist die Uhr? Anzeige von Swatch 2002

Vor allem interaktivem Storytelling verhilft das Prinzip des »spielerischen Entdeckens« zum Erfolg, wie die Website des Museum of Modern Art für die Ausstellung »Century of the Child« beweist.

Die Website ist ähnlich wie eine Infografik aufgebaut, die ihre Informationen und Geschichten – passend zum Thema der Ausstellung – nur durch spielerische Interaktion preisgibt: durch Klicken, Öffnen und Ziehen per Maus.

▲ **Abbildung 6-25** Spielen Sie mit und erfahren Sie jede Menge Geschichten über das »Zeitalter des Spielzeugs« in der virtuellen MOMA-Ausstellung »Century of the Child« (*www.moma.org/interactives/exhibitions/2012/centuryofthechild*).

Türöffner

- regen die Fantasie an
- machen neugierig
- triggern Geschichten
- laden zum Träumen ein
- irritieren positiv

- sind Projektionsfläche, Geistesblitz und Zündfunke

Erfolgreiche Techniken sind Momentaufnahmen, Umwidmung, Imagination und spielerisches Entdecken.

Zeitgeist

Das deutsche Wort »Zeitgeist« wurde als Lehnwort ins Englische übernommen und gelangte von dort in zahlreiche weitere Sprachen. Allem Anschein nach gibt es kein besseres Wort als den von Gottfried Herder 1769 erstmals verwendeten Begriff, um zu beschreiben, was die Denkart, Konventionen, Trends, Ausrichtungen sowie das Zugehörigkeitsgefühl zu einer bestimmten Generation und dem jeweiligen Zeitalter ausmacht.

Bilder, die mit »Zeitgeist« arbeiten, sind kulturell höchst relevant und aktuell. Sie beziehen sich auf Themen und Ereignisse, die der Betrachter bereits aus einem anderen Kontext kennt, und arbeiten mit genau diesem Wissen. »Zeitgeist«-Bilder sind Referenzen und Zitate. Sie kopieren und kombinieren. Passend zum Zeitgeist des 21. Jahrhunderts sind sie Remixe und Mashups. Sie sind humorvoll und ironisch, arbeiten subtil und subversiv. Und sie schrecken vor keinem Themenzusammenhang zurück. Schamlos bedienen sie sich aus allen Bereichen des öffentlichen Lebens, ob Kunst, Sport, Wirtschaft, Politik oder auch Geschichte.

> „You can find inspiration in everything. And if you can't, look again."
>
> Paul Smith

»Zeitgeist«-Bilder fordern von ihren Rezipienten Denkbereitschaft und Kontextwissen. Oft erschließt sich ein Bild erst auf den zweiten Blick. Nur durch Zusatzwissen offenbart sich die Geschichte dahinter.

So setzt die Schokoladenmarke m&m darauf, dass der berühmte Fußabdruck von Neil Armstrong auf dem Mond seit 1969 bekannt ist und sich das entsprechende Bild tief in unser visuelles Gedächtnis eingegraben hat.

Marilyn Monroes Rockaufschlag, ein Bild aus dem Film »Das verflixte 7. Jahr« von Billy Wilder aus dem Jahr 1955, gehört zu den ikonischen Bildern des 20. Jahrhunderts. Das Pharmaunternehmen Bayer vertraut in seiner Geschichte »Red Carpet« für das Medikament Lefax auf die Wiedererkennung und den »Marilyn-Effekt«.

»Zeitgeist«-Bilder schrecken auch vor Stereotypem und Klischees nicht zurück – mit Erfolg, wie die Sportmarke Mammut mit ihrem Bild »Bed of Ropes« beweist: Der Bergausrüster bettete die Kletter-

▲ **Abbildung 6-26** Ein Bildzitat mit Augenzwinkern: m&m baut den Fußabdruck auf dem Mond nach.

▲ **Abbildung 6-27** Der Marilyn-Effekt – zitiert von Bayer im Video »Red Carpet« (*http://bit.ly/1GkpwnA*).

Abbildung 6-28 ▼
»Bed of Ropes« von Outdoor-Ausrüster Mammut legt die Ausnahmekletterin und Boulder-Weltmeisterin Anna Stöhr in ein Bett aus roten Kletterseilen.

weltmeisterin Anna Stöhr nicht auf Rosen, sondern legte sie auf ein 1,5 Kilometer langes rotes Kletterseil und zitierte damit das Filmplakat zu »American Beauty« aus dem Jahr 1999, das wiederum eine Anspielung auf das berühmte Bild »Bed of Roses« mit Bette Midler von Annie Leibovitz war.

 Videotipp Die russische Künstlerin Uldus Bakhtiozina macht in ihrer ironischen Fotokunst auf die Stereotype ihres Heimatlandes Russland aufmerksam – visuelles Storytelling, politisch eingesetzt: http://bit.ly/WYyVzA.

Abbildung 6-29 ▼
Sportschuhhersteller Lunge verteilt bildliche Seitenhiebe gegen seine großen Mitbewerber: Bildanspielungen, die den Betrachter genauer hinsehen lassen..

Andere Anspielungen sind weniger subtil, wie die Motive des Sportschuhherstellers Lunge beweisen. Doch auch hier, zwischen Pommes und Eiern mit Speck, wird der Zuschauer für genaueres Hinsehen belohnt, sind doch die fettigen Snacks ein kreativer Seitenhieb auf die Konkurrenz.

Und noch ein Beispiel zeigt, wie humorvoll das Bildkonzept des Zitierens und Referierens arbeitet, denn Sony macht eine ziemlich gute Figur inmitten all der »Blackberries« und »Apples«. Humor, der dem Zeitgeist von heute entspricht.

▲ **Abbildung 6-30** Sony im Wettbewerb mit Blackberry und Apple – humorvoll und bildlich inszeniert.

Videotipp »Zeitgeist«-Konzepte gibt es nicht nur bei Fotos, sondern auch Videos arbeiten erfolgreich damit, wie folgende Beispiele von GE zeigen. Die Kampagne »Brilliant Machines« zitiert populäre Filme wie »Back to the Future« oder »Matrix« und inszeniert sie neu mit GE-Hintergrundinfomationen (*http://bit.ly/1FGDeCV*), während sich GE in dem Clip »Container« einfach nur der Formensprache von Musikvideos bedient und so Container zu Sound-Artists macht (*http://bit.ly/1FGD8eN*).

Zeitgeister sind

- subtil und subversiv
- humorvoll und ironisch
- mutig und schamlos
- Zitate und Referenzen
- Kontext und intertextuell
- Kombinierer und Kopierer
- Mashups und Remixes
- Popart und Zeitgeschichte

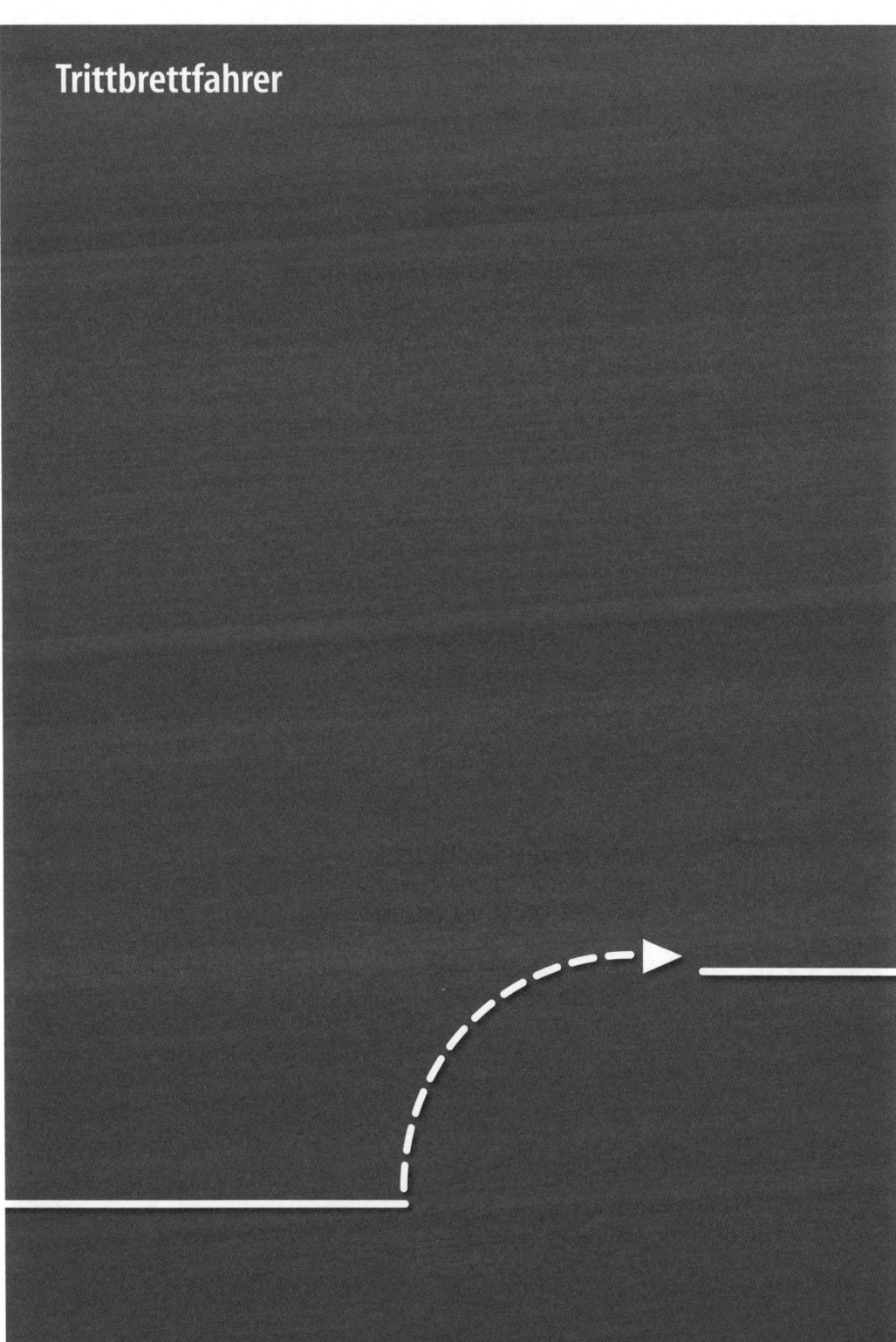

Das letzte Bildkonzept unseres Erfolgs-Sixpacks hat eine Deadline, denn »Trittbrettfahrer« sind Antworten auf Trends und Memes in Echtzeit. Diese B3ilder – Grafiken, Fotos und Videos – springen auf laufende Konversationen auf und schalten sich ungefragt in Diskussionen ein.

Trittbrettfahrer zeichnen sich in der Regel durch Humor und ein Augenzwinkern aus. Sie nehmen das Leben und seine Themen leicht und manchmal auf die Schippe. Meist sind die Bilder und Videos zudem sehr emotional, persönlich und sympathisch.

Aber sie sind auch sehr vergänglich, denn diese Bilder funktionieren nur im Kontext tagesaktueller Themen und Ereignisse. Das können planbare Events sein (saisonale Themen wie Valentinstag oder Weihnachten, Sportgroßereignisse wie Olympia oder Fußball-WM, Promi-Hochzeiten etc.) oder auch spontane Themen, über die man spricht und die Tagesgespräch (»Buzz«) sind (ungewöhnliche Wettersituationen, Ausrutscher von Prominenten etc.).

Trittbrettfahrer sind Formate des Real-Time-Marketing. Es erfordert ein sehr hohes Maß an Mut, Spontaneität und Agilität, um schnell und effizient auf die jeweiligen Themen aufzuspringen.

Real-Time-Marketing ist ein sensibles Instrument, das mit dem richtigen Timing und der passenden Tonalität extrem attraktiv für das Onlinepublikum sein kann.

Schönstes Beispiel ist die spontane Reaktion der Keksmarke Oreo während des US-amerikanischen Superbowl 2013. Als für eine halbe Stunde das Licht im Stadion ausfiel und nicht weitergespielt werden konnte, reagierte Oreo prompt, änderte sein Facebook-Cover-Bild und schickte es per Twitter an seine Fans: ein Foto mit dunklem Hintergrund, in dem ein Oreo-Keks zu sehen ist mit dem Text: »You can still dunk in the dark.« Das »Visual Statement« ist ein humorvoller Seitenhieb auf den Blackout im Superdome von New Orleans sowie auch eine Hommage an das Ritual von Oreo-Fans, ihren Keks vor dem Verzehr in Milch zu tauchen. Der Tweet wurde 15.000 Mal retweetet und 20.000 Mal auf Facebook geliket. Das kleine Bild erzielte damit mehr Aufmerksamkeit als die meisten teuren Werbespots, die während des Superbowl gezeigt wurden.

Bereits 2012 hatte Oreo eine Real-Time-Kampagne gestartet, die 100 Tage lang unter dem Motto #DailyTwist ein Bild mit Oreo zeigte, das Tagesthemen aufgriff. So erschien zum Beispiel am 25. Juni, dem Christopher Street Day, ein Oreo in Regenbogenfarben und am 5. Juni 2012 einer in Form eines Pandabären zu Ehren der Bärin Shin Shin, die im Zoo von Tokyo ein Junges geworfen hatte.

Und am 5. August gab es ein Bild eines Oreo-Kekses mit »marsroten« Fahrspuren als Anspielung auf die Landung der Fähre Curiosity auf dem Mars.

◀ **Abbildung 6-31**
Man kann auch im Dunkeln seinen Oreo in Milch tunken – Oreo reagiert mit Real-Time-Marketing auf den Stromausfall während des Superbowl 2013.

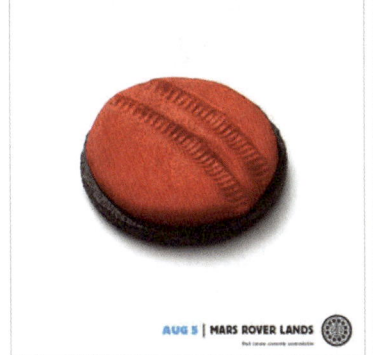

◀ **Abbildung 6-32**
100 Tage lang Bilder von Oreo in Anspielung an tagesaktuelle Themen: Die #DailyTwist Kampagne 2012 wurde zu einer der besten Kampagnen des Jahres gewählt.

Die Real-Time-Kampagne anlässlich des 100. Geburtstags der Marke bescherte Oreo 433 Millionen Facebook-Views. Allein der Shin-Shin-Post wurde 4,5 Millionen Mal geliket und gesharet. Über 2.600 Medien berichteten weltweit über die Kampagne. (Eine Zusammenfassung der Kampagne findet sich auf YouTube unter *http://bit.ly/1eszqER*.)

Ein schönes Beispiel für Echtzeitkommunikation lieferte auch Autobauer Mercedes-Benz für seine Marke Smart. Nachdem ein User auf Twitter die Banalität geschrieben hatte, dass neben ihm gerade ein Vogel einen Smart mit seinem Kot ruiniere, antwortete Smart ebenfalls auf Twitter mit einer Infografik: Um einen Smart tatsächlich zu ruinieren, reiche der Kot eines einzigen Vogels nicht aus, sondern es seien vier Millionen Tauben oder 360.000 Truthähne oder 45.000 Emus nötig. Eine humorvolle Antwort, die im Netz sofort die Runde machte – sympathisch und spontan von Smart.

Abbildung 6-33 ▶
Smart zeigt mit einer humorvollen Infografik, wie viel Vogelkot einem Smart tatsächlich schaden könnte.

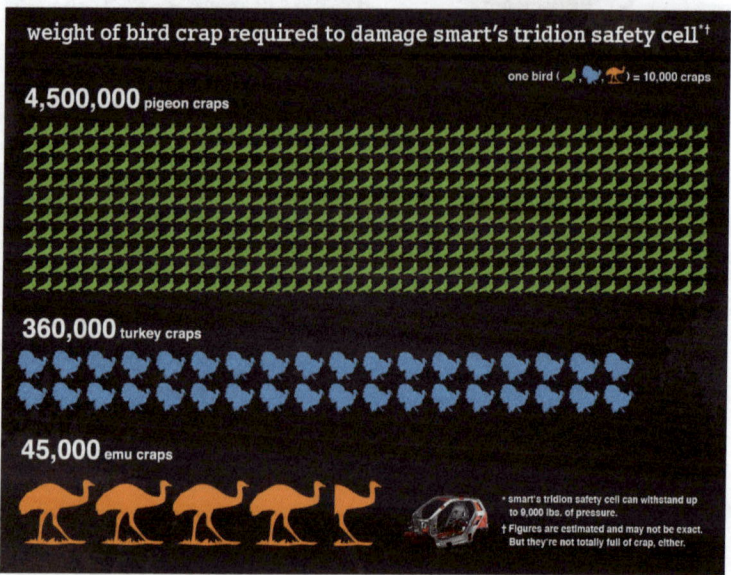

Neben Real-Time-Marketing spielt auch Meme-Hijacking für die »Trittbrettfahrer« unter den Bildern eine wichtige Rolle.

1976 verwendete der Evolutionsbiologe Richard Dawkins erstmals den Begriff »Meme« (deutsch »Mem«) in seinem Buch »The Selfish Gene« als Analogon zum »Gen«. Dawkins bezeichnet damit Ideen, Überzeugungen und Verhaltensmuster, die von Generation zu Generation weitergegeben werden und daher ähnlich wie Gene evolutionstheoretisch zu beachten seien.

Die Internetcommunity nutzt den Begriff als »Internet-Meme« heute ähnlich wie Dawkins zur Erklärung von Phänomenen, die sich evolutionär weiterentwickeln, gemeint sind hier allerdings Netzphänomene. Gleichzeitig spielt in die Bedeutung aber auch das griechischen »mimeisthai«, das so viel wie »nachahmen« bedeutet, hinein. Internet-Meme sind virale Themen und Ereignisse, die plötzlich im Netz zahlreiche Nachahmer finden, Hypes, denen es gelingt, eine Gruppendynamik zu erzeugen, die möglichst viele zum Mitmachen motiviert.

Im Sommer 2012 verbreitete sich zum Beispiel das Internet-Meme, »HotDogs or Legs«. User wurden aufgefordert, ihre Beine aus einem ganz bestimmten Blickwinkel zu fotografieren und mit Würstchen zu vergleichen. Ein Spaß, den auch einige Hot-Dog-Marken und Heinz Ketchup aufgriffen.

◀ **Abbildung 6-34**
Sind es Beine oder Würstchen? Das »Hotdogs or Legs«-Meme verbreitete sich im Sommer 2012. Noch mehr Hot Dogs kann man sich im Meme-Center online ansehen: *www.memecenter.com/search/hotdog*.

Samsung nutzte das »Selfie-Meme« und bat die Moderatorin der Oscar-Nacht 2013, Ellen DeGeneres, live ein Selfie mit einem Samsung-Handy zu schießen. Ihr Tweet während der Sendung wurde drei Millionen Mal retweetet.

◀ **Abbildung 6-35**
Während der Oscar-Verleihung 2013 schoss Moderatorin Ellen DeGeneres ein Selfie mit einem Samsung-Handy.

Tipp Wie man Meme-Hijacking erfolgreich in der PR anwenden kann, zeigt IBM mit einer interaktiven Pressemitteilung zum Thema »Generation Y«. Um die Studienergebnisse, die IBM über diese Generation gesammelt hat, zu publizieren, griff der Softwarekonzern auf aktuelle Memes zurück. Nachzulesen unter *http://prn.to/1F5rTth*.

Real-Time-Management und Meme-Highjacking stecken heute noch in den Kinderschuhen. Erst wenige Unternehmen und Marken wagen sich auf dieses neue Feld des visuellen Storytelling. Doch neue Techniken wie »Geolocation« werden diese Art der Kommunikation zukünftig noch attraktiver machen.

Unternehmenskommunikation und Marketing werden in der Zukunft in der Lage sein, ihrem Publikum individuelle Geschichten zu präsentieren, passend zu ihrer Lebenssituation, aktuellen Stimmungslage und passend zu dem Ort, an dem sie sich gerade befinden.

Trittbrettfahrer sind

- tagesaktuell und in Echtzeit
- trendy
- emotional und sympathisch
- flexibel und spontan
- humorvoll und mit Augenzwinkern
- Antworten auf Fragen, die keiner stellt
- manchmal nicht ganz ernst gemeint
- Mitläufer und Meme-Hijacker
- agiles Marketing
- schnell vergänglich

Erfolgreiche Techniken: Real-Time-Marketing und Meme-Hijacking

Die Süddeutsche Zeitung sammelt Fotos, Videos, Trends und digitale Ausnahmeerscheinungen auf ihrem tumblr-Blog unter *http://gefaelltmir.sueddeutsche.de*.

QuickMeme sammelt unter dem Motto »What's hot« laufend Internetphänome unter *http://www.quickmeme.com*.

MemeGenerator.net hilft, mit einer Auswahl an Bildern und Texten auf existierende Memes aufzuspringen.

Ob »Hingucker«, »Schnellschuss«, »Augenschmaus«, »Türöffner«, »Zeitgeist« oder »Trittbrettfahrer« – all diese Bildkonzepte helfen visuellen Storys, die Aufmerksamkeit des Publikums zu wecken und akzeptiert sowie – als höchste Form der Zustimmung – weiterverwendet zu werden. »Das musst du gesehen haben«, ist für visuelle Storys das höchste Lob, das sie erhalten können.

»Kreative und Gestalter müssen sich (…) überlegen, wie man etwas visualisieren kann, das kein Mensch zuvor gesehen hat. Dabei sollte man sich natürlich nicht zu nahe am Vertrauten orientieren, da es sonst vom Publikum nicht als neu oder originell wahrgenommen wird. Von Grund auf andersartig darf die Idee jedoch auch nicht sein, da wir sie als zu fremd empfinden würden und uns der Neuigkeitswert verborgen bliebe.« Kreativberater Mario Pricken bringt damit ein Dilemma auf den Punkt, das es in der Unternehmenskommunikation und im Marketing ständig zu berücksichtigen gilt.

▲ **Abbildung 6-36:** Jedes Bildkonzept für sich genommen ist erfolgreich, doch kombiniert erreichen sie noch mehr Aufmerksamkeit und Shareability.

Der Kommunikationsberater Dieter Herbst vergleicht dieses Phänomen mit dem unter Produktdesignern geläufigen Begriff MAYA (»Most Advanced Yet Acceptable« – »Äußerst innovativ, jedoch (noch) akzeptiert«) und fordert daher »Brechen Sie Regeln, keine Gesetze: Bilder sollten Überraschungen bieten, die von der Norm abweichen – und den Erwartungen entsprechen: Das Gehirn liebt Neues – solange es so ist wie das Alte.«

> „Eine gute Idee erkennt man daran, dass sie geklaut wird.".”
>
> Rudi Carrell

Lassen Sie sich daher von den oben genannten Konzepten und Beispielen inspirieren, kombinieren Sie sie auch, mixen und remixen Sie. Schaffen Sie neue Bilder und Bildwelten passend für Ihr Unternehmen und Ihre Marke. Aber vergessen Sie dabei nie, dass Sie die Geschichten nicht für sich selbst erzählen, sondern immer für ein Publikum.

Ausblick –
Vom visuellen Storytelling zur Visual Culture

7

Diese Spiele müssen eine andere Geschichte erzählen: Willi Daume, Präsident des Nationalen Olympischen Komitees, und Oberbürgermeister Hans-Jochen Vogel waren sich einig, dass die Olympischen Sommerspiele 1972 in München eine ganz besondere Aufgabe zu erfüllen hatten. Sie sollten das Bild von Deutschland in der Welt neu definieren und sich damit klar von den vorherigen Spielen auf deutschem Boden absetzen, 1936 in Berlin.

Aus diesem Grund beauftragte das Olympische Komitee bereits sechs Jahre vor dem ersten Fackellauf die »Hochschule für Gestaltung« in Ulm und insbesondere den Leiter der Hochschule, Otl (Otto) Aicher, mit der Entwicklung des visuellen Erscheinungsbildes der Münchner Olympischen Spiele. Der Grafikdesigner war in den 60ern durch seine Philosophie zur visuellen Kommunikation und seine Arbeiten am Erscheinungsbild der Firmen Braun und Lufthansa aufgefallen. Und so erhielt Otl Aicher am 17. Juli 1966 den Auftrag seines Lebens.

Aicher stammte aus Ulm. Er war dort am 13. Mai 1922 geboren worden und in einem katholischen Elternhaus aufgewachsen, in dem man aus der Kritik am Nationalsozialismus kein Geheimnis machte. Auch auf der Schule waren Aichers Freunde bekennende NS-Kritiker, wie etwa Werner Scholl, über den er auch dessen Geschwister Hans und Sophie kennenlernte. Aicher weigerte sich, der Hitler-Jugend beizutreten, und wurde dafür 1937 verhaftet. 1941 verwehrte man ihm auch die Abiturprüfung und zog ihn noch im selben Jahr zur Wehrmacht ein.

An der Front lehnte er alle Aufstiegsmöglichkeiten innerhalb des Militärs konsequent ab und fügte sich 1943 sogar selbst eine Verletzung zu, um dem weiteren Kriegsdienst zu entgehen. Zurück in Ulm stand Aicher der Familie Scholl bei, als Hans und Sophie wegen der Mitgliedschaft in der Weißen Rose am 22. Februar verurteilt und hingerichtet worden waren. Kurz vor Kriegsende desertierte Aicher und versteckte sich in den letzten Wochen des Krieges auf einem Hof der Scholls.

1946 war Otl Aicher einer der ersten Studenten an der Akademie der Bildenden Künste in München und begann ein Studium der Bildhauerei. Doch er brach das Studium kurze Zeit später ab mit der Begründung, dass man in solchen Zeiten kein »schöngeistiges Studium« betreiben solle. Stattdessen gründete er in Ulm die Ulmer Volkshochschule zusammen mit Inge Scholl, einer Schwester von

Hans und Sophie, die er 1952 heiratete. Ein Jahr später legten sie den Grundstein für die »Hochschule für Gestaltung«, die Otl Aicher zehn Jahre darauf zu ihrem Rektor ernannte. Unter seiner Leitung erlangte die Hochschule internationales Ansehen.

Der Auftrag, das visuelle Gesicht der XX. Olympischen Sommerspiele in München zu definieren, wurde zu einem entscheidenden Mosaikstein in der Biografie dieses außergewöhnlichen Deutschen.

Aicher erkannte sofort die Chance, die in diesem Mandat steckte. Anstatt nur das Erscheinungsbild zu entwerfen, nahm er sich vor, eine eigene visuelle Sprache für die Spiele 1972 zu gestalten und damit maßgeblich Einfluss auf die Geschichte der Spiele zu nehmen. Er nutzte seinen Auftrag weit über die Sportveranstaltung hinaus, um das Image von München, der ehemals »braunen« Stadt, von der aus der Siegeszug des Nationalsozialismus begonnen hatte, neu zu definieren und stellvertretend auch das Image Deutschlands neu zu justieren.

Anstatt Pathos, Heroik und Ideologie zu zeigen, visualisiert durch erstarrte und überhöhte Symbole, sollten diese Spiele heiter, leicht, dynamisch, unpolitisch, unpathetisch und frei von jeglicher Ideologie sein. Aicher wollte ein sympathisches, sinnliches und menschliches München zeigen – so wie sich Stadt und Land seither entwickelt hatten.

Die visuelle Geschichte der XX. Olympischen Spiele in München sollte so überzeugend, einprägsam und wirkungsvoll sein, dass sie den Geist und die Bilder von 1936 verdrängen würden.

Die Farben der Spiele

Das erste Mittel der visuellen Sprache, zu der Aicher griff, war Farbe. Überraschenderweise bediente sich Aicher nicht an den populären, poppigen Knallfarben der Siebziger, sondern begnügte sich mit lichtem Hellblau, Hellgrün, Orange, Gelb und Silber. Später kamen noch Dunkelgrün und Dunkelblau als Kontrastfarben hinzu.

Das Farbspektrum hatte große Auswirkung auf die Architektur der Spiele, die von der Architektengruppe Behnisch & Partner verantwortet wurde.

Abbildung 7-1 ▶
Die XX. Olympischen Spiele in München sollten mit ihrer visuellen Sprache die Bilder der vorherigen Spiele auf deutschem Boden 1936 in Berlin verdrängen. Ein Auftrag, den der Grafikdesigner Otl Aicher erfolgreich ausführte.

Günter Behnisch erinnert sich an eine Diskussion mit Otl Aicher zur Auswahl der Farben: »Einmal erläuterte er uns, dass wir Farben wie Schwarz, Rot, Gold oder Ähnliches nicht verwenden sollten. Diese seien (durch das Dritte Reich und auch andere diktatorische und totalitäre Systeme) vergeben und verbraucht. Und – würden wir diese dennoch benutzen – müssten wir all die Beziehungen in Kauf nehmen zwischen der eigenen Arbeit und den Zwecken, denen diese Farben (heraldische Farben) in der Geschichte dienen mussten. Otl

Aicher meinte, wir sollten uns den Farbkreis vornehmen und alle Farben abdecken, die in der Geschichte durch Macht und Anmaßung gebraucht und wohl auch verbraucht worden waren. Und das durchaus vom Stande und vom Verständnis unserer Zeit her. Die Farben, die dann noch übrig blieben, die könnten wir ohne Bedenken verwenden, meinte Otl Aicher.«

Neben den Farben legt Aicher auch die Bildsprache für diese Olympischen Spiele neu fest. Als Gegenentwurf zu der pathetischen Bildinszenierung der Berliner Spiele und auch den Propagandafilmen Leni Riefenstahls, die heroische Siegerposen ins Zentrum rückte, greift Aicher auf authentische Reportage-Fotografie zurück. Die realen Bilder zeigen die jeweilige Sportart nicht pointiert überhöht, sondern rücken nahe an das Geschehen heran und halten den einzigartigen Bewegungsablauf des jeweiligen Sports fest.

◀ **Abbildung 7-2**
Als offizielle Fotos für die Münchner Sommerspiele 1972 benutzte Otl Aicher Reportagefotos, die er mit der Reprotechnik Isoheli verfremdete. Dazu wurden die Halbtonwerte so verändert, dass ihre Grauwerte zum Farbklang der Olympiafarben passten.

Aichers Bildsprache ist auch heute noch aktuell und modern. Die von ihm gewählten Bildmotive sind authentisch und von hoher Relevanz. Sie sind sinnlich ansprechend und verweisen oft auf Archetypen des Storytelling. Sie erfüllen alle Kriterien, die Getty Images heute als Kriterien »starker Bilder« definiert.

Und obwohl die Stock-Fotografie, wie wir sie heute kennen, Anfang der 70er noch kaum existierte, machte Aicher schon damals einen Unterschied zwischen »Bildern« und »Abbildern«. Bilder müssen nach seiner Definition etwas »bedeuten« und erzählen: »Wir suchen Bedeutung, nicht Abbilder. Jedes Foto ist belanglos, wird zum Albumbild, wenn es nichts zeigt. Im Zeigen liegt der Unterschied von Photographie und Photographie. Und zeigen ist Verweis auf Bedeutung.«

Visuelles Storytelling als Ordnungsaufgabe

Aicher war ein strenger Systematiker. Die Entwicklung einer visuellen Sprache war für ihn eine Ordnungsaufgabe, mit der er ein Unternehmen und seine Produkte, aber auch seine Werte und Visionen für Stakeholder-Gruppen, ob nun Kunden, Partner, Meinungsbildner oder Mitarbeiter, sortierte sowie leichter verständlich und zugänglich machte.

So wies er zum Beispiel zur besseren Orientierung jedem Verantwortungsbereich der Spiele eine eigene Farbe zu: Blau als Hauptfarbe für den Sport, Orange für den technischen Bereich, Grün für die Presse und Silber für repräsentative Anlässe.

Aichers Ordnungssinn drückte sich am besten in den von ihm entwickelten Piktogrammen aus. 1964 hatte er bei den XVIII. Olympischen Spielen in Tokio kleine Hinweisschilder gesehen, die bestimmte Sportarten symbolisierten. Diese Idee griff er auf und optimierte die Symbole, deklinierte sie durch alle Sportarten hindurch und weitete das System auch auf Bereiche wie Tourismus, Gastronomie und Verkehr aus. Viele seiner Piktogramme sind bis heute in Gebrauch.

Abbildung 7-3 ▶
Otl Aicher ließ für jede Sportart ein eigenes Piktogramm entwickeln, das den entscheidenden Bewegungsablauf der jeweiligen Sportart festhielt.

Aicher weitete die Idee der symbolhaften Hinweisschilder aber auch auf andere Bereiche aus, um den Besuchern bei der Orientierung zu helfen. So entstanden Piktogramme, die noch heute weltweit genutzt werden, z. B. Hinweisschilder für Taxistandplätze oder Toiletten.

Aicher dachte als Designer und visueller Storyteller an alles: Poster, Fahnen, Signes, Hinweisschilder, Broschüren, Programmhefte, Veranstaltungskalender, aber auch Bekleidung, Eintrittskarten und Souvenirs – alle Elemente fügten sich zu einer einheitlichen visuellen Geschichte zusammen.

Viele hatten zum Beispiel angenommen, dass der bayerische Löwe eine entscheidende Rolle beim Auftreten der Olympischen Spiele in

München übernehmen werde. Doch auch hier blieb Aicher seinem Motto treu, keine Machtsymbolik zuzulassen. Als OK-Präsident Willi Daume anlässlich des Richtfests des Olympischen Radstadions 1970 Felix Levitan, dem Präsidenten des Weltverbands der Sportjournalisten (AIPS), einen jungen Dackel schenkte – Daume war selbst begeisterter Dackelbesitzer – war die Idee für den »Olympia-Waldi« geboren.

Elena Winschermann war die Designerin in Aichers Team, die das erste olympische Maskottchen überhaupt entwarf. Nach 1972 wurde die Idee des Maskottchens als Sympathieträger von allen weiteren Spielen und auch anderen Sportgroßereignissen übernommen. »Cherie von Birkenhof«, eine 84 Tage alte Dackeldame, stand Modell für das pädagogisch wertvolle Spielzeug in Holz und auch für die Plüschvariante, die von der Spielwarenfirma Steiff ausgeführt wurde.

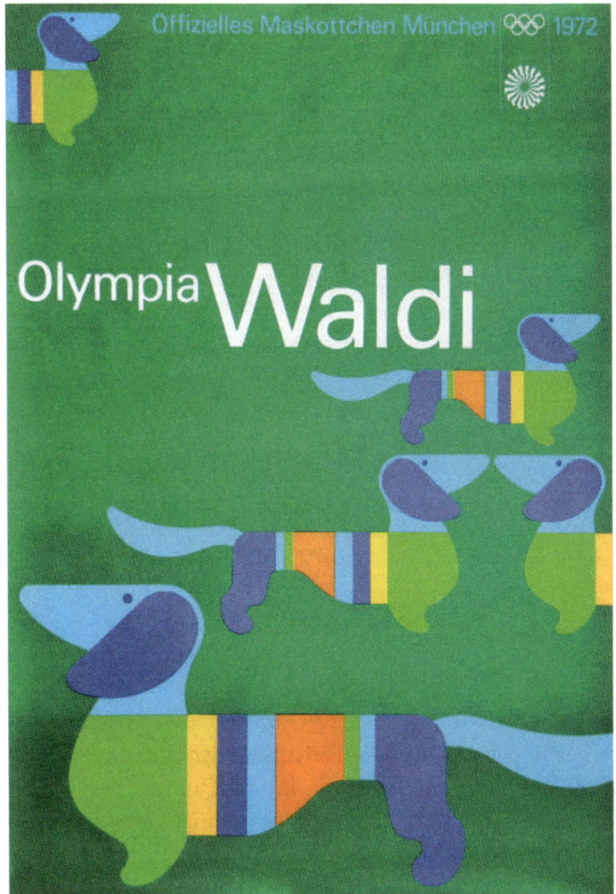

◀ **Abbildung 7-4**
Keine totalitären Symbole sollten bei den Olympischen Sommerspielen in München zum Einsatz kommen – auch nicht bei den Souvenirs. So wurde ein Dackel zum ersten Maskottchen Olympischer Spiele ernannt.

Olympia 1972, das bedeutete für Aicher »Gastfreundschaft bildlich ausdrücken«. Dieser Leitgedanke durchzog alle seine gestalterischen Entscheidungen.

Aicher nutzte visuelle Sprache nicht nur als Kommunikationsmittel im Sinne eines »Corporate Design«, sondern verstand »visuelle Kommunikation« ganzheitlicher – als entscheidenden Teil einer Unternehmenskultur, im Sinne einer »Corporate Culture« des Unternehmens oder eben eines Großereignisses wie den Olympischen Spielen.

Visuelles Storytelling bestimmt in Aichers Philosophie somit nicht nur die Kommunikation eines Unternehmens oder einer Marke, sondern es nimmt auch entscheidenden Einfluss auf Verhaltens- und Arbeitsweisen (heute Corporate Behaviour genannt), auf Unternehmens- und Markenführung (Corporate Strategy), sowie auf Unternehmens-, Marken- und Produktgestaltung (Corporate Identity).

Als einer der geistigen Väter des Begriffs »Corporate Culture«, ließ sich Aicher an seinen eigenen Thesen messen und ging mit gutem Beispiel voran. So führte er zum Beispiel sein eigenes Team als modernes, heute würde man sagen, »Start-up«, das nur für das Projekt »Olympia 1972« zusammengestellt wurde und nach Ende der Arbeit wieder auseinander ging. Das vorübergehende Zusammenbringen seiner besten Mitarbeiter sah er als »Expedition«, die sinnvoll, kreativ und unter besonders humanen Bedingungen mit einer Leichtigkeit auf ein definiertes Ziel hin arbeitet. Ein Team, das die gleiche Heiterkeit, Offenheit und Authentizität ausstrahlt, wie das Unternehmen, die Marke oder in diesem Fall das Großereignis, für das es tätig war.

 Videotipp Der Bayerische Rundfunk stattet dem Team um Otl Aicher am 15. Februar 1971 einen Besuch ab, ein Jahr vor Beginn der Spiele. Die Reportage gibt Einblicke in die Denk- und Arbeitsweise Aichers und seiner Mitarbeiter. Ein Zeitdokument, das es sich lohnt, anzusehen: *http://bit.ly/16sBPSu.*

Olympia 1972 – die leichten, die unpolitischen Spiele. Elf Tage lang.

Doch plötzlich war alles vorbei.

Am Morgen des 5. September um 4:20 Uhr, fünf Tage vor Ende der Spiele, klettern acht palästinensische Terroristen der Gruppe »Schwarzer September« über die Außenfassade in das Quartier der israelischen Mannschaft und bringen elf Menschen in ihre Gewalt. 20 Stunden später, kurz nach Mitternacht, sind 17 Menschen tot – alle elf israelischen Geiseln, ein deutscher Polizist und fünf Terroristen.

◀ Abbildung 7-5
Dem Frankfurter Fotografen Kurt Strumpf gelang am 5.9.1972 die Aufnahme, die um die Welt ging. Es konnte nie geklärt werden, welcher der acht Attentäter sich hinter dieser Maske verbarg.

Die Olympischen Spiele kommen zum Stillstand.

Am nächsten Tag, nach einer Gedenkfeier vor 80.000 Zuschauern, verkündet IOC-Präsident Avery Brundage: »The games must go on«, um dem Terror keinen Boden zu überlassen. Doch für viele ist die Entscheidung unverständlich. Aber nur wenige Athleten reisen ab. Und so werden die Spiele leise und verhalten fortgesetzt und am 10. September – ganz in Otl Aichers Sinne – mit einer farbenprächtigen Schlussveranstaltung zu Ende gebracht.

Heute, über 40 Jahre nach den Spielen in München, ist das Attentat unvergessen. Vor allem ein Bild hat sich schrecklich in das kollektive Gedächtnis eingebrannt: Es zeigt einen der Attentäter mit Maske auf dem Balkon des israelischen Mannschaftsquartiers, ein Schwarz-Weiß-Bild des Frankfurter Fotografen Kurt Strumpf.

Drastischer hätte der Gegenpol zu Aichers visueller Sprache der »gastfreundlichen Leichtigkeit« nicht sein können. Das Bild vom 5. September 1972 markiert das Ende der farbenfrohen, heiteren Spiele.

Und doch war Aichers Arbeit nicht umsonst: Die Welt hatte München und Deutschland in den ersten elf Tagen der Spiele von einer neuen, leichten, heiteren, also einer ganz anderen Seite kennengelernt. Ein Eindruck, der auch über den Schock des Attentats hinaus wirkte und an den später viele Male erinnert wurde. Die visuelle Sprache der Spiele hatte funktioniert – von der Leichtigkeit der

Architektur (wie des einmaligen Zeltdachs des Olympiastadiums) bis zur Farb- und Bildsprache Otl Aichers. Die visuelle Sprache der »Olympischen Sommerspiele München« wirkt nach, denn das Image Münchens profitiert auch heute noch von dem Bild der Sympathie und Gastfreundschaft, das damals bis zum 5. September aufgebaut wurde.

> »Sein Begriff der ›visuellen Kommunikation‹ begründet eine neue Qualität der sichtbaren Kultur als Ganzheit. Otl Aicher wird zum Pionier einer visuellen Sprache, deren Ziel die Lesbarkeit der Welt ist. Das Erscheinungsbild der Olympischen Spiele in München 1972 erreicht beinahe die vollkommene Einheit von Absicht und Wirkung, Architektur und Grafik, Offenheit und Reglement.« (Zitiert nach http://www.otlaicher.de/)

Aichers großes Vermächtnis durch seine Arbeit am Erscheinungsbild der Olympischen Spiele sowie an vielen anderen Unternehmen und Marken ist die Entwicklung einer Corporate Culture, die sich am Visuellen orientiert.

Abbildung 7-6 ▶
Otl Aicher, Grafikdesigner der Olympischen Sommerspiele in München, nahm optisch Einfluss auf das gesamte Erscheinungsbild bis hin zum Fernsehbild der Spiele.

Dieses Vermächtnis hat an Aktualität nichts eingebüßt, ganz im Gegenteil: Besonders heute im bildbesessenen Internetzeitalter lohnt es sich, diese Philosophie der visuellen Corporate Culture zu beherzigen.

Otl Aicher standen nicht die digitalen Möglichkeiten von heute zur Verfügung. Einiges würde der Grafikdesigner heute vielleicht anders formulieren und umsetzen. Doch viele seiner Grundsätze sind aktueller denn je: Wir machen uns ein Bild von einem Unternehmen und einer Marke – visuell. Zeichen, Farben, Typographie, Piktogramme und Bilder eines Unternehmens haben größten Einfluss auf seine Wahrnehmung von außen. Aber auch umgekehrt: Das visuelle Storytelling eines Unternehmens und einer Marke hat die Kraft und das Vermögen, ihre Kultur nach innen zu prägen und positiv zu beeinflussen.

Die visuelle Sprache eines Unternehmens wirkt nach innen auf dessen Arbeitswelt und Arbeitsweise, auf dessen Unternehmensführung, Strategie, Unternehmensgestaltung und selbstverständlich auch dessen Produktdesign.

Bilder arbeiten schnell. Geschichten arbeiten wirkungsvoll: Unternehmen, die heute die Stärken visueller Denk- und Arbeitsweisen nutzen, verschaffen sich für die Zukunft entscheidende Wettbewerbsvorteile.

Der »Visual Turn«, die verstärkte Aufmerksamkeit und Zuwendung zum Visuellen in Unternehmen, darf daher bei der Kommunikation nicht Halt machen oder sich gar auf diese beschränken. Viele weitere Bereiche im Unternehmen profitieren vom kreativen und sinnstiftenden Einsatz des visuellen Storytelling.

Visual Culture

In einem Interview mit der Zeit im Oktober 2014 bezeichnet die Personalberaterin Linda Becker die Kultur eines Unternehmens als »DNA einer Firma« und fügt an: »Ist sie positiv, so fördert sie die Kreativität der Mitarbeiter und ihre Freude an der Arbeit. Sie gibt Raum, um eine Innovationskultur entstehen zu lassen, die wichtig für das Wachstum ist. Sie sorgt für eine Feedbackkultur, die konstruktive Kritik in beide Richtungen ermöglicht, also von der Führungskraft zum Mitarbeiter und umgekehrt. Sie bestimmt, wie Führungskräfte ihre Mitarbeiter für Leistungen loben und diese anerkennen. Eine gute Unternehmenskultur ist durch eine arbeitsintensive, aber positive Atmosphäre geprägt. Und die ist Grundlage für die Umsetzung der Unternehmensstrategie.«

Kreativität, Innovationskraft, Feedback-Kultur, Führungskräfteprinzipien – all dies sind Bereiche, in denen visuelles Storytelling eine entscheidende Rolle spielen kann.

Sie bezweifeln das? Dann sehen Sie sich als Beleg den Erfolg der Marke Burberry einmal genauer an: Als Angela Ahrendts 2006 zur CEO der Modemarke Burberry berufen wurde, trauten ihr viele den Job nicht zu. Die jugendlich wirkende Amerikanerin brachte zwar 25 Jahre Erfahrung in der Mode- und Luxusbranche mit, doch die britische Traditionsmarke steckte zu sehr in der Krise, als dass man einer »Fashionista« den Turnaround zugetraut hätte.

Burberry, die über 150 Jahre alte Marke, war 2006 schon lange kein »Luxus-Must-have« mehr, sondern verzettelte sich auf den unterschiedlichsten Märkten zum Teil mit Billigproduktionen wie T-Shirts, Servietten oder Hundedecken – alles im typischen Design, dem legendären schwarz-beige-roten Karomuster.

Doch auch, wenn alles schön einheitlich aussah, half es nicht darüber hinweg, dass das Modeunternehmen sowohl den modischen Anschluss als auch seine »Heritage« verloren hatte, seine Markentradition.

Der Burberry-Trenchcoat, das Kernstück der Marke Burberry, wurde von Thomas Burberry 1856 entwickelt. Dieses Kleidungsstück wurde vom britischen Königshaus und auch von britischen Soldaten im zweiten Weltkrieg getragen. Sir Ernest Shackleton trug einen Burberry-Trenchcoat bei seiner Antarktis-Expedition. Humphrey Bogart trug einen Trenchcoat im Film »Casablanca« und Audrey Hepburn in »Frühstück bei Tiffany«. Fast ein Jahrhundert lang galt dieser Mantel als »cool«. Doch als Angela Ahrendts CEO derjenigen Marke wurde, die als Erfinder des Trenchcoats gilt, machte der Outwear-Bereich gerade mal 20 Prozent vom Gesamtumsatz aus. Den größten Umsatz machte das Unternehmen mit Accessoires und Nippes – beides weder profitabel noch passend für eine Luxusmarke.

Um Burberry wieder zu Erfolg zu führen, besann sich Ahrendts auf Storytelling – und zwar auf eine einzige Story: den Gründungsmythos um Thomas Burberry. Der hatte 1880 im Alter von 21 Jahren den Gabardine-Stoff entwickelt, jenen robusten, wasserundurchlässigen und atmungsaktiven Baumwollstoff, der die Basis jedes guten Burberry-Trenchcoats bildet.

Als sie auf einem internationalen Managermeeting feststellen musste, dass keiner der teilnehmenden Burberry-Manager mit einem Trenchcoat angereist kam, schwor sie zunächst die Führungsriege auf diese für die Marke entscheidende »Story« ein und führte ihrem Management vor Augen, dass der Aufstieg der Marke Burberry an diesem Kleidungsstück hing und nicht an T-Shirts, Poloshirts, Schals oder Hosen, die es von jeder beliebigen anderen Marke ebenso gab.

◀ **Abbildung 7-7**
Irgendwann war Schluss mit Luxus: Die typischen Burberry-Karos zierten alles Erdenkliche, und die Traditionsmarke Burberry erzählte alles, nur keine konsistente Geschichte.

Ahrendt handelte ebenso radikal in puncto visueller Sprache und Design der Marke. Sie ernannte Christopher Bailey zum Kreativdirektor, einen jungen Designer, der ab sofort alle visuellen Elemente der Marke einheitlich definieren sollte. »Anything that the consumer sees – anywhere in the world – will go through his office. No exceptions.« (»Alles, was Konsumenten zu Augen bekommen – wo auch immer auf der Welt – geht durch sein Büro. Ohne Ausnahme.«) So erläuterte Ahrendts in der Harvard Business Review im Januar 2013 ihren Ansatz, um weltweit eine konsistente visuelle Geschichte der Marke Burberry zu erzählen.

Der Trenchcoat rückte in das Zentrum des Produktangebotes, die ausufernde Produktvielfalt wurde sinnvoll eingegrenzt. Das Verkaufspersonal, das sich daran gewöhnt hatte, günstige Poloshirts zu verkaufen, wurde mit Videos darin geschult, wieder die Heritage der Marke Burberry und deren Qualitätsversprechen den Kunden als interessante Geschichte zu erzählen. Das Ladendesign wurde komplett überarbeitet, Flagship-Stores wurden geschaffen, die der Geschichte der Marke Burberry gerecht wurden und dem Kunden schon beim Betreten des Einkaufsraumes die Markenwelt des Trenchcoats vermittelten. Und schließlich setzte selbstverständlich auch das Marketing auf die Kraft des visuellen Storytelling: Broschüren, Website und Social-Media-Kanäle stellten die »Art of the Trench« in den Mittelpunkt der Kommunikation.

Abbildung 7-8 ▲
Bis in das Shopdesign hinein wirkt das visuelle Storytelling der Marke Burberry. Der »Sound of Trench« wird nicht nur auf der Website gefeiert (*http://de.burberry.com/ acoustic/#/acoustic*), sondern auch im Flagship-Store in der Londoner Regent Street großflächig präsentiert.

»The decision to focus on our heritage opened up a wealth of creativity. Christopher and the designers and marketers all started dreaming up ways to reinforce the idea that everything we did – from our runway shows to our stores – should start with the ethos of the trench.« (»Die Entscheidung, uns auf unsere Markentradition zu konzentrieren, eröffnete einen Reichtum an Kreativität. Christopher und die Designer und Marketingleute begannen, Wege zu erträumen, um die Idee zu untermauern, dass alles, was wir taten – von Modenschauen bis hin zu unseren Geschäften –, mit der Rückbesinnung auf den Trench beginnen musste.«) Der Mut von Angela Ahrendts, alles auf eine einzige Story zu setzen, zahlte sich aus. Heute macht Burberry 60 Prozent seines Umsatzes mit Bekleidung, über die Hälfte davon mit Outwear. Am Ende des Fiskaljahrs 2012 verdoppelte sich der Umsatz von Burberry im Vergleich zu den letzten fünf Jahren, und heute gilt die Marke mit dem Trenchcoat als eine moderne Luxusmarke, die nicht nur erfolgreich einen Turnaround geschafft hat, sondern auch noch eine neue Zielgruppe mit visuellem Storytelling begeistern konnte, nämlich Generation Y – und demnächst wohl auch Generation Z.

Burberry war es gelungen, sich neu zu erfinden – und sich neu zu finden. Die Kehrtwende zum Erfolg gelang selbstverständlich durch zahlreiche smarte strategische und finanzielle Management-Entscheidungen, aber auch durch den Mut, sich einer neuen Corporate Culture zu verschreiben, die sowohl auf der Überzeugungskraft des Storytelling basiert als auch auf dem Einfluss einer starken visuellen und ästhetischen Sprache, die weltweit verstanden wird.

Visual Culture – Kraftfeld und Funke der Fantasie

»Visual culture demands that we not remain locked in some technical or mechanical account of seeing or visual representation, but recognize it as a field of anxiety, fantasy, and power.« (»Eine visuelle Kultur zu schaffen, erfordert, dass wir nicht verharren in technischen oder mechanischen Anforderungen an das Sehen oder an visuelle Darstellungen, sondern dass wir anerkennen, dass es sich um ein Feld von Verlangen, Fantasie und Kraft handelt.«) Betty Edwards, die ihren Kunststudenten zunächst das Sehen beibringt, bevor sie sich visuell ausdrücken dürfen, betont den holistischen Anspruch der Philosophie einer »visuellen Unternehmenskultur«.

Eine »Iconic Corporate Culture« bedeutet eben mehr, als nur ein bisschen mehr »Bilder« im Unternehmen einzusetzen. Damit, was sie bedeuten kann, setzen sich die folgenden Abschnitte auseinander.

1. Gut hinsehen können

»Die Bildung der Urteilskraft erwerben wir erst durch das Lernen des richtigen Sehens und Wahrnehmens. Diesem Grundsatz folgte Aicher nicht nur bei den Olympischen Spielen, sondern in all seinen Arbeiten. Für ihn war Sehen (…) ›eine spezifische form des denkens‹.«

So beschreibt Nadine Schreiner in ihrer Dissertation »Vom Erscheinungsbild zum ›Corporate Design‹« die Arbeitsweise von Otl Aicher, die mit dem »richten Sehen« beginnt – sie zitiert Aicher dabei in der für ihn typischen Kleinschreibweise: »Er (Aicher) analysierte, dass der Mensch nur das sieht, ›was uns die kultur als sehenswert aufbereitet hat.‹ Das Sehen ist für Aicher vergleichbar mit Goethes Ansicht einer ›inneren anschauung‹, das bildliche Denken ist nicht linear (…), sondern es sieht zusammenhänge, relationen, beziehungen, analogien.«

Ähnlich wie »gutes Zuhören«, so muss auch »gutes Hinsehen« geübt und trainiert werden – eine Fähigkeit, die von Mitarbeitern und insbesondere von Führungskräften im Unternehmen stärker gefordert und gefördert werden sollte. Für die zukünftig stark visuell orientierte Arbeitswelt müssen wir »unser Auge« besser schulen, denn der »Visual Turn« betrifft nicht nur das Unternehmen als Ganzes, sondern jeden einzelnen Mitarbeiter.

Videotipp   Augen sind ein Fenster in die Welt. Augen sind Türen zu Menschen. Augen zeigen das Sonnenlicht, Regen, Wolken – sie sind ein Wetterbericht für innen und außen – Lenscrafters Eyewears präsentiert eine Hymne an das Auge, die man gesehen haben sollte: *http://bit.ly/1ERFRgj*.

2. Visuell denken und arbeiten

»We must rethink information. (...) Visualization tools will require a new visual literacy for employees. While many companies rely on a creative or design team for visual communication, regular employees will more frequently be called upon to interpret and communicate data in a visual format.« (»Wir müssen Informationen neu überdenken. Visualisierungstools erfordern eine neue Fähigkeit zu visuellem Lesen bei Mitarbeitern. Während sich viele Unternehmen auf ein Kreativ- oder Designteam verlassen, wenn es um visuelle Kommunikation geht, werden auch normale Mitarbeiter mehr und mehr die Aufgabe erhalten, Daten und Informationen in visueller Form zu interpretieren und zu kommunizieren.«) – Schon 2007 machte das IFTF, Institute for the Future, auf die wachsende Bedeutung visueller Informationen im Unternehmen aufmerksam und auf die damit verbundene Notwendigkeit, Mitarbeiter – auch außerhalb von Kreativteams – im Umgang mit visuellen Informationen und Daten zu schulen.

Videotipp   Von textbasierter zu bildbasierter Information – ganz ohne Worte macht das IFTF in diesem Video auf die zunehmende Visualisierung aufmerksam: *http://bit.ly/1M06MvM*.

Bild vor Text. So lautet schon heute die Devise im Netz. Die Dominanz des Visuellen wird auch vor den Arbeitswelten im Unternehmen nicht Halt machen. Text wird auch im Unternehmen mehr und mehr verdrängt werden zugunsten effizienter Bild- und Bewegtbild-Kommunikation. So werden Arbeitsmeetings in der Zukunft in Poster- und Fotopräsentationen bestehen, und schriftliche Berichte in Infografiken oder Videoreportagen.

Neben Textarchiven werden Unternehmen auch auf Bilddatenbanken und Media-Libraries setzen, die ein schnelles, bildhaftes Erfassen von Themen und Ideen ermöglichen (ähnlich wie Pinterest). Redaktionspläne werden in Form von Storyboards erstellt und Protokolle von interaktiven Bildstrecken und -serien abgelöst werden, die durch ihren narrativen Bogen spannender und effizienter rezipierbar sind als ausführliche textbasierte Memos.

Wer seine Mitarbeiter und Vorgesetzten von seinen Ideen überzeugen will, setzt zukünftig besser auf die narrative Kraft starker Bilder als auf langatmige Texte.

> „To Hell with facts! We need Stories."
>
> Ken Kesey

3. Ästhetik als Führungsprinzip verstehen

Dass Visualität und der damit verbundene Sinn für Ästhetik zukünftig auch Teil von Führungsprinzipien werden, prophezeit Benedikt Hackl. Das Magazin »Harvard Business Manger« befragte den Professor für Personalwirtschaft an der Dualen Hochschule Baden-Württemberg nach den Management-Trends 2015. Die »Ästhetik als Leitplanke des Führungshandelns« sieht Hackl als einen der Megatrends der kommenden Jahre: »Zugegeben, Ästhetik scheint auf den ersten Blick nichts mit ökonomischer Realität oder Organisation zu tun zu haben, sondern eher im künstlerischen Schönen verortet zu sein. Aber in diesem Begriff versammeln sich auch andere Erwartungen und Vorstellungen wie Kreativität, Innovation, Vollkommenheit, Gelingen oder Wirksamkeit. Ästhetik kann insofern als Leitmetapher für einen Zustand oder einen Prozess gesehen werden (…) Sie glauben dennoch, dass es sich dabei nur um ein philosophisches Denkmuster handelt? Machen Sie sich klar, dass Ästhetik weniger ein Gegenbegriff zu Effizienz oder Dynamik ist, sondern mehr für nachhaltige Qualität und eine humane wie ressourcenbezogene Optimierung von Führungslogiken steht. Dazu gehört neben Ansehnlichkeit und Vollständigkeit auch Angemessenheit und persönliche Begrenzung sowie ein inneres Verhältnis der Teile zum Ganzen (...) Sie sollten Ästhetik in ihr Führungshandeln integrieren.«

Die Ästhetik des visuellen Storytelling bietet Führungskräften ein interessantes Ordnungssystem, mit dem sie Vision, Werte, Ziele und Strategien ihres Unternehmens Mitarbeitern und anderen Stakeholdern effizient und merkfähig vermitteln können. Gleichzeitig steht es jedem Manager frei, seine eigene, individuelle visuelle Sprache zu finden und sich damit seinem Umfeld kreativ und einprägsam zu vermitteln.

4. Räume narrativ und visuell gestalten

Google tut es, Facebook tut es, Apple tut es – in Silicon Valley ist der Bauboom ausgebrochen. Alle diese Unternehmen arbeiten am Aus- und Umbau ihrer Unternehmenszentralen. Dabei nutzen sie Architektur nicht nur, um ihre Geschichte, Mission und Werte darzustellen, sondern auch, um Mitarbeitern und Besuchern klare visuelle Signale zu geben und sich als Kreativunternehmen zu positionieren.

Dass Räume eine Geschichte erzählen können, beweisen Architekten nicht nur anhand von Unternehmenszentralen und Brand-Erlebniswelten großer Markenunternehmen wie etwa dem Nike-Tower in New York, Ritter Sport's Bunter Schokowelt in Berlin oder der BMW-Welt in München. Aber auch kleinere Showrooms und Verkaufsflächen werden immer häufiger als »narrative Räume« interpretiert, die die Geschichte einer Marke dreidimensional weitererzählen.

Ein extremes Beispiel ist das New Yorker Modeunternehmen »Story« (*http://thisistory.com*). Seit 2011 verändert das Label alle sechs bis acht Wochen seinen kompletten Look, sein Produktangebot und seine Geschichte. Unter verschiedenen Motti wie etwa »Color«, »New York« oder auch »Making Things« verändert das Retail-Konzept seine visuelle Sprache und präsentiert eine andere Story. Daher auch der Name des Retailers: »Story«.

Neue Möglichkeiten in der kreativen Raumgestaltung und die Ausweitung der »Storytelling-Experience« erhofft man sich auch von neuen technischen Möglichkeiten wie Wearable Electronics oder der Vernetzung von Möbeln, Raumelementen oder gar Wänden (»Internet of Things«). Der Marketingspezialist Frank Rose weist zum Beispiel in seinem Blogbeitrag »The Power of Immersive Media« auf die Chancen und Möglichkeit hin, Kunden zukünftig intensiv in eine Geschichte »einzutauchen« zu lassen – mithilfe neuer technischer Gadgets: »Another new form of immersion (...) known as ›ubiquitous technology‹ or the Internet of Things, it involves placing electronic devices in real-world settings, where they interact with people and with one another. Retail stores, for example, use RFID tags and other devices to respond to shoppers directly, immersing them in a manufactured reality as detailed and sometimes as surreal as any you would find in a (VR-)headset.« (»Eine weitere neue Form von Eintauchen kennt man unter dem Namen ›allgegenwärtige Technologie‹ oder Internet der Dinge. Hier werden elektronische Geräte in der realen Welt platziert, wo sie mit Menschen und auch Dingen interagieren. Verkaufsräume zum Beispiel experimentieren mit RFID-Etiketten und Ähnlichem, die direkt auf Kunden reagieren und sie in eine künstliche Realität eintauchen lassen, die so detailgenau und manchmal so surreal sein kann, als würde man ein Virtual-Reality-Headset tragen.«

Wer das Design von Räumen – ganz gleich, ob Arbeitsplätzen, Unternehmenszentralen oder auch Verkaufsräumen – als erweiterte Kommunikation interpretiert, dem eröffnen sich zahlreiche Anwendungsbereiche für visuelles Storytelling, die Markengeschichten in die reale Welt ausdehnen und damit einem modernen Verständnis von transmedialem und dynamischem Storytelling entsprechen.

5. Kreativität visuell mit Geschichten stimulieren

»Establish a Whiteboard-Culture« – Sunni Brown, Autorin des Buches »The Doodle Revolution: Unlock the Power to Think Differently«, ruft Unternehmen und deren Kreativteams dazu auf, stärker auf Visualisierung im Ideenprozess zu setzten. Sie ermutigt Manager dazu , ihre Problemstellung sowie erste Ideenansätze selbst zu skizzieren und zu zeichnen. Wer Ideen selbst auf Papier bringt, trainiert damit nicht nur die eigene Vorstellungskraft, sondern stimuliert auch neue Sichtweisen und Ansatzpunkte für Lösungen.

„If you want to be visionary, you have to think visually."

Alex Garland

Wer schon mal ein visuelles Brainstorming besucht hat, weiß um die Kraft der Bilder, die plötzlich Gestalt annehmen. Anstatt Ideen nur als Worte kreisen zu lassen oder auf Flipcharts zu schreiben, zeichnen in diesem Fall die Teilnehmer ihre Ideen als Doodle oder kleben sie als Collagen.

Zuvor hilft das Verwenden einer bildlichen Sprache aus Analogien oder Methaphern dabei, das Problem bildlich vor Augen zu führen, aus unterschiedlichen Blickwinkeln zu betrachten und mit anderen, verwandten Problemlösungen zu vergleichen.

Brainstormings, die mit der Frage »Wie sieht das Bild des Erfolges aus?« oder »Welches Bild symbolisiert unsere Lösung?« beginnen, versprechen interessante Startpunkte für die Ideenfindung.

 Videotipp   Wie wichtig Vorstellungskraft ist – und dass diese für einen Blinden noch viel wichtiger sein kann als für uns Sehende –, erläutert der blinde Musiker Cobhams Asuquo sehr humorvoll in seinem TEDx-Talk »The Gift of Blindness« unter http://bit.ly/1JmjLsp.

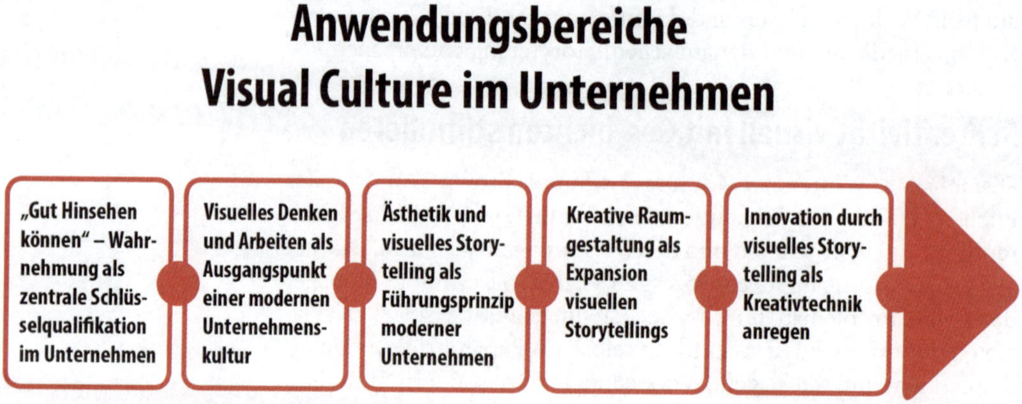

Anwendungsbereiche Visual Culture im Unternehmen

„Gut Hinsehen können" – Wahrnehmung als zentrale Schlüsselqualifikation im Unternehmen → Visuelles Denken und Arbeiten als Ausgangspunkt einer modernen Unternehmenskultur → Ästhetik und visuelles Storytelling als Führungsprinzip moderner Unternehmen → Kreative Raumgestaltung als Expansion visuellen Storytellings → Innovation durch visuelles Storytelling als Kreativtechnik anregen

Abbildung 7-9
Der Visual Turn ist in vielen Bereichen eines Unternehmens sinnvoll.

Die eigene Wahrnehmung stärken, visuelles Denken und Arbeiten fördern, Ästhetik als Führungsprinzip anwenden, Räume zu visuellen Storytellern umgestalten und Ideenfindung visuell stimulieren – das sind einige Anwendungsbereiche, in denen visuelles Storytelling positiv auf eine Unternehmenskultur einwirken und mit denen Sie den »Visual Turn« auch in Ihrem Unternehmen vorantreiben können.

Bilder bestimmen unsere Welt

Die Beschäftigung mit Bildern ist unausweichlich – für Unternehmen und Marken sowie auch für deren Kunden.

»Bilder bestimmen zunehmend unsere Welt und unseren Alltag, in der Werbung, der Unterhaltung, der Politik, selbst in der Wissenschaft beginnen sie, sich vor die Sprache zu drängen. Vor allem die Massenmedien fluten unsere Sinne täglich. Scheinbar haben die Bilder den – nie ausgerufenen – ›Paragone‹ zwischen Wort und Bild für sich entschieden. Doch umstritten bleibt, ob das Wort oder das Bild am Anfang war oder wer von beiden am Ende ist. Hat gar das Bild das letzte Wort? Die gesteigerte Aufmerksamkeit für alles Bildliche rückt die Frage ins Blickfeld, was ein Bild überhaupt sei: Urbild und Abbild, Vorbild und Nachbild, Bild und Gegenbild. Uns begegnen Kopien ohne Originale, Simulationen und Simulacra, Modelle und Metaphern, Wunschbilder, Wahnbilder und Trugbilder – es gilt, das gesamte Bildregister semantisch zu prüfen und in den jeweiligen theoretischen und praktischen Verwendungszusammenhängen zu präzisieren. Um den anschwellenden ›Bildersturm‹ (Genitivus subjectivus) mit Augenmaß bewältigen zu können, bedarf es einer Bildkompetenz, die unserer Schriftkultur fehlt. Der Analphabetismus ist hierzulande weitgehend überwunden, das Problem des ›Anikonismus‹ oder der Unfähigkeit, Bilder angemessen zu interpretieren, ist indes noch nicht einmal ins Bewusstsein der Öffentlichkeit gedrungen.« Die Medienwissenschaftlerin Doris Bachmann-Medick äußert sich im Magazin der Berlin-Brandenburgischen Akademie der Wissenschaften mit dem bezeichnenden Titel »GegenWorte« extrem kritisch über den Fortschritt des »Visual Turn«.

Doch wir, die Autorinnen dieses Buches, sind da weit zuversichtlicher. Rezipienten und Kunden haben schon längst die positive Kraft der Bilder entdeckt und angenommen. Und auch in der Unternehmenskommunikation und im Marketing vieler Unternehmen ist man sich heute im Klaren darüber, dass ein Paradigmenwechsel eingesetzt hat.

Allein – viele sind noch unsicher und testen derzeit, welches die richtigen Strategien, Taktiken und Instrumente sind, um visuelles Storytelling effektiv und passend für das jeweilige Unternehmen und seine Marken, Produkte und Dienstleistungen einzusetzen.

Wir hoffen, dass Ihnen dieses Buch geholfen hat, den »Visual Turn« für sich persönlich – in Ihrem eigenen Kommunikationsverhalten –, aber auch in Ihrem Unternehmen und mit Ihrem Team leichter umzusetzen. Und dass Sie visuelles Storytelling als interessante Technik kennengelernt haben, und auch die zugehörigen Instrumente, Strategien und Techniken, die nötig sind, um den Erfordernissen der modernen Medienwelt und dem veränderten Rezeptionsverhalten zu begegnen.

Wir freuen uns darauf, zukünftig mehr von Ihnen, Ihrem Unternehmen, Ihrer Marke, Ihren Produkten oder Ihren Dienstleistungen zu *sehen* – ob als »Hingucker«, als »Schnellschuss«, als »Augenschmaus«, als »Türöffner«, als »Zeitgeist« oder auch als »Trittbrettfahrer«. Nutzen Sie die Kraft narrativer Bilder. Malen Sie mit Worten und texten Sie mit Bildern.

Und so beenden wir dieses Buch selbstverständlich mit einer Geschichte.

Einer Geschichte, mit der Günter Behnisch, Architekt des Münchner Olympiastadiums, 1998 an den Graphikdesigner und visuellen

Storyteller der Olympischen Sommerspiele 1972, Otl Aicher, der sieben Jahre zuvor gestorben war, erinnert:

»Als wir mit Otl Aicher über Farben sprachen, erklärt er uns die Sache so – mit einem Bilde: ›Wisst Ihr, wenn Ihr über die Alpen fliegen würdet im Frühjahr, von Süden her in einem kleinen Flugzeug, was würdet ihr denn als erstes sehen im Voralpenland Bayerns?‹ Die Antwort gab er selbst: ›Ihr würdet den blauen Himmel sehen, leicht und hell, die weißen, dahinschwebenden Wolken, das leichte helle Grün der jungen Wiesen, und die silbernen Seen und Flüsse.‹

Um dann abzuschließen mit: ›Und das werden die Farben der Olympischen Spiele in München sein!‹

Nun weiß ich nicht, ob die Bayerischen Seen tatsächlich silbrig sind. Otl Aicher aber wollte, dass sie so wären. Wahrscheinlich sah er sie auch so, silbrig, glänzend, hell. Und dieses Bild ließ er auch uns sehen. Und tatsächlich, wir sahen es, und wir behielten es so in Erinnerung – bis heute. Otl Aicher konnte in Bildern denken und er konnte mit Bildern Inhalte weitergeben. Bilder, die ja viele Bezüge mitbringen, mehr als das sachlich begrenzte Wort. Bilder sind poetisch von sich aus.«

▼ **Abbildung 7-10**
Otl Aicher benötigte keine Worte, um die Besonderheit Bayerns zu beschreiben – ihm genügten Farben: Die Farbpalette der Olympischen Spiele 1972.

Bildnachweis

Vorwort

- Abbildung 1: Soho Grand –
  http://www.sohogrand.com/image-gallery/
- Abbildung 2: Ulrike Heppel
- Abbildung 3: Ulrike Heppel

Kapitel 1

- Abbildung 1-1 & 1-2: Ruth Fremson –
  www.nytimes.com/projects/2012/snow-fall
- Abbildung 1-3: Ruth Fremson –
  http://vignettestraining.blogspot.de/2013_02_01_archive.html
- Abbildung 1-4: Walter Erben / Sammlung Monika Krebs –
  www.shz.de/lokales/holsteinischer-courier/neumuensteraner-erzaehlen-mein-erster-wm-titel-id7114016.html
- Abbildung 1-5: Joseph Nicéphore Nièpce –
  https://de.wikipedia.org/wiki/Datei:View_from_the_Window_at_Le_Gras,_Joseph_Nic%C3%A9phore_Ni%C3%A9pce.jpg
- Abbildung 1-6: Jess Bloom – *http://www.studio-beat.com/art-news-blog/filter-secrets-your-instagram-revealed/*
- Abbildung 1-7: Noah Kalina – *www.kokasexton.com/noah-kalina-everyday-is-better-than-mine/*
- Abbildung 1-8: Nicola Kemp –
  http://www.marketingmagazine.co.uk/article/1305751/meet-generation-z-tech-timebomb-set-change-marketing-forever
- Abbildung 1-9: Jay Nemeth / Red Bull Stratos –
  www.servustv.com/var/stvd/storage/images/www_root/medien/mission-to-the-edge-of-space/55636-405-ger-AT/Mission-to-the-Edge-of-Space_stvd_og_image.jpg

- Abbildung 1-10: Fine Heininger & Madeleine Penny Potganski – http://matrosenhunde.tumblr.com/post/60071852712/paeng-magazin-5-das-erste-mal
- Abbildung 1-11: Ulrike Heppel

Kapitel 2

- Abbildung 2-1: Martin Mißfeldt – www.martin-missfeldt.de/kunst-bilder/farbsehtests/marilyn-monroe-farbsehtest.php
- Abbildung 2-2: Neil Harbisson – http://pontoeletronico.me/2014/carne-ossos-e-componentes-eletronicos/
- Abbildung 2-3: Ulrike Heppel
- Abbildung 2-4: Ulrike Heppel
- Abbildung 2-5: Nick Wade – www.pinterest.com/pin/272256739949551679/
- Abbildung 2-6: Ulrike Heppel
- Abbildung 2-7: Gloria Linaza / The Cathedral Center für Tdh Design
- Abbildung 2-8: Simon Oppman / Ogilvy Mather Frankfurt für WWF
- Abbildung 2-9 & 2-10: Eye-Tracking – www.eye-tracking.net/examples-of-eye-tracking-tests/
- Abbildung 2-11: Klaus Merz / Jung von Matt für Daimler AG
- Abbildung 2-12: Sebastian Steller / BBDO für Deutscher Verkehrssicherheitsrat
- Abbildung 2-13: Scholz & Friends Berlin für Deutscher Verkehrssicherheitsrat
- Abbildung 2-14: Fanmade Poster für Warner Brothers Pictures – http://cellurizon.de/2011/02/17/the-art-of-film-the-dark-knight-rises-fanmade-poster-galerie/
- Abbildung 2-15: Michael Lewis / Publicis Conceil Paris für Club Med – http://travelpartner.clubmed.com.sg/concept/campaign.php
- Abbildung 2-16: Leo Burnett Frankreich für Jeep – http://www.adweek.com/news/advertising-branding/worlds-17-best-print-campaigns-2013-14-158466
- Abbildung 2-17: Ulrike Heppel
- Abbildung 2-18: Grischa Rubinick für Garnier

- Abbildung 2-19: Michael Hughes – *http://pixxel-blog.de/die-kreative-souvenir-fotografie-von-michael-hughes/*
- Abbildung 2-20: Daniel Landin / Gorgeous Enterprises & McGarryBowen London für Honda
- Abbildung 2-21: Cedric Delsaux / Young & Rubicam Paris für Running Equipment
- Abbildung 2-22: *www.tierbildergalerie.com/bild-katze-hintergrund-3561.htm*
- Abbildung 2-23: Celebrity Model Kids! für Burberry
- Abbildung 2-24: *https://upload.wikimedia.org/wikipedia/commons/thumb/8/85/Smiley.svg/2000px-Smiley.svg.png*
- Abbildung 2-25: *http://fontmeme.com/images/Emoticons.jpg*
- Abbildung 2-26: Stewart Brand
- Abbildung 2-27: flickr@tonybo

Kapitel 3

- Abbildung 3-1 & 3-2 & 3-3 & 3-6 & 3-6 & 3-7: Scholz & Friends Berlin für FAZ
- Abbildung 3-4 & 3-5: Ulrike Heppel
- Abbildung 3-8: Klaus Peter Beck / flickr
- Abbildung 3-9: ThinkStock
- Abbildung 3-10: Louis Coty / Ulrike Heppel
- Abbildung 3-11 & 3-12 & 3-13 & 3-14: Steve Simpson / Ogilvy Mather New York für American Express – *http://theinspirationroom.com/daily/2015/american-express-journey-never-stops/*
- Abbildung 3-15: Ulrike Heppel
- Abbildung 3-16 & 3-17 & 3-18 & 3-19: iStock
- Abbildung 3-20: Ulrike Heppel
- Abbildung 3-21: GettyImage
- Abbildung 3-22: *http://artofthetrench.burberry.com/*
- Abbildung 3-23: *http://www.whatmakeslovetrue.com/love-is-everywhere/love-in-pictures/*
- Abbildung 3-24: GettyImages & Alessia Casini / Leo Burnett für Samsung
- Abbildung 3-25: iStock

- Abbildung 3-26 & 3-27: Provokateur für HBS
- Abbildung 3-28: Scholz & Friends Berlin für FAZ
- Abbildung 3-29: TBWA Paris für Sony Corporation

Kapitel 4

- Abbildung 4-1: Jag Nagra – *https://www.pinterest.com/pin/192951165254977598/*
- Abbildung 4-2: Jeremy Carr / AMC BBDO London für Diageo Inc
- Abbildung 4-3: Darek Zatorski / Leo Burnett Warsaw für Procter & Gamble (Vizir)
- Abbildung 4-4: Robert Melander / Shout Advertising für Burger King
- Abbildung 4-5: Marco Monteiro / AlmapBBDO Sao Paulo für Bayer (Aspirin)
- Abbildung 4-6: ideate für Die Bahn
- Abbildung 4-7: DDB Sydney für McDonalds
- Abbildung 4-8: Florence Meunier – *http://florencemeunier.com/*
- Abbildung 4-9: Antonio Belchior / TBWA Lisbon für Ford Motor Company
- Abbildung 4-10: The Richards Group für Bernhardt
- Abbildung 4-11: Benefit Cosmetics / *http://blog.benefitcosmetics.co.uk/2014/01/31/beautyboost-feel-fabulous-this-february/*
- Abbildung 4-12 & 4-13 & 4-14: *http://blog.kurtosys.com/storytelling-data-visualization/*
- Abbildung 4-15: Stanford Kay – *https://philebersole.files.wordpress.com/2011/11/mmw_co2footprint_111510.jpg*
- Abbildung 4-16: Screenshot *https://www.youtube.com/watch?v=jbkSRLYSojo*
- Abbildung 4-17: Mike Knuepfel – *http://gadgetsin.com/keyboard-skyscrapers-show-you-the-frequency-of-each-letter.htm*
- Abbildung 4-18: Kevin Quealy, Graham Roberts – *http://www.nytimes.com/interactive/2012/08/05/sports/olympics/the-100-meter-dash-one-race-every-medalist-ever.html?_r=1&*
- Abbildung 4-19: Jacob O'Neal – *http://animagraffs.com/how-a-car-engine-works/*

- Abbildung 4-20: Eric Todd – *http://www.morebelief.com/*
- Abbildung 4-21: Serge Bloch – *http://www.marlenaagency.com/bloch/bloch_index.html*
- Abbildung 4-22: Ulrike Heppel
- Abbildung 4-23 & 4-24: Michael Schirner – *https://brunomoreschi.wordpress.com/2012/11/02/pictures-in-our-minds-michael-schirner-2/*
- Abbildung 4-25: Scout Tufankjian – *https://twitter.com/BarackObama/status/266031293945503744*
- Abbildung 4-26: Nick Út – *http://img.welt.de/img/geschichte/crop114225585/8419597502-ci3x2l-w540-aoriginal-h360-l0/Krieg-in-Vietnam-Napalm-Angriff-Kim-Phuc.jpg*
- Abbildung 4-27: Ildikó Kieburg-Diehl und Tarané Hoock – *http://www.presseportal.de/print/2606845-loox-sports-gewinnt-pr-bild-award-2013-dpa-tochter-news-aktuell-zeichnet.html*
- Abbildung 4-28: Riccardo Cardillone / Scholz & Friends Berlin
- Abbildung 4-29: Alan Lawrence – *http://thatdadblog.com/*
- Abbildung 4-30: Roland Weihrauch – *http://www.pr-bild-award.de/sieger2014*
- Abbildung 4-31: *www.fordfoundation.org/2011-annual/*
- Abbildung 4-32: Marius Hoefinger – *http://www.pr-bild-award.de/sieger2014*
- Abbildung 4-33: Turi Calafano – *http://worldphoto.org/shortlist/2015-mobile-phone-award-winners/*
- Abbildung 4-34: *http://tapestrylabs.com/gallery/*
- Abbildung 4-35 & 4-36 & 4-37: Ulrike Heppel
- Abbildung 4-38: DB Schenker – Screenshot *https://www.rail.dbschenker.de/rail-deutschland-de/news_media/stories/produkt_scrap_solution/*
- Abbildung 4-39: Oreo – *https://vine.co/Oreo*
- Abbildung 4-40: Bosch – Screenshot *https://pushforward.bosch.com/index.php?path=/gb/*
- Abbildung 4-41: Budweiser – Screenshot *www.youtube.com/watch?v=xAsjRRMMg_Q*
- Abbildung 4-42: Roland Ryser – *http://iouri-in-sotschi.nzz.ch/1-star/*
- Abbildung 4-43: Bosch – *http://www.bosch.com/en/com/boschglobal/explore/explore.html*

- Abbildung 4-44: Airbnb –
  https://www.airbnb.com/belong-anywhere
- Abbildung 4-45: Kiln / The Guardian –
  http://www.theguardian.com/world/ng-interactive/2014/aviation-100-years
- Abbildung 4-46 & 4-47: Michael Epstein / Mark Thompson –
  http://lennonbermudatapes.com/
- Abbildung 4-48: Simon Flesser –
  http://simogo.com/work/device-6/
- Abbildung 4-49: inkle Ltd –
  http://ipadinsight.wpengine.netdna-cdn.com/wp-content/uploads/2014/08/80-Days-iPad-app.jpg
- Abbildung 4-50: Tender Claws – *http://prynovella.com/*
- Abbildung 4-51: Cord Schnibben – *www.spiegel.de/politik/deutschland/nazi-werwolf-spiegel-reporter-schnibben-ueber-seinen-vater-moerder-a-963465.html*
- Abbildung 4-52: Gérald Parel, Sylvian TRAN / BETC Digital für Peugeot – *http://graphicnovel-hybrid4.peugeot.com/start.html*
- Abbildung 4-53: Wieden + Kennedy London für Honda – *http://digitalsynopsis.com/advertising/honda-civic-type-r-the-other-side/*
- Abbildung 4-54: SMFB & Stinkdigital für Geox – *http://amphibiox.geox.com/amphibiox2014/de_de/the-film/*
- Abbildung 4-55: Tag und Y&R für Landrover – *https://adventuregenetest.landrover.com/?locale=en-int*
- Abbildung 4-56: AKQA San Francisco für McDonalds – *http://olympics.wikibruce.com/images/b/b9/TLRcom.jpg*
- Abbildung 4-57: General electrics – *http://media.tumblr.com/0e4c526de0ef3cfee150ff133066181f/tumblr_inline_nhpocctpjI1qzgziy.jpg*

Kapitel 5

- Abbildung 5-1: Spillmann, Felser, Leo Burnett für Mammut – *http://upload.wikimedia.org/wikipedia/commons/7/75/Mary_Woodbridge.jpg*
- Abbildung 5-2: Spillmann, Felser, Leo Burnett für Mammut – *www.mary-woodbridge.co.uk/de/frameset_mw.html*

- Abbildung 5-3: Ulrike Heppel
- Abbildung 5-4: GBK, Heye Werbeagentur für Süddeutsche Zeitung
- Abbildung 5-5: J. Walter Thompson Fabrikant Zurich für Diageo INc (Smirnoff)
- Abbildung 5-6: Ulrike Heppel
- Abbildung 5-7 & 5-8: Edgar Rubin
- Abbildung 5-9: Dan Roam
- Abbildung 5-10: Ulrike Heppel
- Abbildung 5-11: Oliver Jeffers – *http://www.theguardian.com/childrens-books-site/gallery/2011/jun/27/how-to-draw-penguins-oliver-jeffers*
- Abbildung 5-12 & 5-13 & 5-14 & 5-15: Ulrike Heppel
- Abbildung 5-16: John Paul Philips – *http://www.stangl-taller.at/ARBEITSBLAETTER/LERNEN/Lernstrategien.shtml*
- Abbildung 5-17: Tatsuo Horiuchi – *http://www.spoon-tamago.com/wp-content/uploads/2013/05/tatsuo-horiuchi-1.jpg*
- Abbildung 5-18 & 5-19 & 5-20: Ulrike Heppel
- Abbildung 5-21: *www.socialmediatoday.com/marketing/2015-04-06/content-relevant-images-gets-94-more-views-infographic*
- Abbildung 5-22: Karl Lagerfeld – *http://www.the6milliondollarstory.com/the-making-of-reincarnation-by-karl-lagerfeld-x-chanel/*
- Abbildung 5-23: Chanel – *http://inside.chanel.com/de/marilyn*
- Abbildung 5-24: Duncan Milner / TBWA Media Lab für Apple – *http://i.ytimg.com/vi/G2n2EX8aDbc/maxresdefault.jpg*
- Abbildung 5-25: Scholz & Friends Berlin für Montblanc – *http://i.ytimg.com/vi/6Q5Z68GDtl8/maxresdefault.jpg*
- Abbildung 5-26 & 5-27: Ulrike Heppel
- Abbildung 5-28: Ketchum für Mattel – *http://demo.scbmedia.eu/wp-content/uploads/2012/10/47RS090205A238.jpg*
- Abbildung 5-29: Ulrike Heppel

- Abbildung 5-30: Bosch – *http://www.bosch.com/en/com/boschglobal/quigo/quigo.html*
- Abbildung 5-31 & 5-32: Ulrike Heppel
- Abbildung 5-33: Nissan – *www.nissan-northamerica.com/wp-content/uploads/2013/11/NissanVine51.jpg*
- Abbildung 5-34: Kodak – *http://www.kodakmoments.eu/de*
- Abbildung 5-35: Danny Reimann – *http://www.derwesten.de/img/incoming/crop10541073/9823706164-cImg0134_530-w992-h740/75185304-kj0B-198x148-DERWESTEN.jpg*
- Abbildung 5-36: Intel – *http://iq.intel.com/*
- Abbildung 5-37: Ketchum Pleon für Novartis Vaccines and Diagnostics
- Abbildung 5-38: Ian Butterworth / Saatchi & Saatchi Singapore für Adidas AG
- Abbildung 5-39: Stefan Schlumpf – *http://cdn.kletterszene.com/2012/10/mammut_kalender_FINAL_20120917_Ansicht2_Seite_02.jpg*

Kapitel 6

- Abbildung 6-1: Carlos Veron / Droga5 NY für Mondelez International (Honey Maid)
- Abbildung 6-2: British Airways – *http://i.ytimg.com/vi/OVMNqxn-yj8/maxresdefault.jpg*
- Abbildung 6-3: Nick Veasey – *http://www.nickveasey.com/selected-works/4586810973*
- Abbildung 6-4: Michael Graf / Graf Studios für Brita – *http://i.ytimg.com/vi/72qKsO5fzBo/maxresdefault.jpg*
- Abbildung 6-5: Uli Wiesmeier / Ogilvy für Schöffel – *http://www.marketing-blog.biz/uploads/Schoeffel-Markenoffensive.jpg*
- Abbildung 6-6: Sebastian Hanel / Leo Burnett Warsaw für Procter & Gamble (Vizir)
- Abbildung 6-7: Virginia Del Giudice / BBDO Buenos Aires für Volkswagen Group
- Abbildung 6-8: Christopher Locke – *http://aaaspolicyfellowships.org/sites/default/files/pictures/ArtSciP.29.JPG*

- Abbildung 6-9: Intel –
http://pbs.twimg.com/media/BK4VMMGCYAAqfjZ.png
- Abbildung 6-10: Joao Linneu / TBWA Sao Paulo für Diveo
- Abbildung 6-11: Tom Dickson –
http://i.ytimg.com/vi/n12P_-r4FL4/maxresdefault.jpg
- Abbildung 6-12: Hunts
- Abbildung 6-13: Danny Yin / Leo Burnett Tailor Made Sao Paulo für Editora Globo
- Abbildung 6-14: Michael Graf / Graf Studios für Level Toilet –
http://www.thisiscrisp.net/wp-content/uploads/2014/05/level_02.jpg
- Abbildung 6-15: Dulux – http://www.thelocationguide.com/blog/wp-content/uploads/2015/03/Dulux-films-the-Ukraine.jpg
- Abbildung 6-16: Lux – http://cdn.psfk.com/wp-content/uploads/2015/04/Screen-Shot-2015-04-08-at-10.45.45-AM.png.jpg
- Abbildung 6-17: BBDO, Ketchum Pleon für BUND Berlin –
http://theinspirationroom.com/daily/experience/2013/7/bund_tree_concert_2.jpg
- Abbildung 6-18: Neogama BBH für Levis –
http://c0248141.cdn.cloudfiles.rackspacecloud.com/NEOC_16172_0038537A.JPG, http://c0248141.cdn.cloudfiles.rackspacecloud.com/NEOC_16172_0038536A.JPG
- Abbildung 6-19: Mark van Beek, Michael Zee –
http://ink361.com/app/users/ig-531750982/symmetrybreakfast/photos
- Abbildung 6-20: SZ –
http://www.produkte.sueddeutsche.de/leser/
- Abbildung 6-21: Dentsu Young & Rubicam für Giro Helmets –
http://www.gutewerbung.net/?s=giro
- Abbildung 6-22: #withSyria –
http://arrestedmotion.com/wp-content/uploads/2014/03/banksy_withsyria1.jpg
- Abbildung 6-23: General Electrics – Screenshot
http://f.fastcompany.net/multisite_files/fastcompany/imagecache/1280/poster/2014/02/3026097-poster-p-1-childlike-imagination-ge.jpg
- Abbildung 6-24: ZENA / Neogama BBH Sao Paulo für Swatch SA

- Abbildung 6-25: MOMA – *http://timbuktu.me/blog/wp-content/uploads/2012/09/Screen-Shot-2012-09-10-at-7.33.12-PM.png*
- Abbildung 6-26: Proximity Germany für Mars (M&M) – Neil Armstrong
- Abbildung 6-27: Ketchum Pleon für Bayer – George Zimbel (Marilyn Monroe)
- Abbildung 6-28: Stefan Schlumpf (Bed of Ropes), Conrad L. Hall (American Beauty), Annie Leibovitz (Bed of Roses Middler)
- Abbildung 6-29: Lunge / Jung von Matt Germany
- Abbildung 6-30: Wolf Dieter Böttcher – *http://www.pr-bild-award.de/sieger2014*
- Abbildung 6-31: Oreo – *http://kennethcortsen.com/wp-content/uploads/2013/12/Sk%C3%A6rmbillede-2013-12-21-kl.-17.09.31.png*
- Abbildung 6-32: Oreo – *http://www.adweek.com/files/adfreak/images/Oreo-Daily-Twist-4.jpg*
- Abbildung 6-33: Smart – *http://media.gizmodo.co.uk/wp-content/uploads/2012/06/SmartCrapBig.jpg*
- Abbildung 6-34: *http://www.memecenter.com/search/hotdog* und *http://24.media.tumblr.com/3fec7d05581ce3a351e9d83ece29f147/tumblr_mrfixkGi2D1sftuuto1_1280.jpg*
- Abbildung 6-35: Ellen DeGeneres – *http://assets.nydailynews.com/polopoly_fs/1.1708565!/img/httpImage/image.jpg_gen/derivatives/article_970/selfie3f-1-web.jpg*

Kapitel 7

- Abbildung 7-1: Otl Aicher – *http://41.media.tumblr.com/075b735f37c971fce1275262a50256fd/tumblr_muqd09fe341rpgpe2o1_1280.jpg*
- Abbildung 7-2: Otl Aicher – *http://page-online.de/wp-content/uploads/2012/08/TY_120806_otl_aicher_Olympia72_H__rden_RGB-650x916.jpg* und *http://poster-gallery.com/images/products/919/poster_919317_z.jpg* und *http://www.das-kinoplakat.de/plakate_o/pl_olympia_72_turnen1.jpg*
- Abbildung 7-3: Otl Aicher – *http://upload.wikimedia.org/wikipedia/commons/3/3a/Olympic_games_1972_pictogramms_olympic_station_0877_a.jpg*

- Abbildung 7-4: Otl Aicher – *http://www.das-kinoplakat.de/ plakate_o/pl_olympia_72_waldi.jpg*
- Abbildung 7-6: Otl Aicher – *http://www.das-kinoplakat.de/ plakate_o/pl_olympia_72_fernsehbild2.jpg*
- Abbildung 7-5: Kurt Strumpf – *http://polpix.sueddeutsche.com/ bild/1.1424048.1355259146/900x600/muenchen-die-geiselnahme.jpg*
- Abbildung 7-7: *http://talenthounds.ca/wp-content/uploads/ formidable/burberry-dog-dress-chloe-polka-dot.jpg*
- Abbildung 7-8: Burberry – *http://www.luxos.com/uploads/2/6/ 264417.jpg*
- Abbildung 7-9: Ulrike Heppel
- Abbildung auf Seite 296: Chrisworld / Ulrike Heppel
- Abbildung 7-10: Willow – *https://commons.wikimedia.org/ wiki/File:Bayerischer_Wald_-_Falkenstein_002.jpg* und Otl Aicher – *http://www.detlev-mahnert.de/visuell1972.html*

Literaturübersicht

Kapitel 1

- Allen, Juliana: »Content Marketing and Brand Storytelling: From 1895 to Now« in Bulldog Reporters Daily Dog, 20.2.2015, *https://www.bulldogreporter.com/dailydog/article/thought-leaders/content-marketing-and-brand-storytelling-from-1895-to-now*.
- ARD/ZDF: ARD/ZDF Langzeitstudie Massenkommunikation 2012, *http://www.ard-zdf-onlinestudie.de/index.php?id=398*.
- Branch, John: »Snowfall« in New York Times Online, 30.12.2012, *http://www.nytimes.com/projects/2012/snow-fall/#/?part=tunnel-creek*.
- Bitcom: Die Zukunft der Consumer Electronics – 2014, *http://www2.deloitte.com/content/dam/Deloitte/de/Documents/technology-media-telecommunications/studie-deloitte-tmt-bitcom-consumer-electronics-2014-20140902.pdf*, S.20.
- Davis, Christian: »How Gen Z Shops: Retail for a Constant State of Partial Attention« in Chain Store Age, 6.11.2013, *http://www.chainstoreage.com/article/how-gen-z-shops-retail-constant-state-partial-attention*.
- Duenes, Steve et al: »How we made snowfall« in Source Opennews, 1.1.2013, *https://source.opennews.org/en-US/articles/how-we-made-snow-fall/*.
- Eck, Klaus: »Zeit limitiert unsere Informationsaufnahme«, in Content Revolution, 3.3.2015, *https://medium.com/content-revolution/zeit-limiert-unsere-leset%C3%A4tigkeit-a320e7f2a751*.
- Fitch: »Gen Z and the future of Retail«, *http://www.fitch.com/think/gen-z-and-the-future-of-retail/*.
- Horaczek, Stan: »How Many Photos Are Uploaded to The Internet Every Minute?« in Photoshop.com, 27. Mai 2013, *http://www.popphoto.com/news/2013/05/how-many-photos-are-uploaded-to-internet-every-minute*.

- Kalina, Noah: »Everyday«, *http://noahkalina.com/36/44#1*.
- Kodak Moments Studie: »Pressemitteilung Deutschlands Kodak Moments«, *http://www.presseportal.de/pm/53767/2889787/deutschlands-kodak-moment-silvester-1989-fuer-fast-jeden-zweiten-befragten-bundesbuerger-zeigt*.
- Mincher, Sarah: »25 Amazing Video Marketing Statistics« in Digital Sherpa, 9.1.2014, *http://www.digitalsherpa.com/blog/25-amazing-video-marketing-statistics/*.
- Münster, Mario: »Bye Bye, Buchstaben. Hi, Visual Storytelling!« in Blog Deutschland, 18.2.2015, *http://www.shutterstock.com/de/blog/bye-bye-buchstaben-hi-visual-storytelling*.
- Rosman, Katherine: »Your Instagram Picture, Worth a Thousand Ads« in New York Times, 15.10.2014, *http://www.nytimes.com/2014/10/16/fashion/your-instagram-picture-worth-a-thousand-ads.html?_r=1*.
- SevenOne Media GmbH: SevenOne Media Navigator – Mediennutzung 2012, *https://www.sevenonemedia.de/c/document_library/get_file?uuid=2a6db46d-ed67-4961-a31f-722360028543&groupId=10143*.
- Schwartz, Mathew: »Google Boosts Visual Storytelling, Adds Illustrations to Search« in prnews, 2.10.2015, *http://www.prnewsonline.com/water-cooler/2015/02/10/google-adding-illustrations-for-medical-related-searches/#.VNveA9zxmiM.twitter*.
- Skerik, Sarah: »Multimedia Content drives better Press Release results« in prnewswire.com, 2.5.2011, *http://www.prnewswire.com/blog/multimedia-content-drives-better-press-release-results-1380.html*.
- Statista: »Anzahl der Smartphone-Nutzer in Deutschland in den Jahren 2009 bis 2014«, *http://de.statista.com/statistik/daten/studie/198959/umfrage/anzahl-der-smartphonenutzer-in-deutschland-seit-2010/*.
- Tecmark Studie »Usage of Smartphones« Oktober 2014, *http://www.tecmark.co.uk/smartphone-usage-data-uk-2014/*.
- Winkler, Willi: »Ich, Ich, Ich« in Süddeutsche Zeitung, 26.2.2015.
- UM London: Wave8 – The Language of Content, *http://wave.umww.com/*.

Kapitel 2

- Angelou, Maya: Zitat, *https://www.goodreads.com/quotes/5934-i-ve-learned-that-people-will-forget-what-you-said-people.*
- BBC News: »The man who hears colour«, 5.2.2012, *http://www.bbc.com/news/magazine-16681630.*
- Das Gehirn – Kosmos im Kopf zum Thema Sehen: *https://www.dasgehirn.info/wahrnehmen/sehen/.*
- Franctl: »The Emotions that make Marketing Campaigns go viral« in *http://research.frac.tl/viral-emotions-research.*
- Gegenfurtner, Karl R. / Walter, Sebastian / Braun, Doris I.: »Visuelle Informationsverarbeitung im Gehirn« in *http://www.allpsych.uni-giessen.de/karl/teach/aka.htm.*
- Gladwell, Malcolm: Blink! The power of Thinking without Thinking. Little, Brown and Company Time Warner Book Group, New York 2005.
- Harbisson, Neil: »Ich höre Farben«, TED-Talk, 12.6.2012, *http://www.ted.com/talks/neil_harbisson_i_listen_to_color/transcript?language=de#t-37239.*
- Hauswald, Anne: Das Wiedererkennen emotionaler Bilder – eine MEG-Studie / Diplomarbeit. Konstanz 2005, *http://kops.uni-konstanz.de/bitstream/handle/123456789/10437/diplomarbeit_anne.pdf?sequence=1.*
- Hertreiter, Laura: »Pakistans first Topmodel« in Süddeutsche Zeitung vom 11.4.2015.
- Hoffmann, Donald D.: Visuelle Intelligenz: Wie die Welt im Kopf entsteht. Klett-Cotta, 2001.
- Isaacson, Walter: Steve Jobs. Random House 2011, S. 81-82.
- Kahneman, Daniel in Charlie Rose Show, 28.2.2012, *http://www.charlierose.com/watch/60043549.*
- Kahneman, Daniel: Schnelles Denken, Langsames Denken. Siedler, München 2011, S.40/41.
- Marci, Dr. Carl: »Storytelling in the Digital Age«, in Techcrunch, 2.3.2015, *http://techcrunch.com/2015/03/02/storytelling-in-the-digital-media-age/.*
- Phelps, Stan: »Seven Ways to Leverage Visual Storytelling in Your Marketing« in Forbes, 21.3.20015, *http://www.*

- Riley Bridget: The Eye's Mind. Collected Writings 1965-2009. Thames & Hudson Ltd, London 2009.
- Schneider, Sabine: »Wahrnehmung: Eins plus eins ist grün« in Der Spiegel 1.11.2003, *http://www.spiegel.de/spiegelspecial/a-272829.html*.
- Steuernagel, Ulla: »Susanne Marschall über Kino zwischen vertracktem Rätselraten und Rundum-Illusion« in Schwäbisches Tagesblatt online, 19.1.2011, *http://www.tagblatt.de/Home/nachrichten/hochschule_artikel,-Susanne-Marschall-ueber-Kino-zwischem-vertracktem-Raetselraten-und-Rundum-Illusion-_arid,122763.html*.
- Stoklossa, Uwe: Blicktricks. Anleitung zur Visuellen Verführung. Verlag Herman Schmidt, Mainz 2005, S. 5, 205.
- Statistic Brain: »Attention Span Statistics« in *http://www.statisticbrain.com/attention-span-statistics/*.
- Sykes, Martin / Malik, A. Nicklas / Mark, D. West: Stories that Move Mountains. John Wiley & Sons, Chichster 2013, S.7.

Kapitel 3

- Barribeau, Tim: »Getty Teams Up With Sheryl Sandberg's Lean In to Change The Way Women Are Represented in Stock Photos« in Popular Photography, 10.2.2014, *http://www.popphoto.com/news/2014/02/getty-teams-sheryl-sandbergs-lean-to-change-way-women-are-represented-stock-photos*.
- Bestsellerliste: »Die meistverkauften Bücher aller Zeiten«, *http://www.die-besten-aller-zeiten.de/die-besten-buecher/meistverkauften/index.php*.
- Edwards, Betty: Drawing on the right side of the Brain. Penguin, London 2012, S.37.
- Grieve, Jorge etc.: »Entrenched in the digital world« in businesstoday intoday, 3.2.2013, *http://businesstoday.intoday.in/story/burberry-social-media-initiative/1/191422.html*.
- hacker: »Ulf Merbold« in Der Spiegel 28.7.1997, *http://www.spiegel.de/spiegel/print/d-8752613.html*.
- Imagine & Narrative: *http://www.imageandnarrative.be/*.

- Keller, Jared: »The 22 rules of Storytelling. Accoring to Pixar« in Arts.Mic, 18. Oktober 2014, *http://mic.com/articles/101740/the-22-rules-to-perfect-storytelling-according-to-pixar.*
- Klein, Jonathan: »Photos that changed the world« in TED.com, Februar 2010, *http://www.ted.com/talks/jonathan_klein_photos_that_changed_the_world.*
- Lawrence, Sarah: »The power of visual storytelling« in Curve, *http://curve.gettyimages.com/article/the-power-of-visual-storytelling.*
- Millman, Debbie: »The Art of the Story: Creating Visual Narratives« – auf Skillshare *http://www.skillshare.com/classes/design/The-Art-of-the-Story-Creating-Visual-Narratives/.*
- Rudel, Detlev: »Merbold will Politiker ins All schießen« in Der Spiegel, 27.11.2003, *http://www.spiegel.de/wissenschaft/weltall/umweltbewusstsein-merbold-will-politiker-ins-all-schiessen-a-275820.html.*
- Parkinson, Mike: »The Power of Visual Communication« in Billion Dollar Graphics, *http://www.billiondollargraphics.com/infographics.html.*
- Mandl, Heinz / Levin Joel.R.: »A Transfer-Appropriate-Processing Perspective of Pictures in Prose« in Knowledge Acquisition from Text and Pictures – Advances in Psychology, Ed. 38, Elsevier Science Publishing, Amsterdam 1989.
- McKee, Robert: »Storytelling that moves people.« in Harvard Business Review, Juni 2003, *https://hbr.org/2003/06/storytelling-that-moves-people/ar.*
- McKee, Robert: Story. Substance, structure, style, and the principles of screenwriting. Methuen, London 1999. Oder als pdf: *http://www.cienciasecognicao.org/rotas/wp-content/uploads/2013/12/Robert-McKee-Story.pdf.*
- O'Connor, Flannery: Zitat, *http://www.goodreads.com/quotes/174815-i-find-that-most-people-know-what-a-story-is.*
- Roam Dan: Zitat nach Walter, Ekaterina / Giogilio, Jessica: The Power of Visual Storytelling. McGraw-Hill Education, New York 2014, S.X.
- Popov, Maria: »Visual Storytelling: New language of the information age«, in Brain Picking, *http://www.brainpickings.org/2011/10/25/visual-storytelling-gestalten/.*

- Stanton, Andrew: »Der Schlüssel zu einer großartigen Geschichte« in TED.com, Februar 2012, *http://www.ted.com/talks/andrew_stanton_the_clues_to_a_great_story?language=de*.
- The Financial Brand: »HSCB Different Points of Value« in The Financial Brand, 6.7.2009, *http://thefinancialbrand.com/6361/hsbc-brand*.
- Walter, Ekaterina / Giogilio, Jessica: The Power of Visual Storytelling. McGraw-Hill Education, New York 2014, S.8.

Kapitel 4

- Allwood, Claudia: Zitat aus Walter, Ekaterina / Giogilio, Jessica: The Power of Visual Storytelling. McGraw-Hill Education, New York 2014, S.2.
- Bachmann-Medick, Doris: »Gegen Worte – Was heißt ›Iconic/Visual Turn‹?« in Gegenworte – Hefte für den Disput des Wissens 20. Heft Herbst 2008.
- Blässing, Marie: »Visuelles Storytelling für Unternehmen« in Webmagazin, 4.6.2014, *https://webmagazin.de/allgemein/visuelles-storytelling-fur-unternehmen-webinale-2014-1411000*.
- Bojaryn, Jan: »Gestalte deine Helden« in Süddeutsche Zeitung, 6.2.2015.
- Borgmann, Karsten: »Berichte vom Historikertag 2006« in H | SOZ | Kult – Kommunikation und Fachinformation für die Geschichtswissenschaften, 17.11.2006, *http://www.hsozkult.de/debate/id/diskussionen-818*.
- Brewster, Signe: »Virtual Reality opens new storytelling challenges for animators« in Gigaom, 13.1.2015, *https://gigaom.com/2015/01/13/virtual-reality-opens-new-storytelling-challenges-for-animators/*.
- Duenes, Steve etc.: »How we made Snowfall« in Source, 1.1.2013, *https://source.opennews.org/en-US/articles/how-we-made-snow-fall/*.
- Eastwood, Clint: Zitat, *http://mannerofspeaking.org/2011/06/29/quotes-for-public-speakers-no-93/*.
- Feeney, Nolan: »How to turn your mindless doodles into productivity enhancers« in Fast Company, 7.1.2014, *http://www.fastcompany.com/3024420/most-creative-people/how-to-turn-your-mindless-doodles-into-productivity-enhancers*.

- Frieling, Heinrich: Farbe hilft verkaufen: Farbenlehre und Farbenpsychologie für Handel und Werbung. Muster-Schmidt Verlag, 2005.
- Golem.de: »Was erzählt der Reifen für eine Geschichte« *http://www.golem.de/news/call-of-duty-was-erzaehlt-der-reifen-fuer-eine-geschichte-1504-113675.html.*
- Gottschall, Jonathan: The Storytelling Animal. Why Stories Make Us Human. Mariner Books, New York 2012.
- Graff, Bernhard: »Digitale Knetmasse – Interview mit Daniel Bauer« in Süddeutsche Zeitung, 27.2.2015.
- Greenfield, Rebecca: »The Internet's Attention Span for Video Is Quickly Shrinking« in The Wire, 8.8.2013, *http://www.thewire.com/technology/2013/08/internets-attention-span-video-quickly-shrinking/68114/.*
- Grimm, Claudia: Die Transformation von Gefühlsdarstellungen in Buch und Film. Dissertation an der Justus Liebing Universität Gießen 2005, S.362.
- Herbst, Dieter Georg: Bilder, die ins Herz treffen. Pressefotos gestalten PR-Bilder auswählen. Viola Falkenberg Verlag, Bremen 2012, S.141.
- Hollstein, Edit: »Noch nie war Kreativität so wertvoll – Interview mit Mark Tutsell« in persoenlich.com, 10.3.2015, *http://www.persoenlich.com/news/werbung/leo-burnett-mainminochnie-zuvor-war-kreativitaet-so-wertvoll-323480#.VVS3zvntmko*
- Institute for the Future: The Future of Real-Time Video Communication. Palo Alto 2009, *http://www.iftf.org/uploads/media/SR1278_Real-TimeVideoCommunication_2.12sm.pdf*, S.10.
- Kneissler, Michael: »Geiler Scheiß« in Brand eins, Ausgabe 2/2015, *http://www.brandeins.de/archiv/2015/marketing/mediakraft-networks-youtube-geiler-scheiss/.*
- Margalit, Liraz: »Did Video Kill Text Content Marketing?« in Entrepreneur, 16.4.2015, *http://www.entrepreneur.com/article/245003.*
- McGonigal, Jane: Besser als die Wirklichkeit! Warum wir von Computerspielen profitieren und wie sie die Welt verändern. Heyne, München 2011, S.68, 459.
- Mitchel, W.J.T.: Bildtheorie. Surkamp, Frankfurt/Main 2008.
- Parkinson, Mike: »The Power of Visual Communication« in Billion Dollar Graphics, *http://www.billiondollargraphics.com/infographics.html.*

- Paul, Gerhard: Von der historischen Bildkunde zur Visual History. Flensburg, 2006, *http://www.prof-gerhard-paul.de/VisualHistory_Einleitung.pdf*.
- Paul, Gerhard: BilderMACHT. Studien zur Visual History des 20. Und 21. Jahrhunderts. Wallenstein, 2006.
- Platt, Jeff: »The Power of Video for Small Business« in Animoto.com, 13.3.2014, *https://animoto.com/blog/business/small-business-video-infographic/*.
- Statistic Brain Research Institute: »Attention Span Statistics«, 2.4.2015, *http://www.statisticbrain.com/attention-span-statistics/*.
- Stepan, Peter: Photos that changed the World. Prestel, München 2011.
- Sloan, Robin: Zitat aus Institute for the Future: The Future of Real-Time Video Communication. Palo Alto 2009, *http://www.iftf.org/uploads/media/SR1278_Real-Time VideoCommunication_2.12sm.pdf*, S. 25.
- Swift, Rebecca: »Wie mobile Fotografie die Sehgewohnheiten Ihrer Kunden verändert hat« in iStock, 5.5.2015, *http://content.istockphoto.com/de/wie-mobile-fotografie-die-sehgewohnheiten-ihrer-kunden-verandert-hat-plus-funf-trendige-tipps/*.
- Von Bredow, Rafaela: »Bilder machen Geschichte« in Der Spiegel, 18.9.2006.
- Wäger, Markus: Graphik und Gestaltung. Mediengestaltung von A-Z verständlich erklärt. Galileo Design, 2014.
- West, Mark D.: Zitat aus Sykes, Martin / Malik, A. Nicklas / Mark, D. West: Stories that Move Mountains. John Wiley & Sons, Chichster 2013, S.207.
- Walter, Benjamin: Zitat, *http://www.literaturkritik.de/public/rezension.php?rez_id=10451*.

Kapitel 5

- Aaker, David A.: Building strong brands. Free Press, New York 1995.
- Aaker, David A. / Joachimsthaler, Erich: Brand Leadership. Free Press, New York 2009.

- Bogen, Steffen: »Kunstgeschichte / Bildwissenschaft« in H-Soz-Kult, 24.10.2006, *http://www.hsozkult.de/debate/id/diskussionen-835.*
- Bonds, Susan: Zitat aus *https://www.youtube.com/watch?v=r68EoxosrDg.*
- Brown, Sunny: The Doodle Revolution. Unlock the Power to Think Differently. Penguin 2014.
- Brokaw, Tom: Zitat, *http://www.brainyquote.com/quotes/quotes/t/tombrokaw162123.html.*
- Coenen, Hans Georg: Analogie und Metapher: Grundlegende Theorie der bildlichen Rede. 2002.
- Coslovsky, Natalie: »What makes a good presentation« in emaze, 22.1.2015, *https://www.emaze.com/blog/makes-good-presentation/.*
- Edwards, Betty: Drawing on the right side of the Brain. Penguin, London 2012, S.XXXII, 2, 3, 46/47.
- FastCompany: »A 40-Minute Crash Course In Design Thinking«, fastcodesign.com/1670615/a-40-minute-crash-course-in-design-thinking.
- Frank, Rose: »The Power of Immersive Media« in strategy+business, 9.2.2015, *http://m.strategy-business.com/article/00308.*
- Glaser, Peter: »Die digitale Atomkraft« in GDI Impulse 1/2015.
- Greene, Brian: »9 Visual Storytelling Tips for Social Media« in PRNews, 23.3.2015, *http://www.prnewsonline.com/watercooler/2015/03/23/9-tips-for-successfully-harnessing-visual-storytelling-on-social-media/.*
- Hall, David: »Content with relevant images get 94% more views« in Social Media, 6.4.2015, *http://www.socialmediatoday.com/marketing/2015-04-06/content-relevant-images-gets-94-more-views-infographic.*
- Herbst, Dieter Georg: Bilder, die ins Herz treffen. Pressefotos gestalten PR-Bilder auswählen. Viola Falkenberg Verlag, Bremen 2012, S.46/47.
- Herbst, D.G. / Scheier C.: Coporate Imagery. Wie Ihr Unternehmen ein Gesicht bekommt. Berlin 2004.

- Kenyatta, Cheese: Zitat aus *http://futureofstorytelling.org/video/the-audience-has-an-audience/*.
- Lasko, Wolf W.: Wie aus Ideen Bilder werden. Gabler, Wiesbaden 2001.
- Lassetter, John: Zitat aus Pricken, Mario: Visuelle Kreativität. Hermann Schmidt, Mainz 2003, S.14.
- Merrill, Guy: »Small Screens, Big Pictures. How to make a visual impact on mobile« in BrightTalk, *https://www.brighttalk.com/webcast/10189/150537*.
- Miller, Jennifer: »Here's Why, How, And What You Should Doodle To Boost Your Memory And Creativity« in FastCompany, 14.8.2014, *http://m.fastcompany.com/3034356/heres-why-how-and-what-you-should-doodle-to-boost-your-memory-and-creativity*.
- Parks, Bob: »Death to Power Point!« in Bloomberg.com, 30.8.2012, *http://www.bloomberg.com/bw/articles/2012-08-30/death-to-powerpoint*.
- Pricken, Mario: Visuelle Kreativität. Hermann Schmidt, Mainz 2003, S.17.
- Price, Emily: »25 Of The Most Engaged Brands On Twitter« in Mashable, 25.4.2013, *http://mashable.com/2013/04/25/nestivity-engaged-brands/*.
- Roam Dan: Zitat nach Walter, Ekaterina / Giogilio, Jessica: The Power of Visual Storytelling. McGraw-Hill Education, New York 2014, S.X.
- Roam, Dan: Auf der Serviette erklärt. Redline, München 2009, S.14.
- Rosman, Katherine: »Your Instagram is worth a thousand words« in New York Times, 15.10.2014, *http://www.nytimes.com/2014/10/16/fashion/your-instagram-picture-worth-a-thousand-ads.html?_r=0*.
- Rose, Frank: »The Power of Immersive Media«, in strategy&, 9.2.2015, *http://www.strategy-business.com/article/00308?gko=92656*.
- Schmidtke, Michael: »ROI of Storytelling« in Storify, 3.7.2014, *https://storify.com/michaschmidtke/roi-of-storytelling-a-bosch-case-study*
- Schöffel, Georg: Denken in Metaphern: Zur Logik sprachlicher Bilder, 1987.

- Teads Labs: Once upon a time. Luxury brands & storytelling in the video area. *http://teads.tv/de/luxury/*.
- Walter, Ekaterina / Giogilio, Jessica: The Power of Visual Storytelling. McGraw-Hill Education, New York 2014, S.38.
- Ziegler, Bierthe: »Das sind die deutschen Snapchat-Pioniere« in Online Marketing Rockstar Daily, 6.3.2015, *http://www.onlinemarketingrockstars.de/das-sind-die-deutschen-snapchat-pioniere/#*.

Kapitel 6

- Carell, Rudi: Zitat aus *http://www.b4development.com/wp-content/uploads/2010/11/76-Sprichw%C3%B6rter-und-Zitate.pdf*.
- Herbst, Dieter Georg: Bilder, die ins Herz treffen. Pressefotos gestalten PR-Bilder auswählen. Viola Falkenberg Verlag, Bremen 2012, S.75. S.120.
- Merrill, Guy: »Small Screens, Big Pictures. How to make a visual impact on mobile« in BrightTalk, *https://www.brighttalk.com/webcast/10189/150537*.
- Kleon, Austin: Zitat aus *http://bit.ly/QaiyMZ*.
- Schultz, E.J.: »Honey Maid's Take on Wholesome Families Include Gay Couple« in AdAge, 10.3.2014, *http://adage.com/article/see-the-spot/honey-maid-s-wholesome-families-includes-gay-couple/292074/*.
- Schuster, Brigitte: »Concept development in Marketing and Advertising« in BrigitteSchuster.com, 6.1.2007, *http://brigitte-schuster.com/campaign-concepts-for-advertising-and-marketing*.
- Smith, Paul: Zitat aus »You can find inspiration in everything.« Thames & Hudson Ltd, London 2003.
- Stoklossa, Uwe: Blicktricks. Herman Schmidt, Mainz, 2005.
- Pricken, Mario: Visuelle Kreativität. Herman Schmidt, Mainz 2003, S.142.

Kapitel 7

- Ahrendts, Angela: »Burberry's CEO On Turning an Aging British Icon into a Global Luxury Brand« in Harvard Business Review, Januar/Februar 2013, *https://hbr.org/2013/01/*

burberrys-ceo-on-turning-an-aging-british-icon-into-a-global-luxury-brand.
- Aicher O. / Greindl G. / Vossenkuhl W. / von Ockham W: Das Risiko modern zu denken. S. 15
- Bachmann-Medick, Doris: »Visualisierung oder Vision« in Gegenworte, Heft 20, *http://www.gegenworte.org/heft-20/einfuehrung20.html.*
- Behnisch, Günter: »Vortrag über Otl Aicher« am 29.9.1998, *http://www.behnisch-partner.de/lectures-and-essays/vortrag-ueber-otl-aicher.*
- Die Zwei: »Deutsche Design Geschichte«, in Die Zwei, 23.10.2010, *http://zeitung.diezwei.de/content/deutsche-design-geschichte-otl-aicher.*
- Feeney, Nolan: »How to turn the mindless doodles into productivity enhances« in Fast Company, 7.2.2014, *http://www.fastcompany.com/3024420/most-creative-people/how-to-turn-your-mindless-doodles-into-productivity-enhancers.*
- Hackl, Benedikt: »Wie wichtig ist Ästhetik in Ihrem Führungshandeln?« in Harvard Business Manager 1/2015, S.31.
- Hemerly, Jess: »Visible World How to: Visualisation« in The IFTF Blog, 9.11.2007, *http://www.iftf.org/future-now/article-detail/visible-world-how-to-visualization/.*
- Hockling, Sabine: »Ein einzelner Chef kann keine Firmenkultur vorgeben« in Die Zeit, 24.20.2014, *http://www.zeit.de/karriere/beruf/2014-10/unternehmenskultur-entwickeln-fuehrungskraft.*
- Mahnert, Deltev: München 1972. Visuelles Erscheinungsbild. *http://www.detlev-mahnert.de/visuell1972.html.*
- Schreiner, Nadine: Vom Erscheinungsbild zum ›Corporate Design‹: Beiträge zum Entwicklungsprozess von Otl Aicher. Dissertation Bergische Universität Wuppertal, 2005, S. 41, S. 65 ff.
- Rose, Frank: »The Power of Immersive Media« in strategy + business, 9.2.2015, *http://m.strategy-business.com/article/00308.*
- Wechs Büro: »Otl Aicher – Homepage zur Ausstellung Otl Aichers Plakate. *http://s213964906.online.de/otlaicher/otlaicher-weiter-1.html.*

Index

A

abstrakte Sprache 195
Achromatopsie 36
Adobe Slate 167
ADS 20
Aicher, Otl 278, 297
    Corporate Culture 282
    Piktogramm 280
Altamira-Höhle 114
Amygdala 67
Animagraffs 136
Animated Gifs 152
Antiqua-Schriften 122
Assoziationen 118
Ästhetik 291
Atlas 130
Attention Economy 26
Aufmerksamkeitsdefizitsyndrom 20
Aufmerksamkeitsspanne 50
Augentypen 41
Augmented Reality 176
authentische Bilder 101

B

Balkendiagramme 127
Baumgartner, Felix 27
Bauprinzipien des Storytelling 94
Bedeutungsperspektive 142
Beleuchtung 159
Beuys, Joseph 16
Big Data 23, 132
Bild als Botschaft 200
Bildaufteilung 148
Bildausschnitte 147
Bildbearbeitung 145
Bild-Check 217
Bilder
    als Darsteller 83
    als Informationsanker 200
    Anspielungen 264
    Archetypen 105
    Ästhetik 250
    authentische 101
    berühmte 34
    Bild-Text-Kombination 242
    Checkliste 217
    Demokratisierung der Bildproduktion 13
    Dominanz des Visuellen 290
    Farbe 278
    Inspiration 203
    kleine Bildschirme 201
    kulturelle Relevanz 103
    Letterbox-Format 150
    Meinungslenkung 143
    Reduktion 246
    sensorische Immersion 104
    tagesaktueller Bezug 268
    Trend authentische 30
    und Erinnerungen 86
    und Instinkte 64
    und Neugier 86
    und Prominente 142
    und Vorstellungskraft 87
    Wechselwirkung Bild – Text 105
Bilderflut 1, 34
Bilderverbot 140
Bildrechte 150

Bildsprache 30, 279
Bild-Text-Kombination 86
Bildwelten 212
Bildwissenschaft 143
Blickwinkel 213
blinder Fleck 45–46
Blogs 29
Brainstorming, visuelles 294
Brainstorming-Technik »Landkarte« 61
Brüder Lumière 88
Buchdruck 87
Bügerjournalismus 8
Burberry-Kampagne 64
Buzzfeed 28

C

Cahill, Larry 67
Camera obscura 44
Canva 14, 34
Change blindness 62
Channel-Owner 220
Chief Storyteller 220
Coca-Cola, Corporate Website 28
Computerspiel 209
Content-Management 205
Content-Marketing 30, 89
Context-Management 206
Corporate Design 207, 212, 289
Corporate Identity 207
Corporate Story 157, 205
Corporate Storytelling 93
Cranach, Lucas der Ältere 141
Creation-Management 206
Culture of Content 221
Customer Journey 217–218

D

Daguerre, Louis 11
Datenvisualisierung 128
Delighter 243
Demokratisierung der Musikproduktion 15
Digital Natives 8
Digitales Fotografieren 12
Disruption 241
Dokumentation des Alltags 17
Doodle 137, 194, 293
Dresdner Morgenpost 29

E

Echtzeitkommunikation 270
Eck, Klaus 23
Edwards, Betty 82, 191, 193
Eidolon 42
Eigenaufnahme 18
Einstein, Albert 45
Ekman, Paul 69
Emoticons 65
Emotionalisierung 119
Emotionalität 95, 98, 109
Empathie 95, 109
Enablers 97
Erin Brockovich 90
Erzählwelten 89
Eskapismus 159
Everyday 17
Eyetracking 53

F

F.A.Z. 85
Facebook 224
Facebook-Beiträge 25
Farbcodes 119, 121
Farbe 116, 119, 251, 277
    konzeptuelle Assoziation 119
    kulturelle Assoziation 119
    reale Assoziation 119
Farbenblindheit 36, 39
Farbkontraste 119
Farbmischung, additive 45
Farbmuster durchbrechen 120
Farbrausch 251
Farbspektrum 45
Farbsymbolik 69
Fernsehen
    Leitmedium 9
Filling-in 60–61
Filmmontage 159
Flachauge 41
Food Porn 254
Forrest Gump 90
Foto, das erste 88
Fotoboom 11
Fotocollagen 150
Fotografie 11
    digital 13
Fotoindustrie 11
Foto-Tools 151

Freytag, Gustav 156
Frontalansicht 52, 54
Fußball Weltmeisterschaft 1954 9

G

Gandhi 90
Gebrüder Grimm 95
Gebrüder Lumière 69
Gedächtnis, ikonisches 54
Gegenfurter, Karl R. 61
Gen Z 21
Generation Y 20, 50, 288
Generation Z 20–21, 288
    Mediennutzung 22
    rigoros selektiv 21
    visuell kommunikativ 22
    YouTube 25
Geschäftsmodelle 8
Geschichten 87
Gestaltgebung 117
Getty Images 29, 99–100
    Babyfotos 101
    narrative Bilder 101
Ginsberg, Allen 178
Gioglio, Jessica 81
Gladwell, Malcom 49
Google Bildersuche 24
Google Suchanfragen 23
Google+ 225
GoPro 14
Gottschall, Jonathan 114
Grafik 116
Grafikanimation 6
Grafikprogramm 14
Graphiké 116
Griffin, David 31
Grotesk-Schriften 122
Guardian 29
Guiness-Kampagne 117

H

Handyfoto 148
Harlem Shake 153
Hausmärchen 95
Hearst, Randolph 7
Heidegger, Martin 62
Held 97, 107, 118
Heute-Journal 9
Hippocampus 67

Höhlenmalerei 87, 115
    Altamira-Höhle 114

I

Icebucket Challenge 153
iconic turn 143
imaginäres Sehen 66
Imagination 257
Immersion 104, 170
Immersion, sensorische 104
Immersion-Effekt 90
iMovie 14, 34
Infografik 127, 162
    3-D-Effekte 134
    Animation 135
    der Held 133
    der Konflikt 133
    Emotionalität 134
    Fotorealismus 134
    Life-Visualization 136
    Praxistipps 134
    und Storytelling 133
    Varianten 132
    Viralkraft 134
    Zielsetzung 133
    Zukunft der 134
Informationsaufnahme 10
Instagram 19, 25, 34, 158, 254
interaktive Medienformate 167
Internet of Things 292
iStock 99, 240

J

Jobs, Steve 71, 200
Journalismus 2, 6

K

Kahneman, Daniel 48
Kameraeinstellung 159
Kameraführung 159
Kameraqualität 12
Kartographie 130
Katzen-Content 153
Kepler, Friedrich Johannes 44
Key-Visuals 207, 212
Kindchenschema 64–65
Kinderzeichnungen 188
Kinfolk 29
»Kluge Köpfe« (Kampagne der F.A.Z.) 77, 80

Koch, Christof 62
Komplementärfarben 119
Konflikt 94, 108, 118
Kuchendiagramme 127
Kunde als Storyteller 225
Kurzzeitgedächtnis 54

L

Langzeitgedächtnis 54, 67
LeFloid 158
Leitmedium Fernsehen 9
Leni Riefenstahl 144
Lesbarkeit 121
Lichtquanten 45
Lichtreflexion 43
Likeability 132
Live-Formate 161
L-Mode 82
L-Modus 190
Londoner U-Bahn (Infografik) 128

M

Marke 206, 213, 218, 274
   als Enabler, Mentor 97
   als visuelle Storyteller 207
   Vision 209
Markenclaim 109
Markenherkunft 209
Markenkern 209, 212
Markenkonzept 213
Marken-Modelling 207
Marketing 10, 89
Markowitch, Hans J. 67
Marschall, Susanne 69
McKee, Robert 89
Medienmix mit Multimedia 162
Mediennutzung 22
Mediennutzung, Langzeitstudie ARD und ZDF 23
Meerkat 14, 25, 34
Meme-Hijacking 272
Mentor 97
Millman, Debbie 33
Momentaufnahmen 256
Moodboard 212
MOPO24 29
Most Advanced Yet Acceptable 273
Motive 147
Müller-Leyer, Franz 48

Müller-Lyer- Illusion 48
Multimedia-Formate 163
Multimediareportage 5, 163
Multimedia-Story 2
Multimedia-Tools 167
Musikproduktion 15

N

Nagra, Jag 117
Naked Handstander 18
National Geographic 31
Necker-Würfel 58
Netzhaut 46
Neugier 172
Neurophysiologie des Auges 47
New York Times 6
   App NYT Now 8
   Leitmedium 8
   Skimmer 8
Newton, Isaac 44
New-York Daily Times 7
Niépce, Joseph Nicéphore 11, 88

O

Ochs, Adolph 7
Onlinejournalismus 6
Onlineredakteure 5
orales Erzählen 87
Osmann, Murad 19

P

Paivio, Allen 124
Päng! 29
Parallax-Scrolling 5
Parkinson, Mike 178
Periscope 14, 34
Perspektivwechsel 239
Phelps, Stan 68
Photoshop 14, 34
pictorial turn 143
Picture Superiority Effect 68
Piktogramm 280
Pinterest 25
PlayStation-Kampagne 111
Point of View 147, 238
Pointe 96
PowerPoint-Präsentation 33
PowToon 14, 34

PR 146
Präsentation
    Aufmerksamkeit des Publikums 198
    Hotstart 198
    klassischer Aufbau 197
    Lerneffekt 200
    PowerPoint 196
    Rapid Fire 201
    visuell 195
    zeitgemäß 196
Primärfarben 45
Print, Leitmedium 9
Printjournalismus 8
    Bezahlmodelle 8
    Geschäftsmodelle 8
Productshots 27, 100
Profilansicht 52, 54
Pulitzer, Joseph 7
Pulitzerpreis 2

R

Raumgestaltung 292
räumliches Sehen 55–56
Real Time Video 161
Real-Time-Marketing 268
Red Bull 27
    Felix Baumgartner 27
Reduktion 117
Reizüberflutung 25
Reportage 4
Reportage-Blogs 29
Rezeptionsverhalten 9
Rezipient, Aufmerksamkeit 97
RFID 293
rhetorisches Mittel 204
Riley, Bridget 47
R-Mode 82
Roam, Dan 106, 193
Rosling, Hans 133

S

Schallplatte 13
Schellackplatte 13
Schirner, Michael 139
Schlaflos in Seattle 90
Schnappschüsse 13, 16
Schriftzeichen 122
Screenwriting 90
Scrollytelling-Format 171

Search by Image 24
Seeing is believing 142
Sehen lernen 183–185
Sehen, räumlich 55
Sehnerv 42, 46
Sehsinn 40, 42
    nach Alhazen 43
    nach Aristoteles 42
    nach Demokrit 42
    nach Platon 42
    trainieren 184
    von Tieren 40
Sekundärfarben 45
Selbstauslöser 17
Selfie 17, 19
Selfie-Meme 271
Sender-Empfänger-Modell 222
Shareability 132
Show, don't tell 83, 147
Shutterstock 29
Sketchnotes 136
Slow-Living-Magazine 29
Smartphone 10
    Besitzer 10
    Fotofunktion 12
    Nutzer 19
Snapchat 224
Snowfall (Multimedia-Story) 164
Spannungsbogen 213
Special-Interest-Zeitschriften 29
stereotype Stockfotos 99
Stills 27, 100
Stock-Fotografie 100, 279
Stock-Fotos 98, 102
Story Editor 220
Storys 165
Storytelling
    App, interaktiv 168
    Attention-Effekt 90
    Bauprinzipien 94
    Experience 292
    für Marken 97
    für Unternehmen 97
    im Marketing 97
    Immersion-Effekt 90
    in PR 97
    Konflikt 94
    Memory-Effekt 91
    Solidaritäts-Effekt 91
    Vorzüge 90

Stroop, Ridley 45
Suchmaschinenoptimierung 30
Super Sensory 253
Swinton, John 7
Sykes, Martin 70
Symbolisierung 117
Synästhetiker 71
sz online 28

T

Tablet-Computer 9
Tagesschau 9
Tammet, Daniel 73
TED-Konferenz 196
TED-Talk 31
The Selby 29
Themen-/Story-Owner 220
Themenfindung 221
Toy Story 90
Transistorradio 13
transmediales Storytelling 95
Tumblr 225
Twitter 224
Typographie 116, 121

U

Über-Images 182, 229
Überredungskunst 204
Unternehmenskommunikation 10, 89
   Visual Culture 294
   Visual Turn 218
upworthy 28
User-generated-Content 221
Ut, Nick 144

V

Vexierbilder 56, 191
Video
   Real-Time-App Meerkat 161
   Tooltipps 162
Videonutzung 154
Videos
   Erzählstruktur 157
   visuelles Storytelling 155
Vimeo 17
Vine 14, 34, 158
Vinyl 13

virale Geschichten 95, 109
virale Netzwerke 222
Viralkraft 96
Virtual Reality 176
Visual Culture 285, 289
Visual History 144
Visual Illusion 46
Visual Narratives 33
Visual Statements 126
   Reduktion 246
Visual Story 70–71
Visual Storytelling
   Definition 81
   in der Unternehmenskommunikation 82
   und Veranstaltungen 137
Visual Turn 143, 218, 285
Visuals 24
visuell präsentieren 195
visuelle Intelligenz 60
visuelle Invarianz 55
visuelle Schlüsselreize 66
visuelle Sprache 109, 206
   Checkliste 212
   Grundregeln 189
Visuelle Tweets 25
Visuelle Wahrnehmung 43, 46
   Psychologie 62
visuelles Denken 183, 193, 290
Visuelles Gedächtnis 54, 118
Visuelles Kurzzeitgedächtnis 54
Visuelles Langzeitgedächtnis 54
Visuelles Narrativ 30
Visuelles Storytelling
   Bauprinzipien 107
visuelles Vokabular 110
Vorstellungskraft trainieren 187

W

Wade, Nick 46
Walter, Ekaterina 81
Warhol, Andy 16
Watson-Crick-DNA-Modell 62
Wearable Electronics 9
Wearable Technology 238
Weaver 30, 34
WhatsApp 25
   Emoticons 66
Wonderlust 240

World Earth Catalog 71
World Press Foto 1972 144
Wort-Bild-Kombinationen 125, 127

Y

Young, Thomas 44
YouTube 17, 153, 225
    narrative Struktur 156
Y-Titty 158

Z

Zeichnen
    lernen 187
    linke Gehirnhälfte 192
Zeitgeist 262, 265
Zentralperspektive 142
Zukunft der Kommunikation 10

Über die Autorinnen

Petra Sammer ist Global Partner des internationalen Agenturnetzwerks Ketchum und verantwortet als Chief Creative Officer die strategische und kreative Ausrichtung der Agentur in Europa und Deutschland.

Sie berät seit über 20 Jahren Unternehmen und Marken in PR, Marketing und Unternehmenskommunikation und fördert agenturweit die Bereiche Kreativität, Strategie und Planning. Sie versteht sich als Inspirator für Kunden und Mitarbeiter, hat zahlreiche Awards für kreative Kommunikationskampagnen gewonnen (u. a. PR Report Award, SABRE, European Excellence Award) und ist seit einigen Jahren als Jurorin im Einsatz – etwa beim Eurobest Award oder den Cannes Lions Awards.

Vor ihrem beruflichen Einstieg studierte sie Filmphilologie & Germanistik, Volkswirtschaft und Politikwissenschaft. Petra Sammer ist verheiratet mit einem Mann, der mit ihr die Begeisterung für Safaris und Tierbeobachtungen teilt, und lebt in der schönsten Stadt der Welt, in München.

Andere Sinneswelten entdecken und Neues schaffen, Menschen faszinieren und mitreißen – das sind die Herausforderungen, die **Ulrike Heppel** an ihrer Tätigkeit tagtäglich immer wieder aufs Neue faszinieren.

Seit über 20 Jahren arbeitet die Art-Directorin mit ihrer eigenen Agentur im Herzen von Schwabing für Unternehmen und Marken aus unterschiedlichsten Branchen von Medien bis Automotive. Ihre Erfahrungen als Grafiker und Designer sind breit gefächert und reichen von CI- und Logoentwicklung über Illustrationen und Webgestaltung bis hin zu klassischer Werbung sowie der Entwicklung und Betreuung internationaler Kommunikations-Kampagnen. Dabei versteht sie Design immer als ein Mittel zum Zweck, das die Botschaft transportiert und sich selbst nicht in den Vordergrund rückt.

Ihre Arbeit ist von vielen Einflüssen geprägt – ihrem Kommunikationsdesign-Studium in Nürnberg, einem Auslandsaufenthalt in Paris, ihrer Leidenschaft zu Reisen, Sport und ihrem Sohn Moritz, mit dem sie in München lebt.